住宅小区景观

案例精选及细部图集

U0305534

度本图书　编译

中国建筑工业出版社

前言

景观设计的过程不外乎这三个阶段：方案设计、扩初设计和施工图设计。其中方案是整个项目的基础和灵魂，体现每个项目的目的、用途和设计者的创意所在。扩初是桥梁，需要对方案设计中的功能、用途和创意等进行进一步的表达，而施工图则是“工厂”，是设计的最终环节，也是所有设计心血的最终展现。

《住宅小区景观案例精选及细部图集》这本书展示了11个经典的别墅庭院、家居小区等类型的景观设计作品。每个案例都囊括了全套的设计方案图、扩初图和详细的施工图。大量表现用材和施工细部的图纸，结合详尽的设计解说和部分实景照片，使本书具有极强的参考性。

目录

泰国 · 61号住宅

景观设计: 莎玛有限公司（Shma Company Limited） 摄影师: 皮华克 · 澳华克亚沃臣（Mr.Pirak Anurakyawachon） 客户: 姬纱芭莎地产（Gaysorn Property）

项目简介
Information

泰国城市中一个安静的公寓公共花园——Mode61，这个花园只依附一幢独栋公寓存在，面积有限却层次丰富，空间多重。花园能够支持多种活动且保证彼此不被打扰，同时满足了楼上的用户朝下俯瞰时的美观，不同高度水面与跌水还有地面和墙面以及屋顶都设置的绿化，使这里宛如一个水与绿植的三维剧场。轻垂的柳枝成为保护泳池隐私天然的屏障。天然石材和天然木材是硬质景观的主材，它们被精心运用且具有丰富的细节，为用户提供了一个质朴的高品质户外空间。

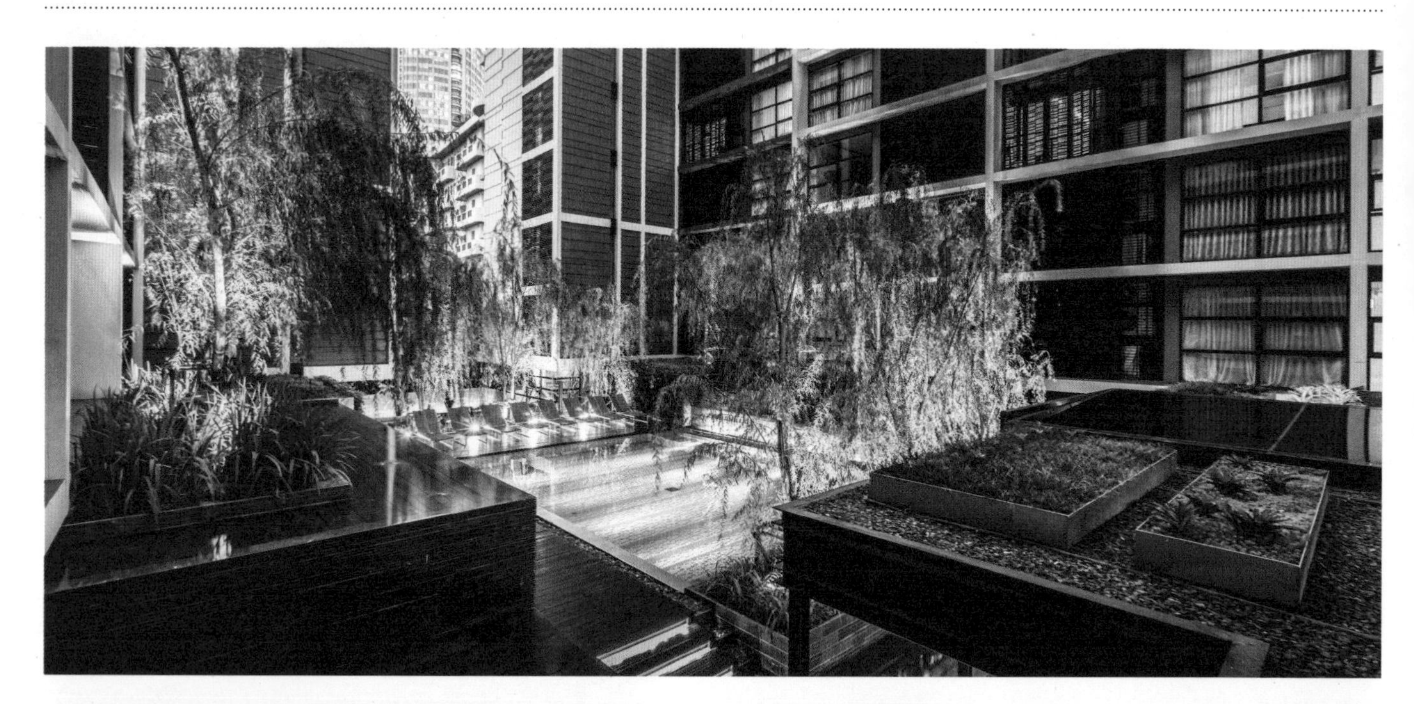

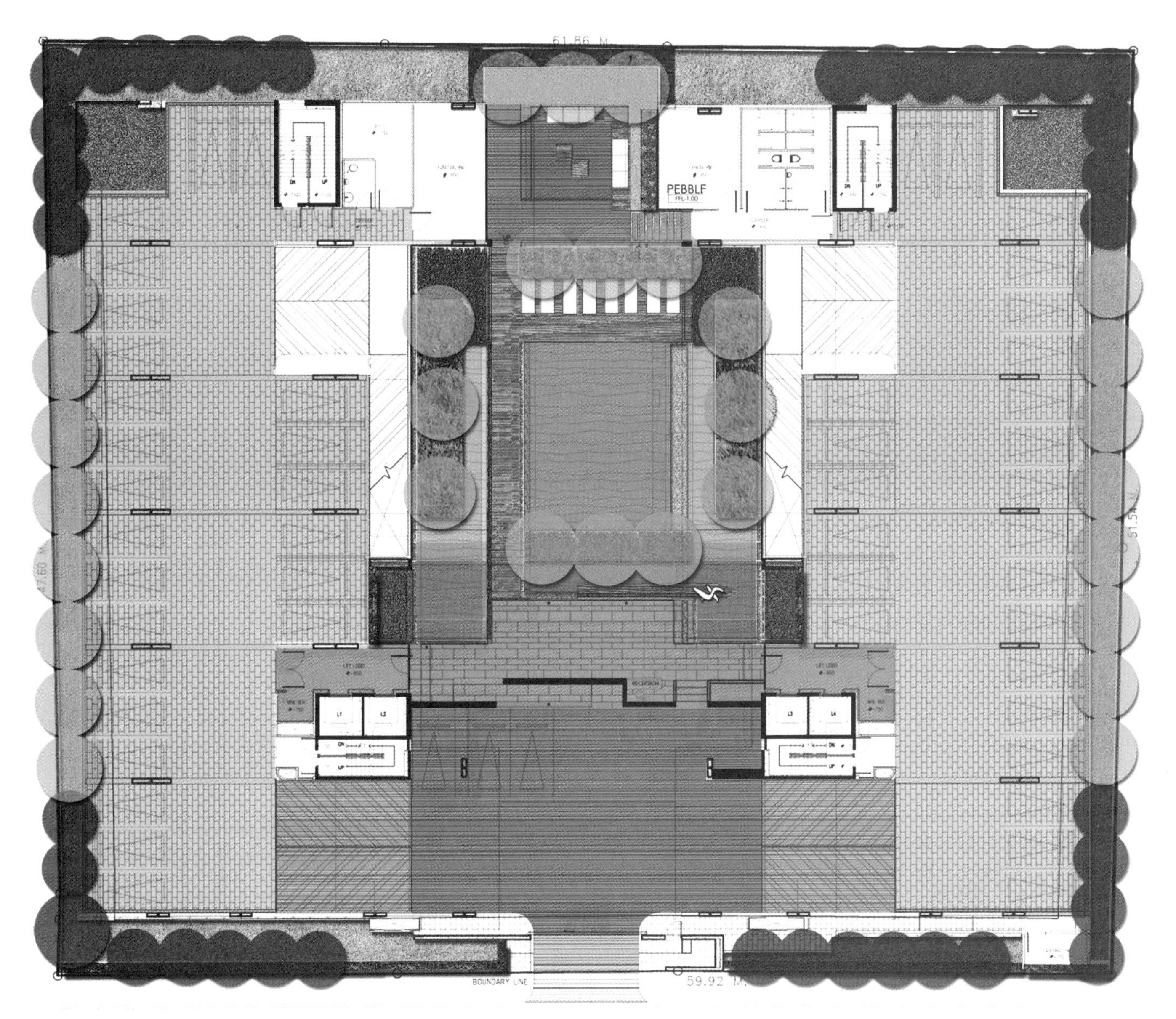
61.86 M
PEBBLF
FFL-1.00
47.60 M
51.54 M
RECEPTION
BOUNDARY LINE
59.92 M

■ 平面图

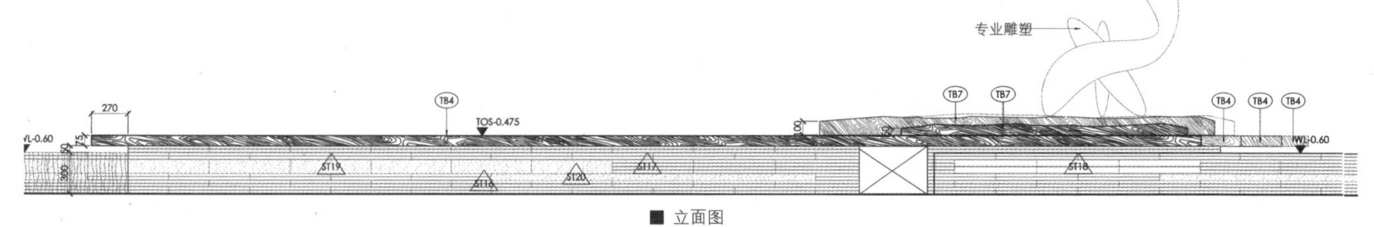

专业雕塑
270
TB4
TOS-0.475
TB7
TB7
TB4
TB4
TB4
WL-0.60
WL-0.60
ST19
ST16
ST20
ST17
ST18

■ 立面图

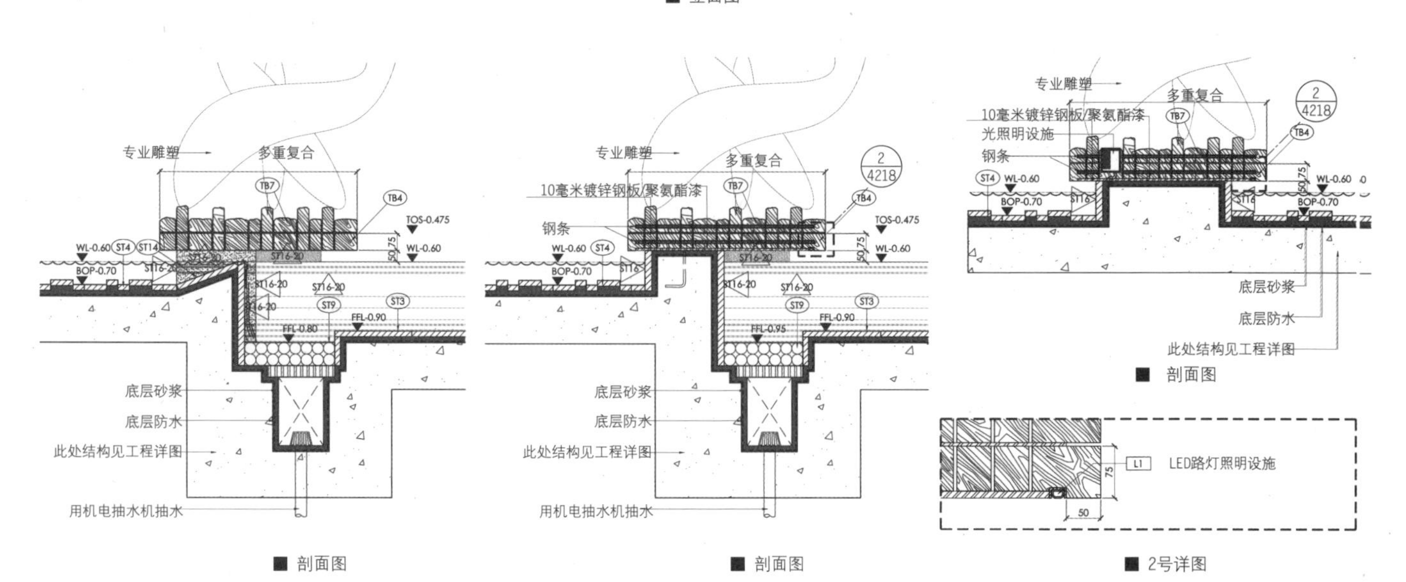

专业雕塑
多重复合
TB7
TB4
TOS-0.475
WL-0.60
WL-0.60
ST4
ST14
BOP-0.70
ST16-20
ST9
ST3
FFL-0.80
FFL-0.90
底层砂浆
底层防水
此处结构见工程详图
用机电抽水机抽水
专业雕塑
多重复合
2
4218
10毫米镀锌钢板/聚氨酯漆
钢条
TB7
TB4
TOS-0.475
WL-0.60
WL-0.60
ST4
ST16
BOP-0.70
ST16-20
ST9
ST3
FFL-0.95
FFL-0.90
底层砂浆
底层防水
此处结构见工程详图
用机电抽水机抽水
专业雕塑
多重复合
2
4218
10毫米镀锌钢板/聚氨酯漆
光照明设施
钢条
TB7
TB4
ST4
WL-0.60
WL-0.60
BOP-0.70
BOP-0.70
ST16
底层砂浆
底层防水
此处结构见工程详图
L1
LED路灯照明设施
75
50

■ 剖面图

■ 剖面图

■ 剖面图

■ 2号详图

WF4
WL-0.60
BOP-0.70
ST4
WF3
WL-0.60
BOP-0.70
TOW-0.60
ST14
排水槽
FFL-0.95
ST9
木质长椅
基座轮廓
专业雕塑
L1 木质长椅下的LED照明系统
大堂酒吧
S4 提亮雕塑作品的光线
VARIES
5642
6000
2100

■ 木质构成平面图

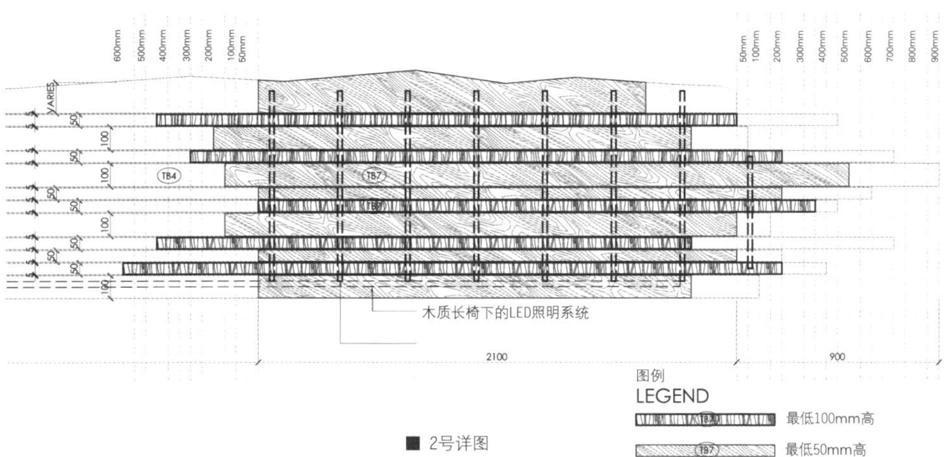

木质长椅下的LED照明系统
TB4
TB7
VARIES
2100
900
图例
LEGEND
最低100mm高
最低50mm高

■ 2号详图

■ 木质构成材质示例照片

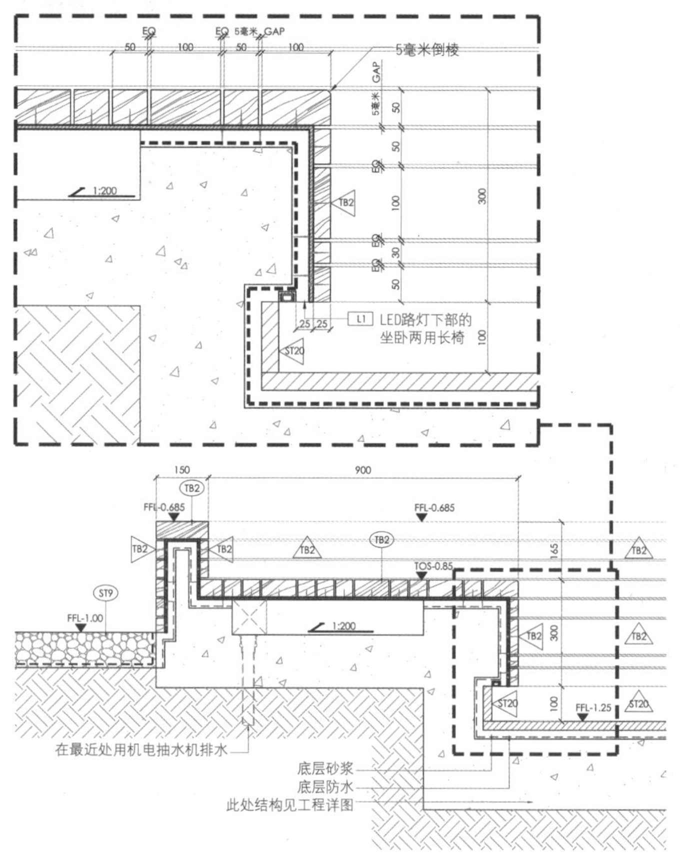
5毫米倒棱
LED路灯下部的
坐卧两用长椅
在最近处用机电抽水机排水
底层砂浆
底层防水
此处结构见工程详图

■ 剖面A

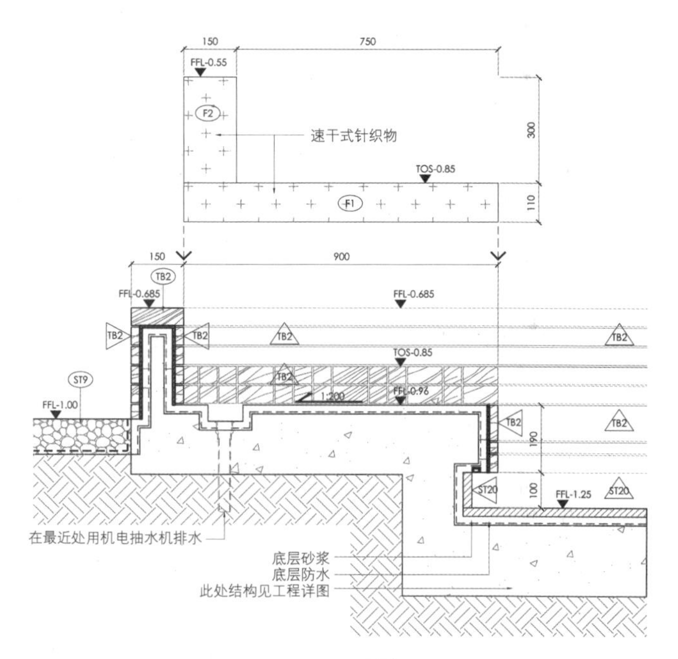
速干式针织物
在最近处用机电抽水机排水
底层砂浆
底层防水
此处结构见工程详图

■ 剖面B

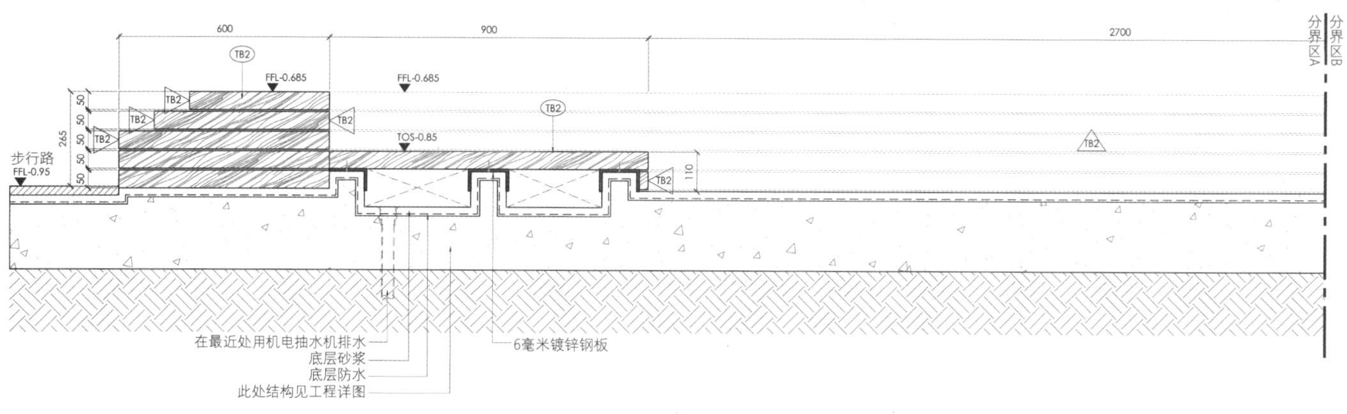
600
900
2700
分界区A
分界区B
TB2
FFL-0.685
FFL-0.685
TB2
TOS-0.85
步行路
FFL-0.95
265
110
在最近处用机电抽水机排水
底层砂浆
底层防水
此处结构见工程详图
6毫米镀锌钢板

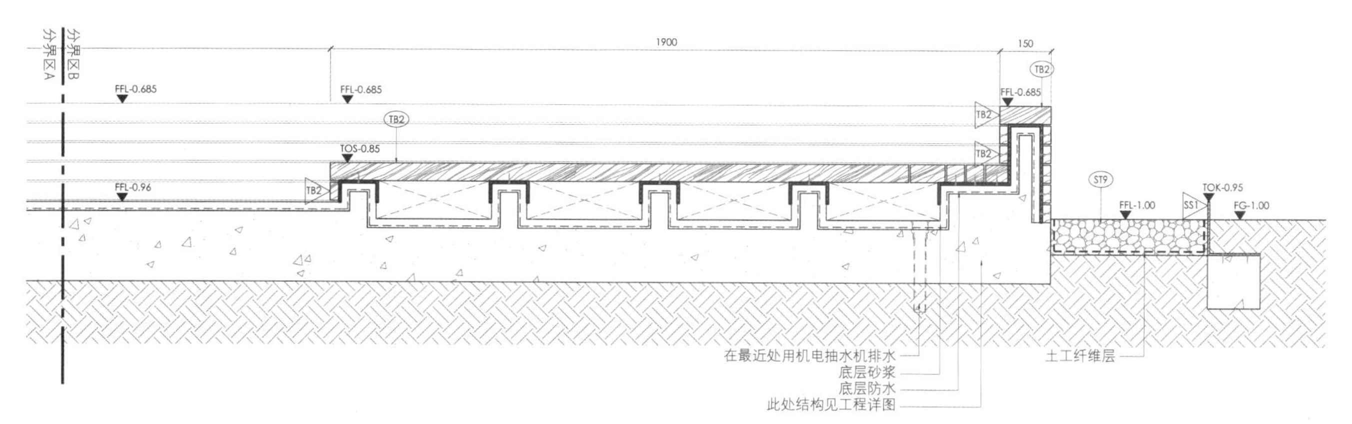
分界区B
分界区A
1900
150
TB2
FFL-0.685
FFL-0.685
FFL-0.685
TOS-0.85
FFL-0.96
ST9
FFL-1.00
TOK-0.95
SS1
FG-1.00
在最近处用机电抽水机排水
底层砂浆
底层防水
此处结构见工程详图
土工纤维层

■ 剖面C

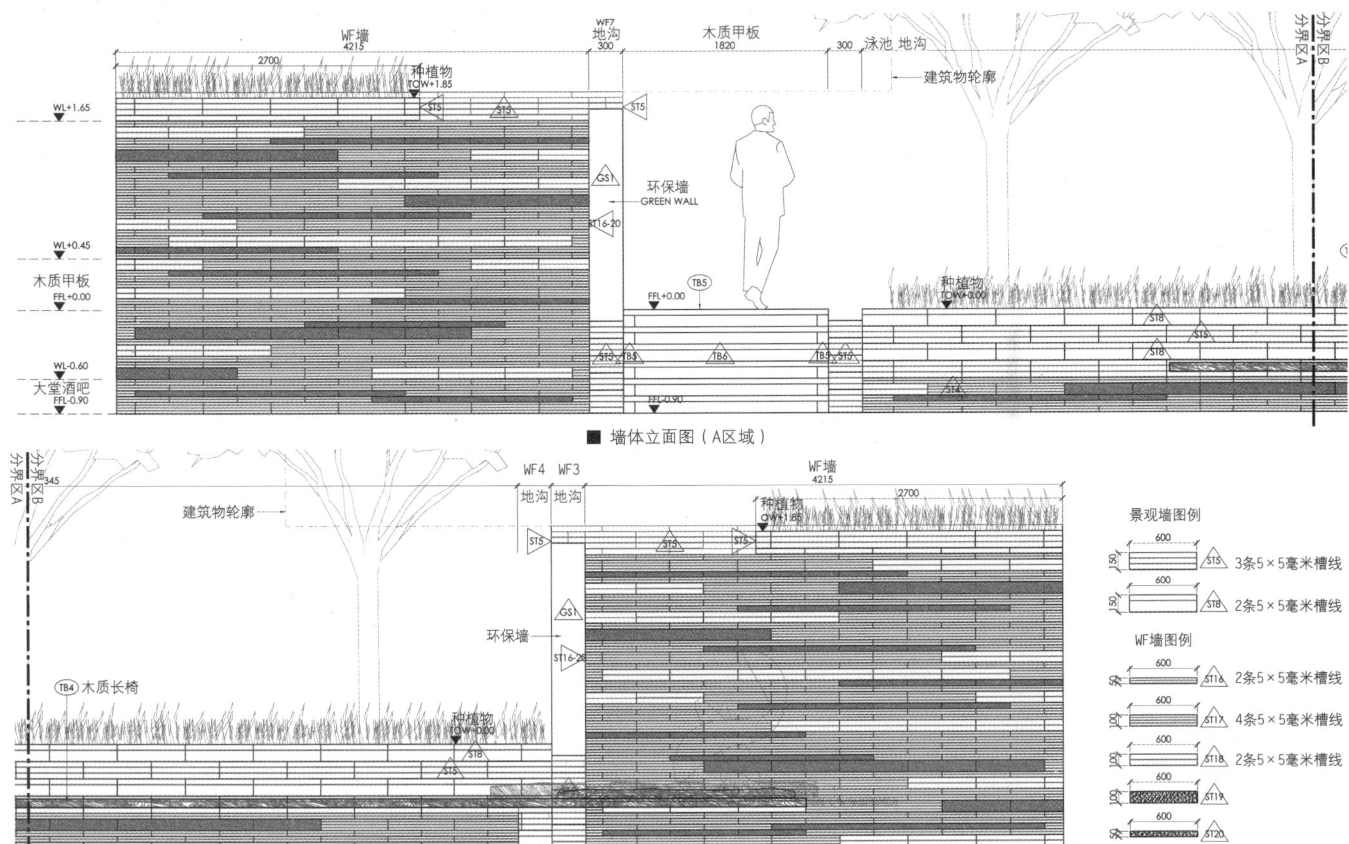
WF墙
4215
2700
WF7
地沟
300
木质甲板
1820
300
泳池 地沟
分界区B
分界区A
种植物
TOW+1.85
建筑物轮廓
WL+1.65
ST5
GS1
环保墙
GREEN WALL
ST16-20
WL+0.45
木质甲板
FFL+0.00
TB5
种植物
TOW+0.00
ST18
WL-0.60
大堂酒吧
FFL-0.90
TB6
ST14
WF4 WF3
地沟 地沟
345
木质长椅
TB4
景观墙图例
600
150
3条5×5毫米槽线
2条5×5毫米槽线
WF墙图例
ST16
ST17
4条5×5毫米槽线
ST19
ST20

■ 墙体立面图（A区域）

■ 墙体立面图（B区域）

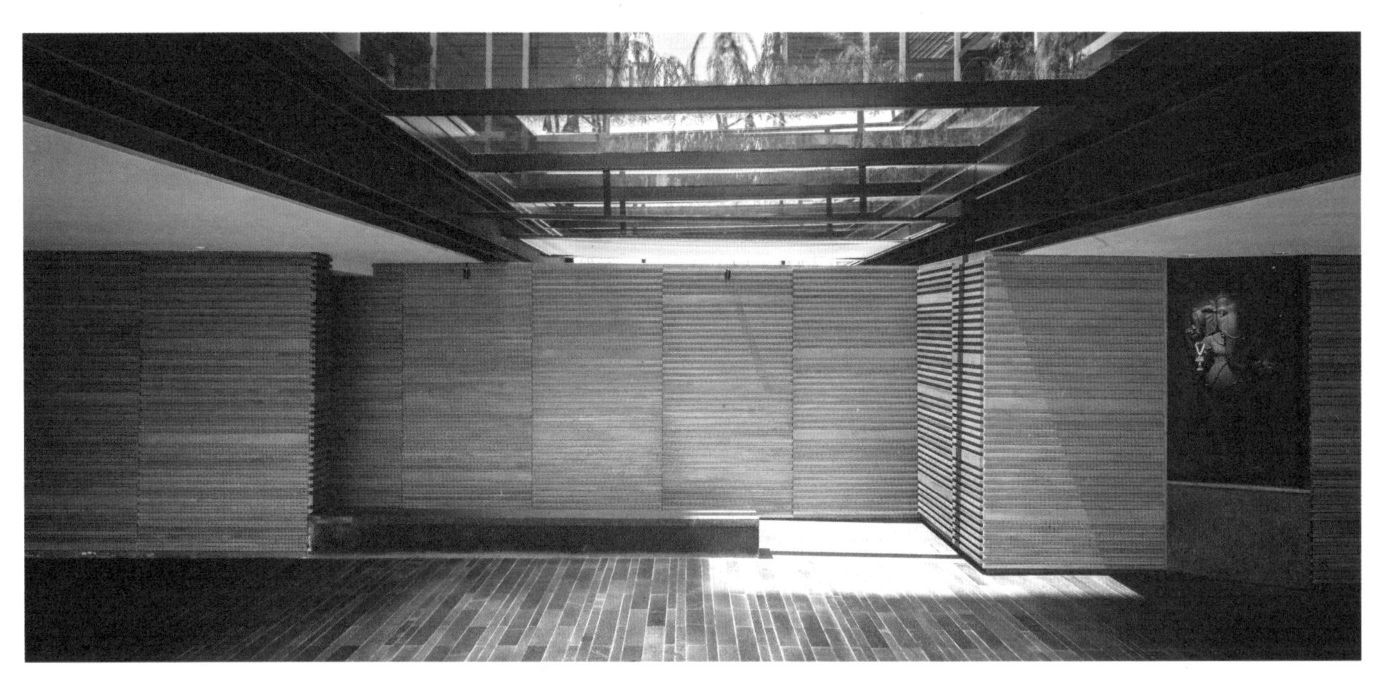

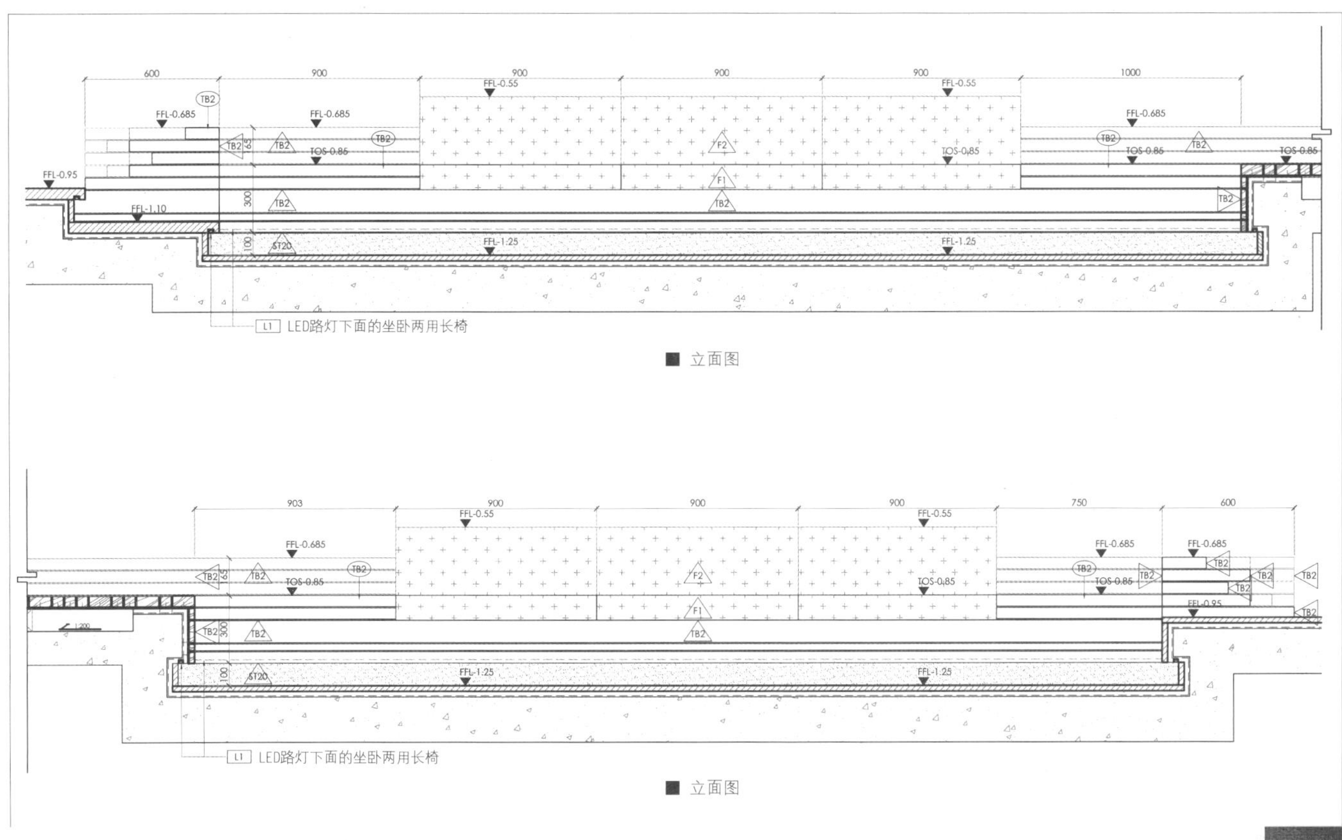
600
900
900
900
900
1000
FFL-0.55
FFL-0.685
FFL-0.95
FFL-1.10
FFL-1.25
TOS-0.85
TB2
F1
F2
ST20
300
100
L1 LED路灯下面的坐卧两用长椅
903
750

■ 立面图

■ 立面图

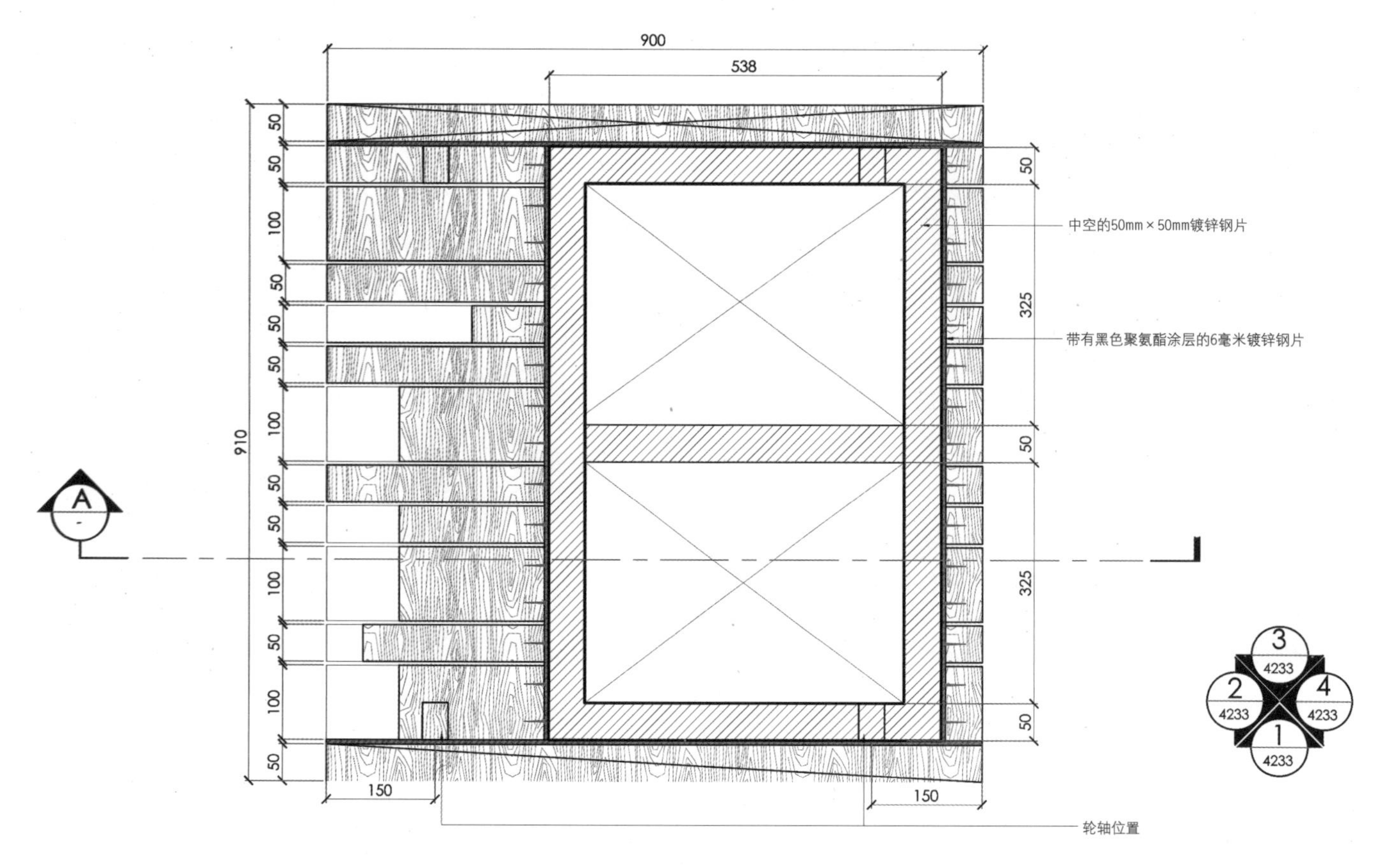
900
538
中空的50mm × 50mm镀锌钢片
带有黑色聚氨酯涂层的6毫米镀锌钢片
910
325
325
轮轴位置
4233
4233
4233
4233
■ 剖面位置

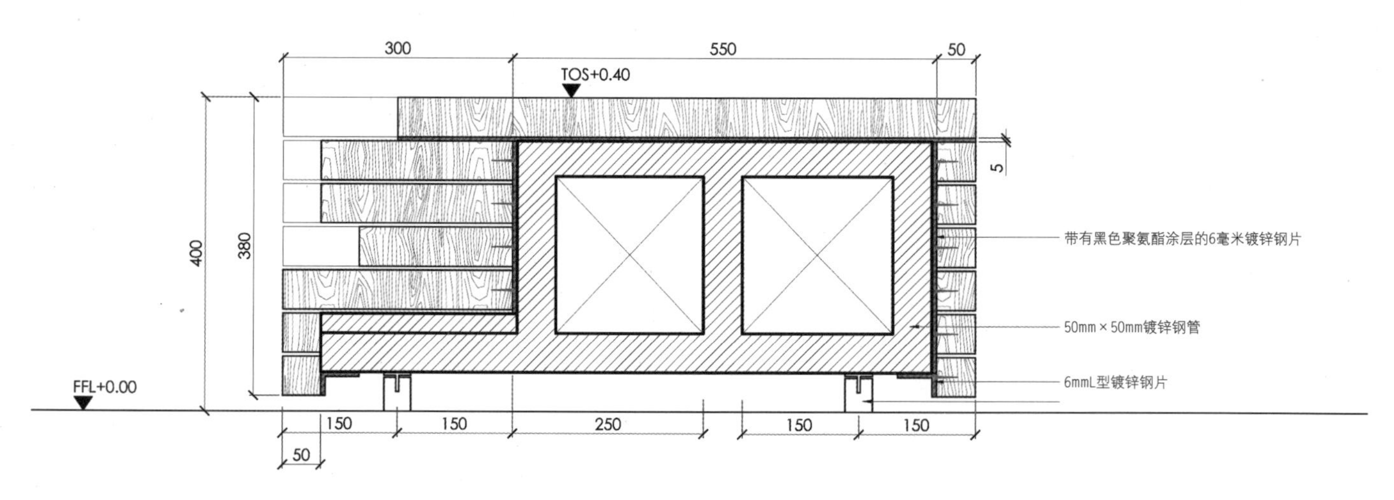
300
550
50
TOS+0.40
400
380
带有黑色聚氨酯涂层的6毫米镀锌钢片
50mm × 50mm镀锌钢管
6mmL型镀锌钢片
FFL+0.00
150
150
250
150
150
50
■ 剖面A

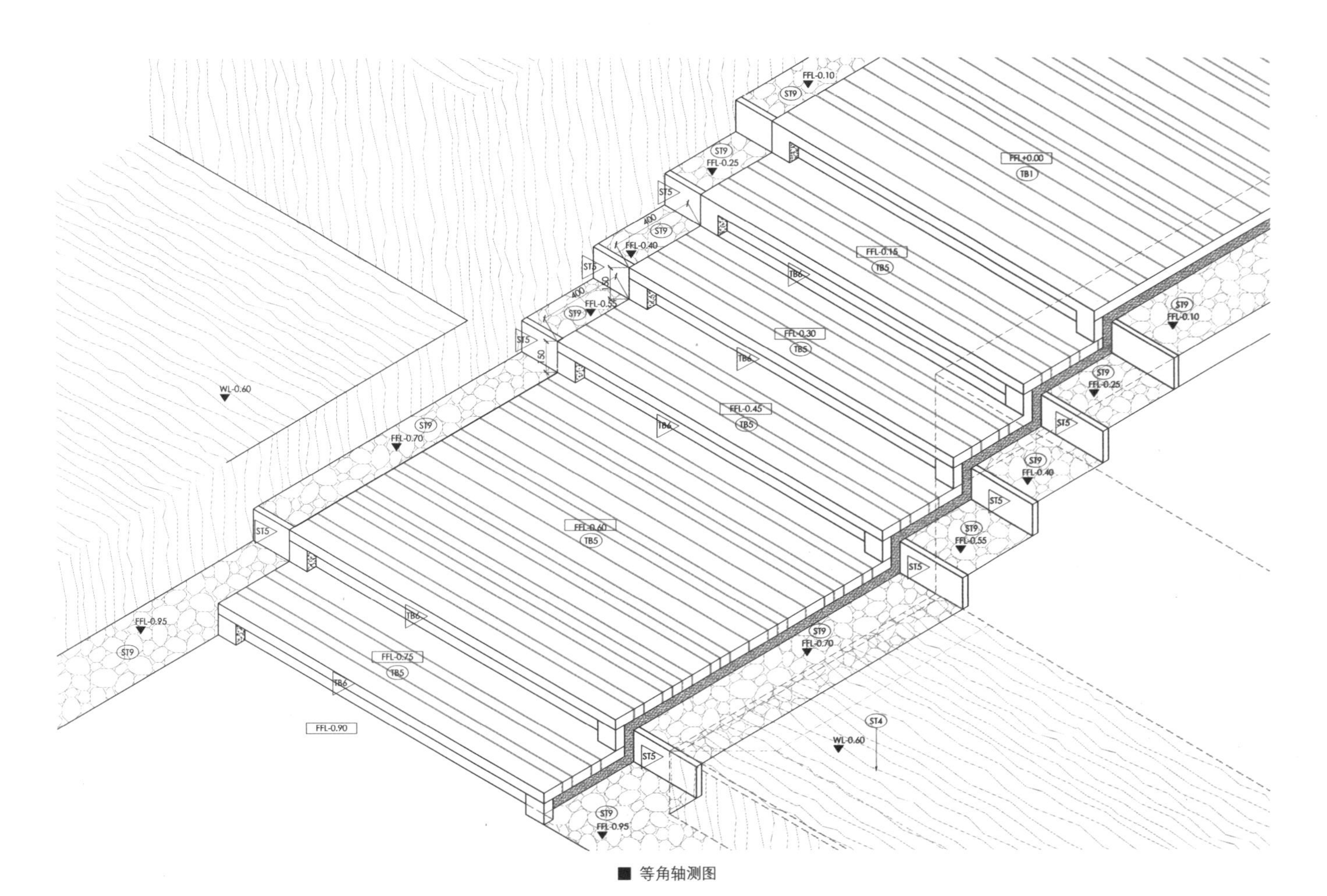
FFL-0.10
ST9
ST9
FFL-0.25
FFL+0.00
TB1
ST5
400
ST9
FFL-0.40
ST5
FFL-0.15
TB5
TB6
400
ST9
FFL-0.55
ST9
FFL-0.10
ST5
FFL-0.30
TB5
TB6
ST9
FFL-0.25
WL-0.60
FFL-0.45
TB5
ST9
FFL-0.70
TB6
ST5
ST9
FFL-0.40
ST5
FFL-0.60
TB5
ST5
ST9
FFL-0.55
ST5
TB6
FFL-0.95
ST9
ST9
FFL-0.70
FFL-0.75
TB5
TB6
ST4
WL-0.60
FFL-0.90
ST5
ST9
FFL-0.95

■ 等角轴测图

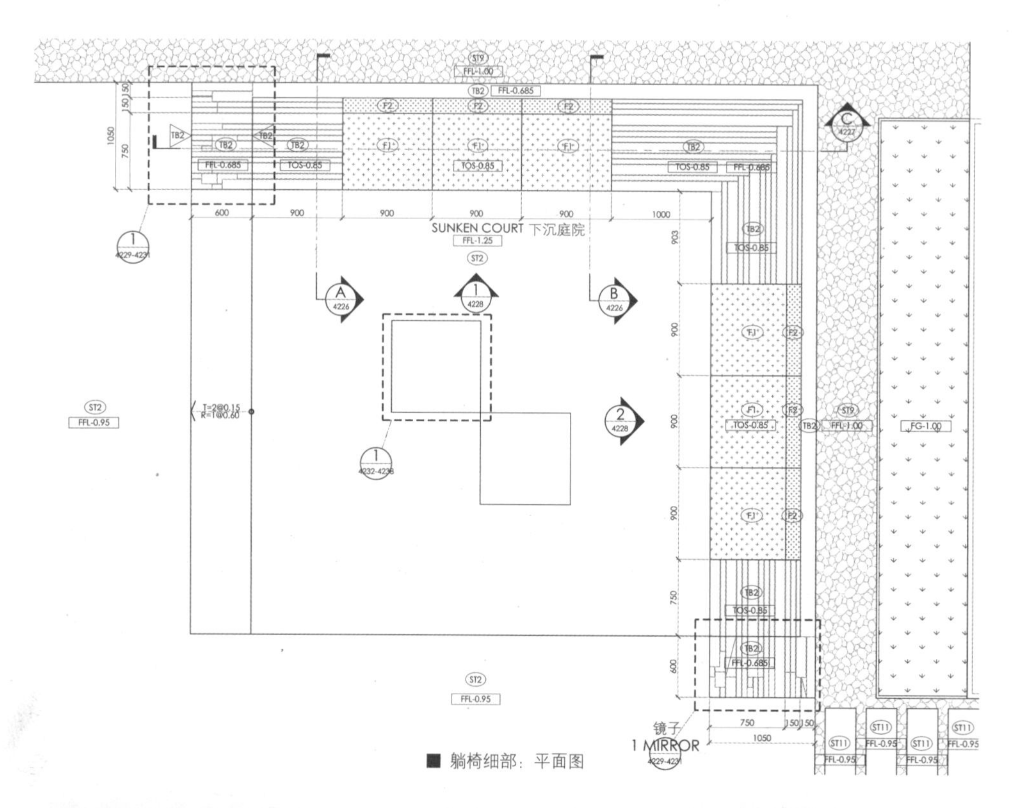
ST9
FFL-1.00
TB2
FFL-0.685
F2
F1
TOS-0.85
SUNKEN COURT 下沉庭院
FFL-1.25
ST2
FFL-0.95
ST11
FG-1.00
镜子
1 MIRROR

■ 躺椅细部：平面图

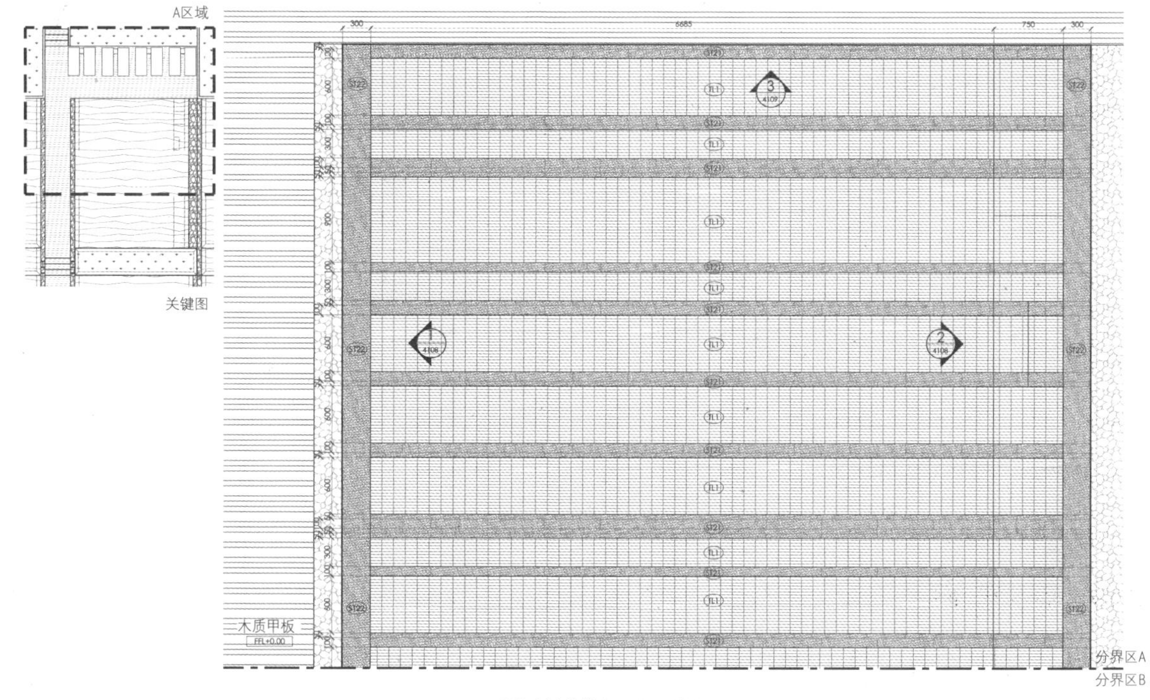
A区域
关键图
木质甲板
分界区A
分界区B

■ 游泳池铺装模式图（A区域）

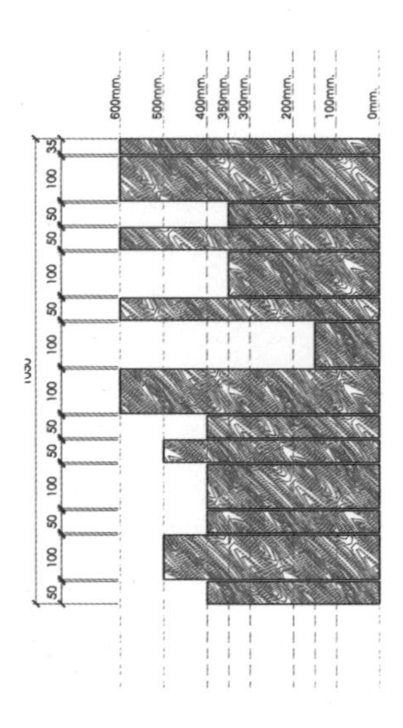
600mm
500mm
400mm
350mm
300mm
200mm
100mm
0mm
1050

■ 第四层面板平面图

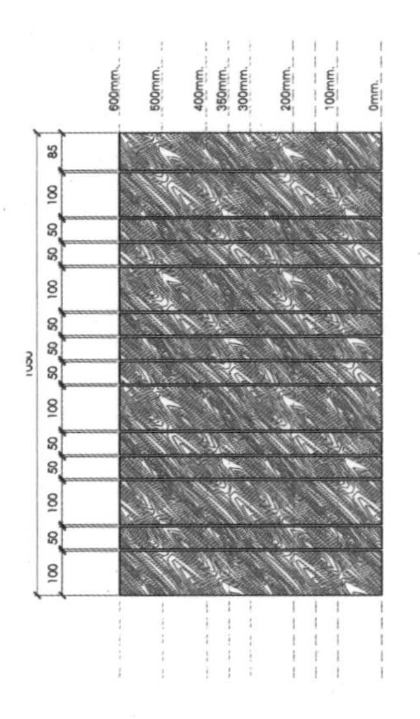
600mm
500mm
400mm
350mm
300mm
200mm
100mm
0mm

■ 第五层面板平面图

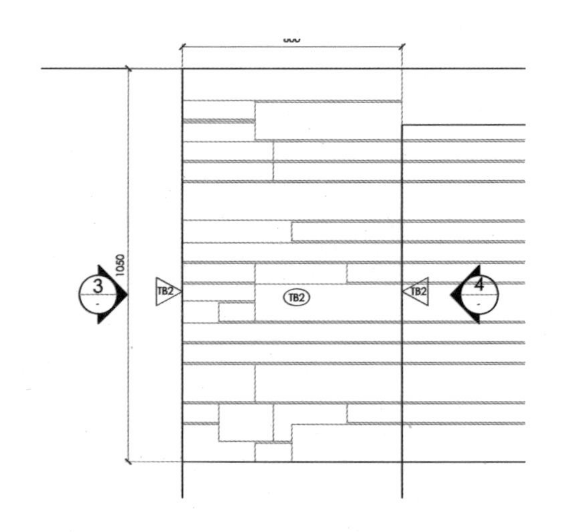
1050
TB2
3
4

■ 躺椅墙角平面图

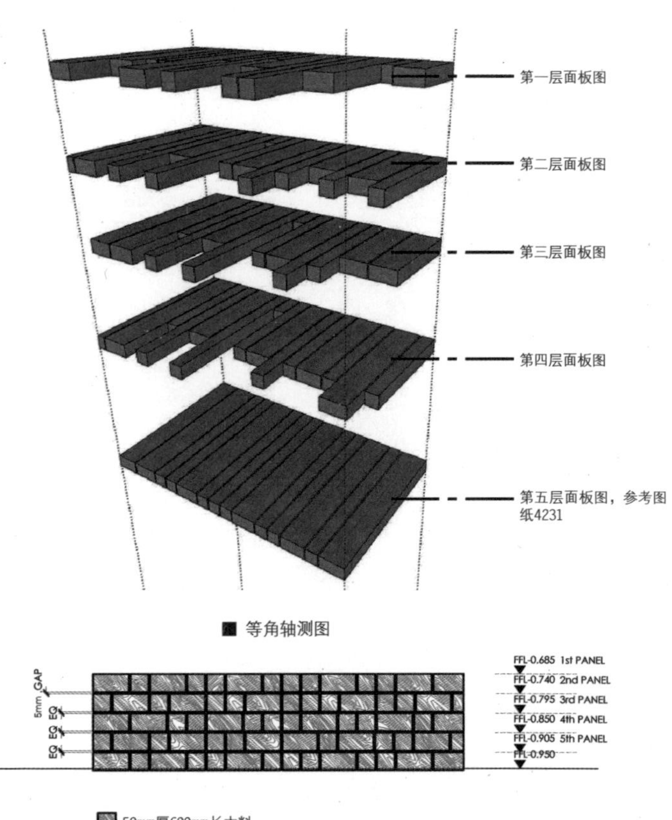
第一层面板图
第二层面板图
第三层面板图
第四层面板图
第五层面板图，参考图纸4231

■ 等角轴测图

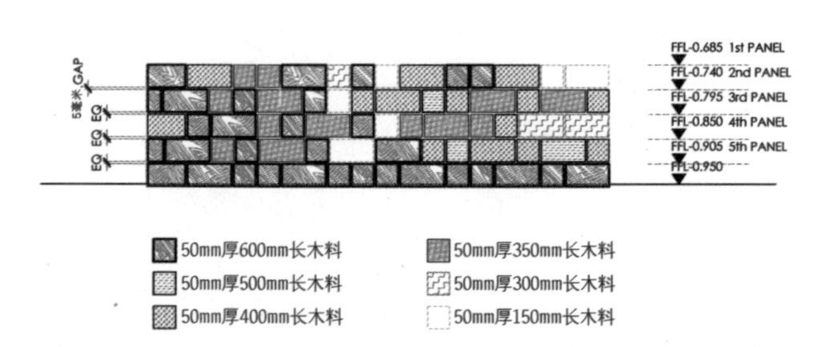
FFL-0.685 1st PANEL
FFL-0.740 2nd PANEL
FFL-0.795 3rd PANEL
FFL-0.850 4th PANEL
FFL-0.905 5th PANEL
FFL-0.950
5毫米 GAP
EQ
50mm厚600mm长木料
50mm厚500mm长木料
50mm厚400mm长木料
50mm厚350mm长木料
50mm厚300mm长木料
50mm厚150mm长木料

■ 立面图

FFL-0.685 1st PANEL
FFL-0.740 2nd PANEL
FFL-0.795 3rd PANEL
FFL-0.850 4th PANEL
FFL-0.905 5th PANEL
FFL-0.950

5mm GAP
EQ
EQ
EQ

50mm厚600mm长木料

■ 立面图

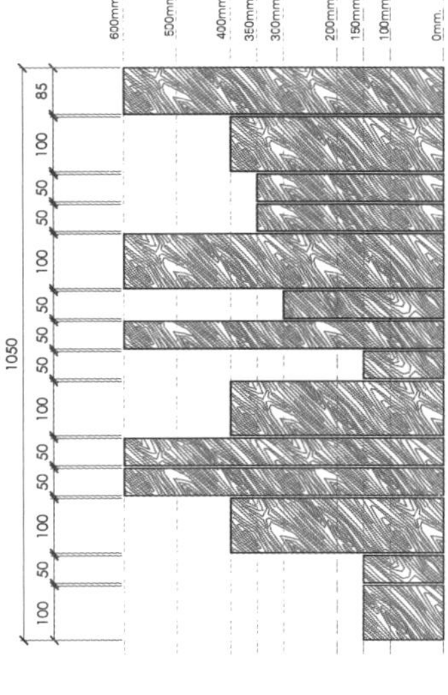

600mm
500mm
400mm
350mm
300mm
200mm
150mm
100mm
0mm
1050

■ 第一层面板平面图

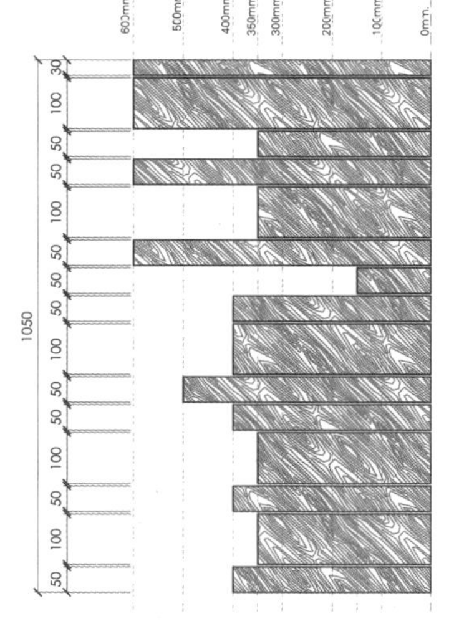

600mm
500mm
400mm
350mm
300mm
200mm
100mm
0mm
1050

■ 第二层面板平面图

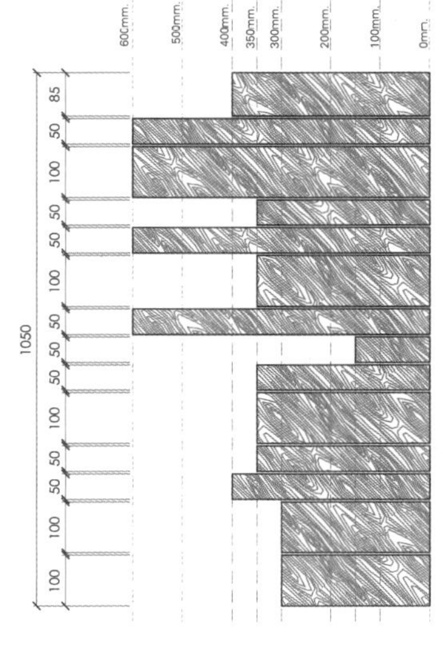

600mm
500mm
400mm
350mm
300mm
200mm
100mm
0mm
1050

■ 第三层面板平面图

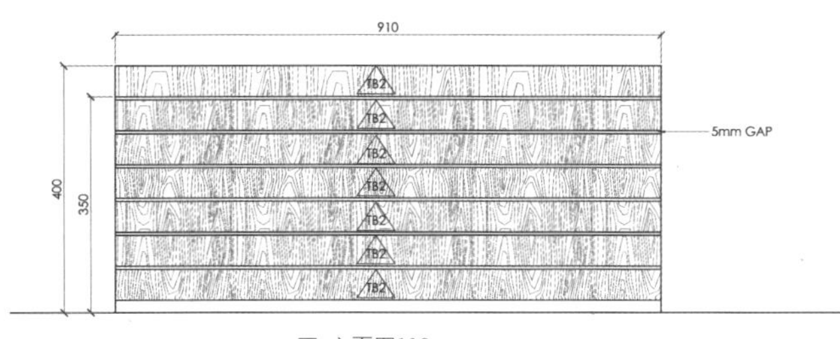

910
400
350
TB2
5mm GAP

■ 立面图1&3

55
800
55
400
380

■ 立面图4

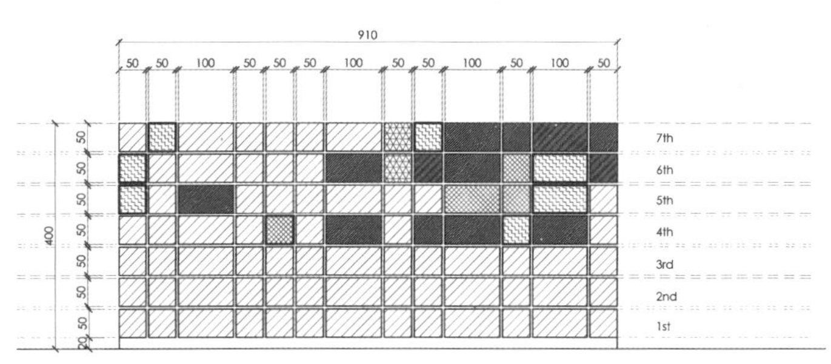

910
400
7th
6th
5th
4th
3rd
2nd
1st

■ 立面图2

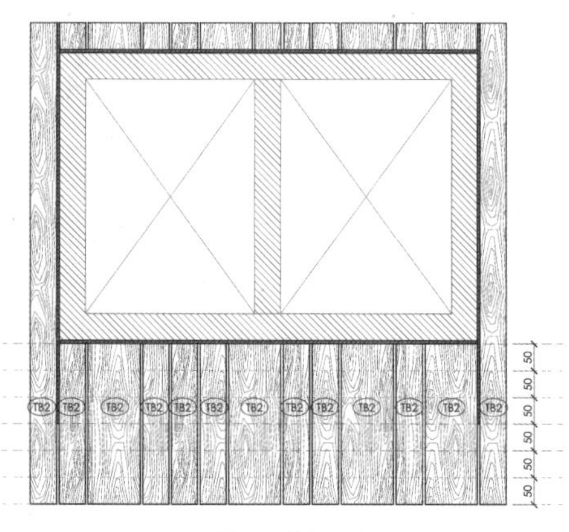
TB2 TB2 TB2 TB2 TB2 TB2 TB2 TB2 TB2 TB2 TB2 TB2 TB2
50 50 50 50 50 50

■ 第一层放大平面图

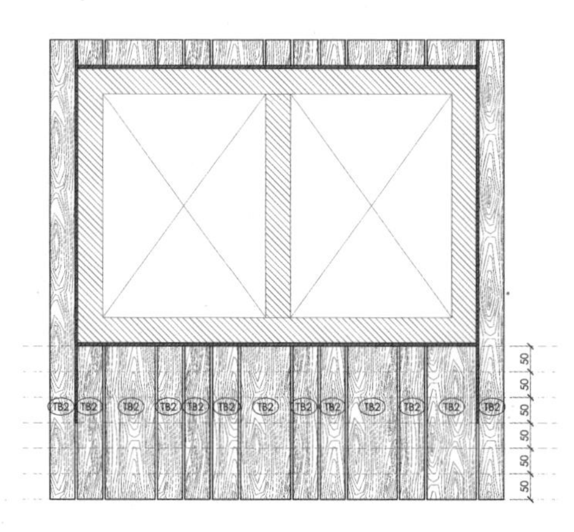
TB2 TB2 TB2 TB2 TB2 TB2 TB2 TB2 TB2 TB2 TB2 TB2 TB2
50 50 50 50 50 50

■ 第二层放大平面图

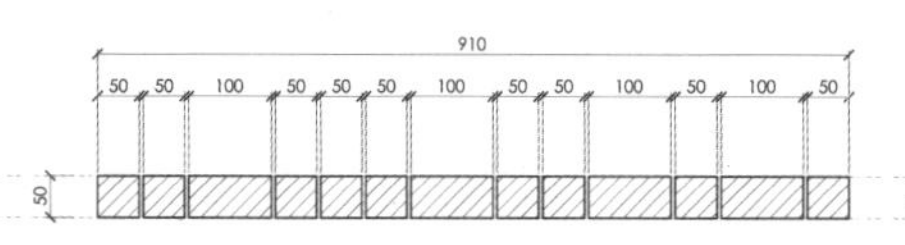
910
50 50 100 50 50 50 100 50 50 100 50 100 50
50
1st

第一立面细节图

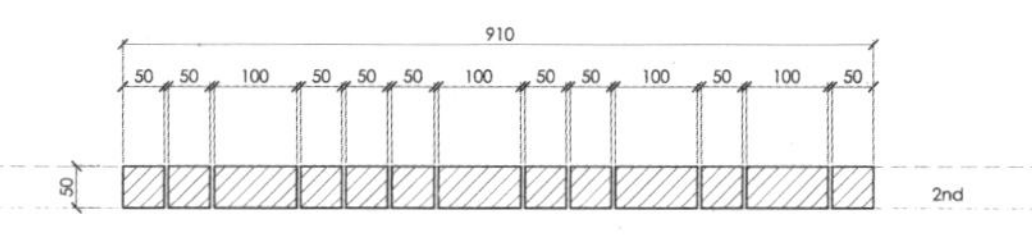
910
50 50 100 50 50 50 100 50 50 100 50 100 50
50
2nd

第二立面细节图

■ 第一层面板细节图

■ 第二层面板细节图

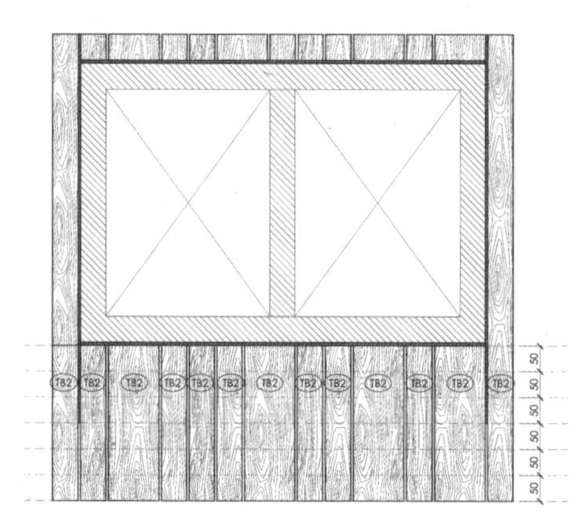
TB2 TB2 TB2 TB2 TB2 TB2 TB2 TB2 TB2 TB2 TB2 TB2 TB2
50 50 50 50 50 50

■ 第三层放大平面图

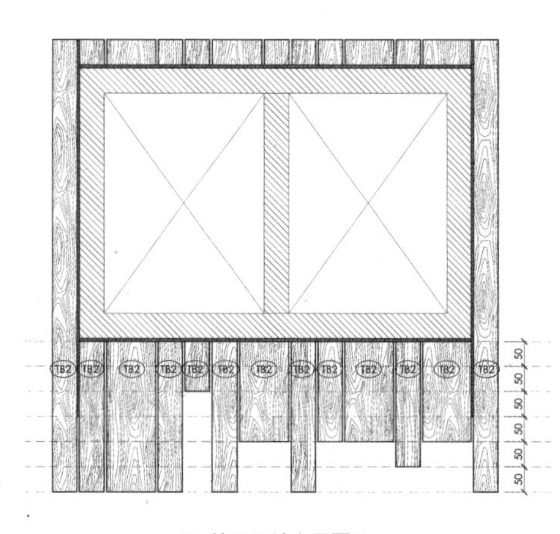
TB2 TB2 TB2 TB2 TB2 TB2 TB2 TB2 TB2 TB2 TB2 TB2 TB2
50 50 50 50 50 50

■ 第四层放大平面图

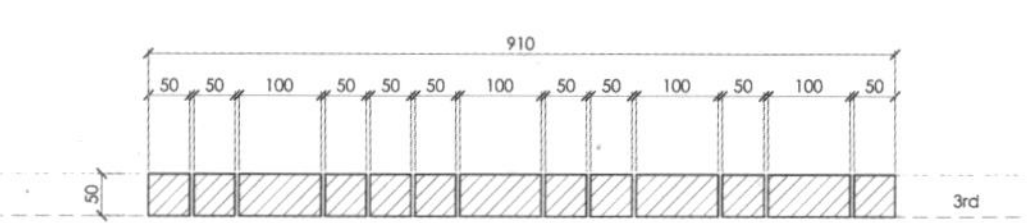
910
50 50 100 50 50 50 100 50 50 100 50 100 50
50
3rd

第三层立面细节图

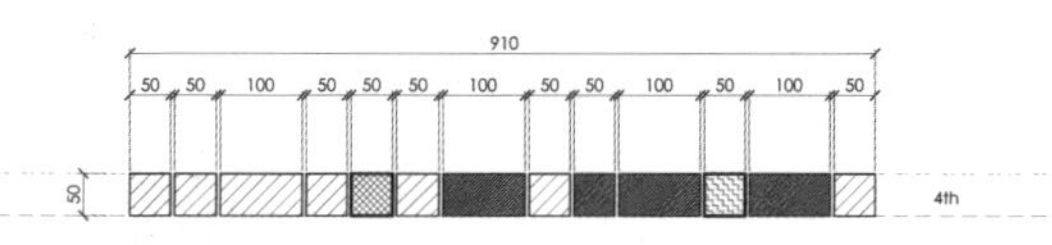
910
50 50 100 50 50 50 100 50 50 100 50 100 50
50
4th

第四层立面细节图

■ 第三层面板细节图

■ 第四层面板细节图

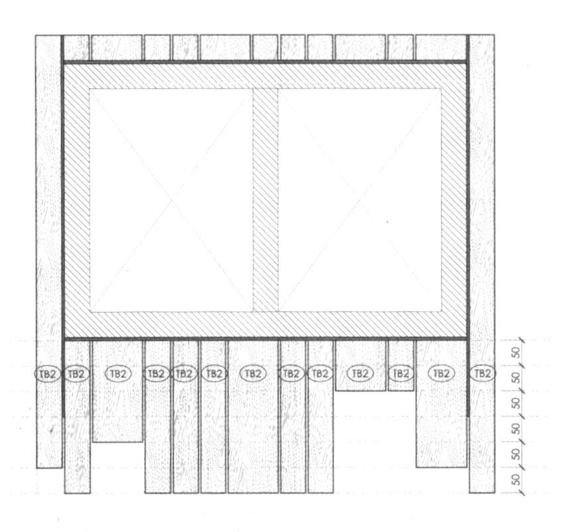
TB2
50

■ 第五层放大平面图

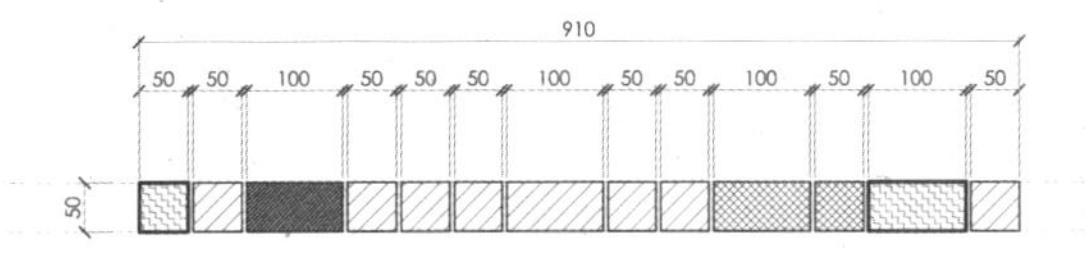
910
50 50 100 50 50 50 100 50 50 100 50 100 50
50
5th

第五层立面细节图

■ 第五层面板细节图

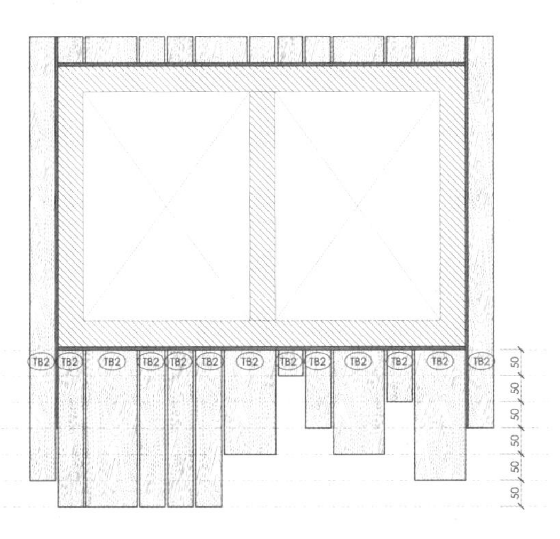
TB2
50

■ 第六层放大平面图

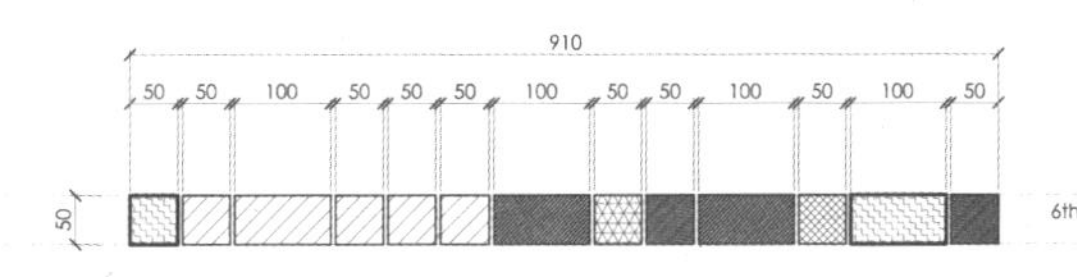
910
50 50 100 50 50 50 100 50 50 100 50 100 50
50
6th

第六层立面细节图

■ 第六层面板细节图

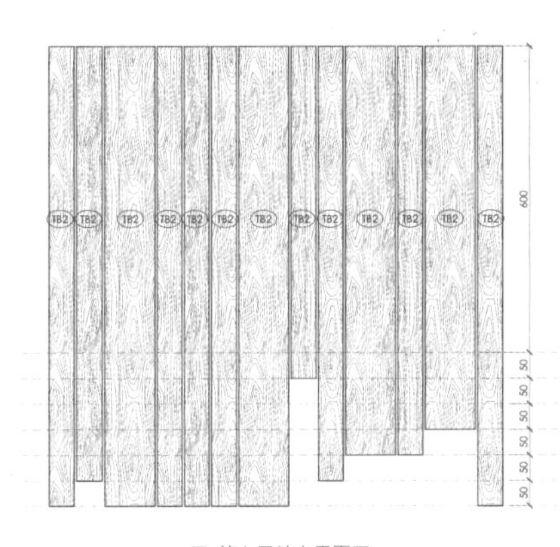
TB2
600
50

■ 第七层放大平面图

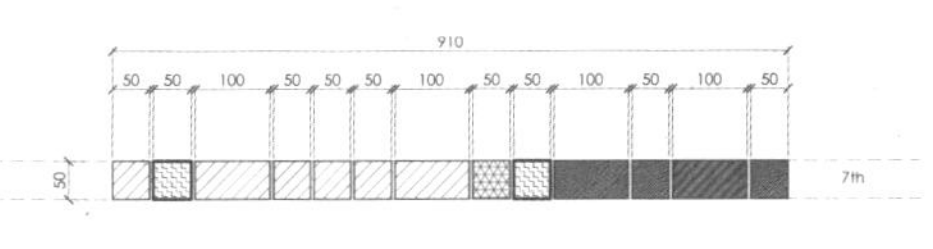
910
50 50 100 50 50 50 100 50 50 100 50 100 50
50
7th

第七层立面细节图

■ 第七层面板细节图

泰国·拉普绕18公寓大厦花园

景观设计: 莎玛有限公司　摄影师: 威森·尚丹亚（Mr.Wison Tung thanya）　客户: 亚洲房地产公共有限公司（Asian Property Public Company Limited）

项目简介
Information

该项目坐落于曼谷地区一处典型的拥挤道路——热闹的拉普绕路。花园与街道相邻，成了公路与大厦之间的缓冲区间。设计师想通过建造一处森林一样的空间以减低噪声及环境污染，并将该传统空间打造成一个令人愉悦的散步或休闲空间。多种多样的植物种植在如同被子表面花纹般的硬质景观中，形成了美丽且宁静的色彩和纹理对比，同时最大限度地丰富了该地区的生态环境。

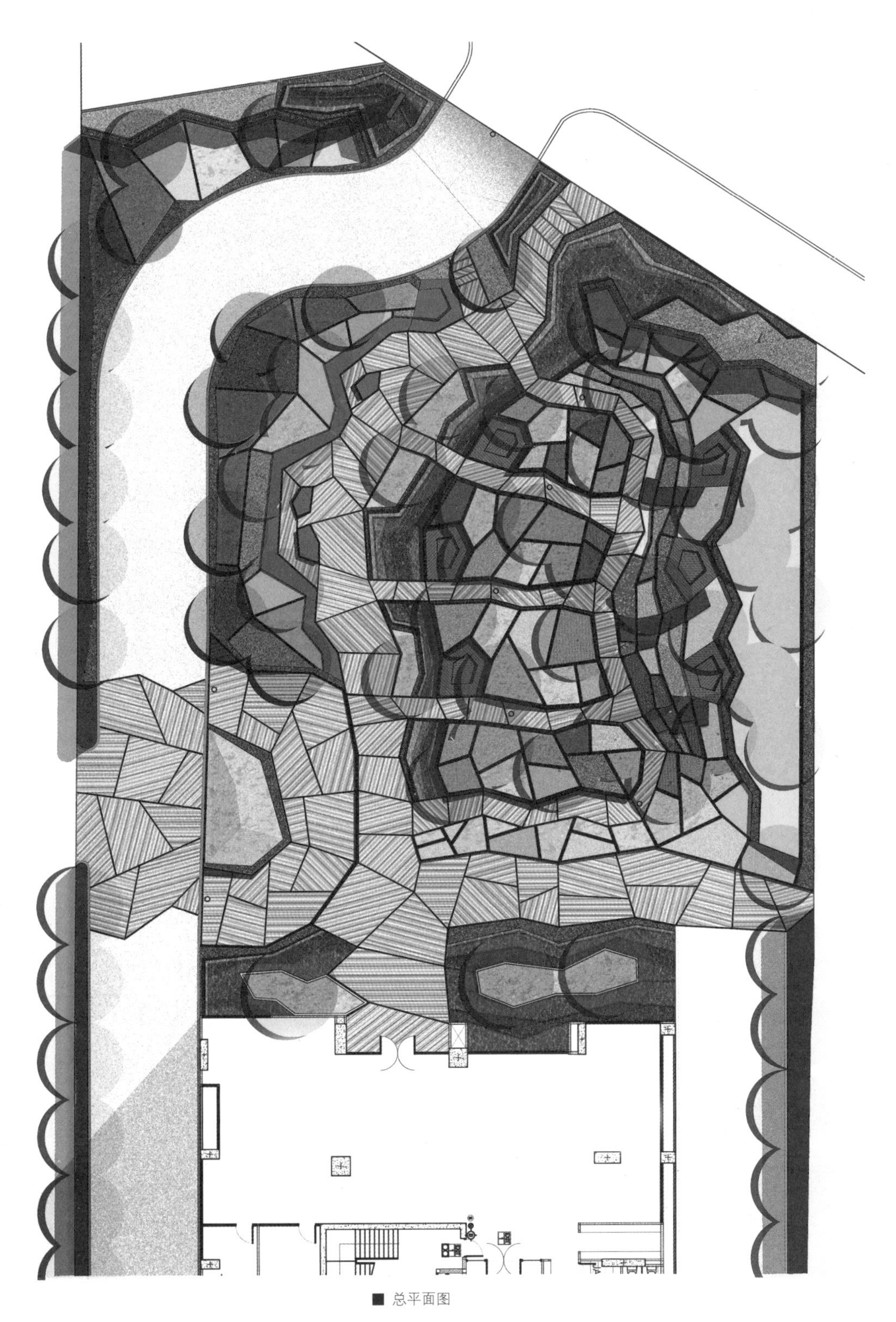

■ 总平面图

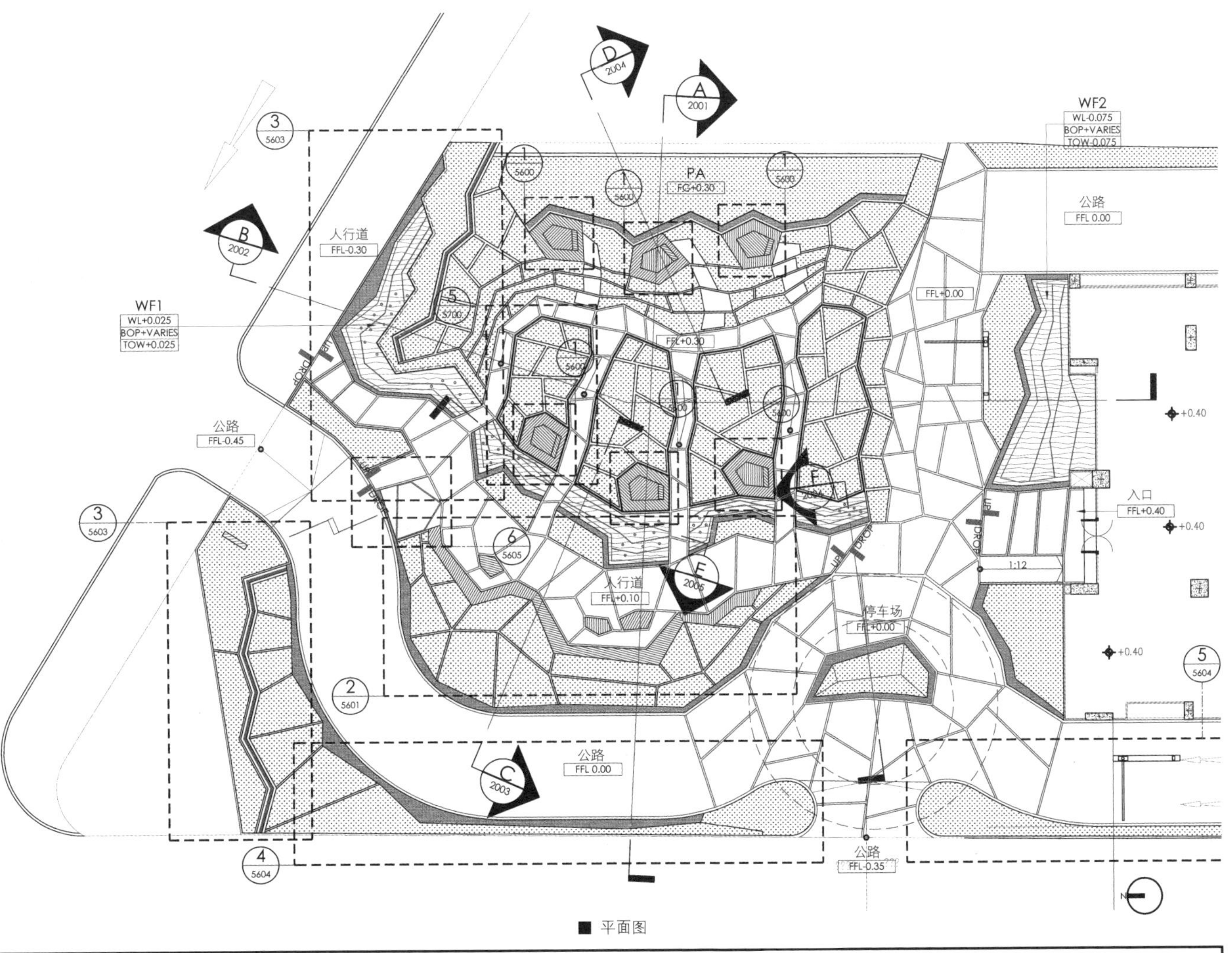
WF2
WL-0.075
BOP+VARIES
TOW-0.075
PA
FG+0.30
公路
FFL 0.00
人行道
FFL-0.30
WF1
WL+0.025
BOP+VARIES
TOW+0.025
FFL+0.00
FFL+0.30
公路
FFL-0.45
入口
FFL+0.40
+0.40
人行道
FFL+0.10
停车场
FFL+0.00
1:12
公路
FFL 0.00
公路
FFL-0.35

■ 平面图

■ 混交林

■ 植被规划图

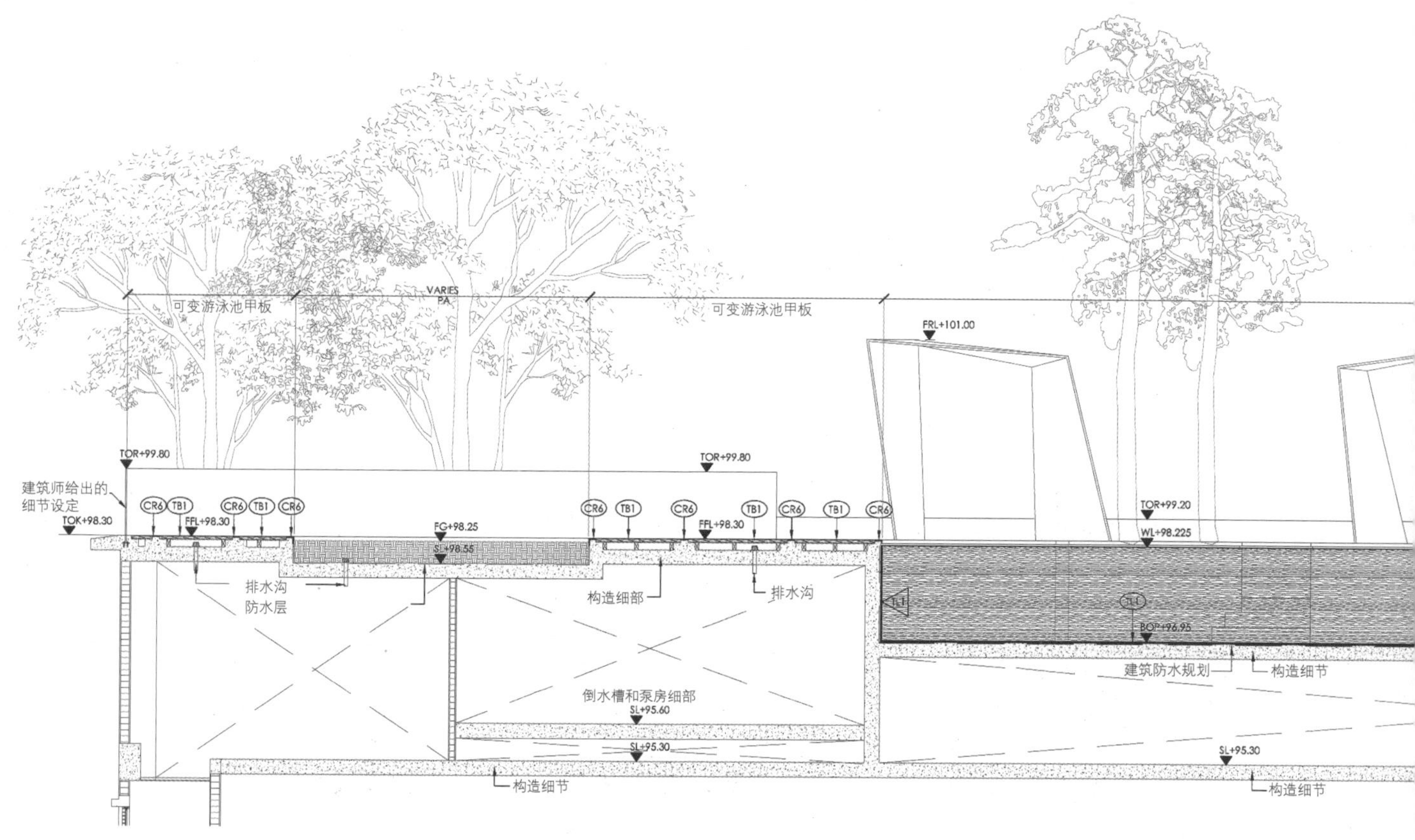

VARIES
PA
可变游泳池甲板
可变游泳池甲板
FRL+101.00
TOR+99.80
TOR+99.80
建筑师给出的
细节设定
TOK+98.30
CR6
TB1
FFL+98.30
FG+98.25
SL+98.55
FFL+98.30
TOR+99.20
WL+98.225
排水沟
防水层
构造细部
排水沟
BOP+96.95
建筑防水规划
构造细节
倒水槽和泵房细部
SL+95.60
SL+95.30
SL+95.30
构造细节
构造细节

■ 第33层剖面图（屋顶花园）

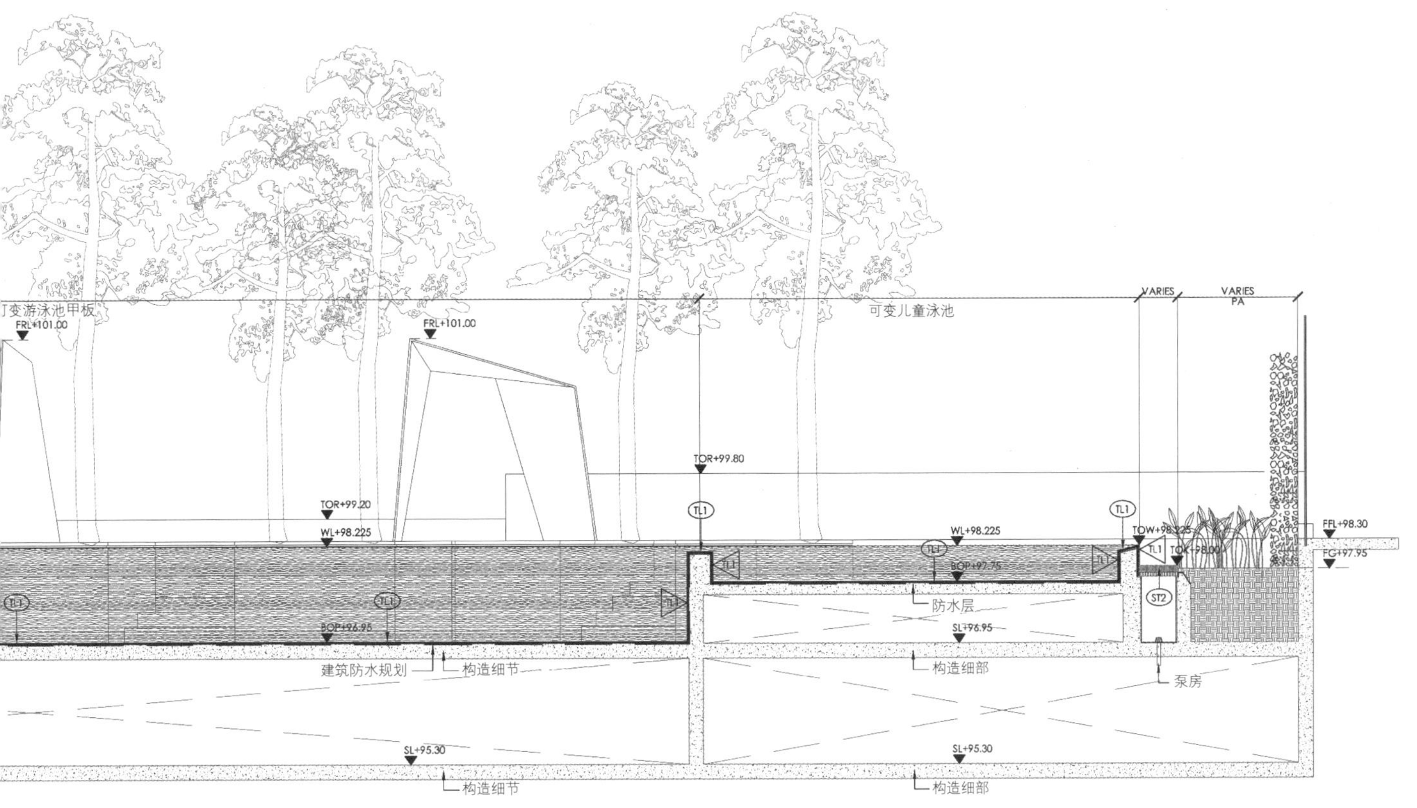

J变游泳池甲板
FRL+101.00
FRL+101.00
可变儿童泳池
VARIES
VARIES
PA
TOR+99.80
TOR+99.20
WL+98.225
WL+98.225
TOW+98.225
TOK+98.00
FFL+98.30
FC+97.95
BOP+97.75
BOP+96.95
防水层
SL+96.95
建筑防水规划
构造细节
构造细部
泵房
SL+95.30
SL+95.30
构造细节
构造细部

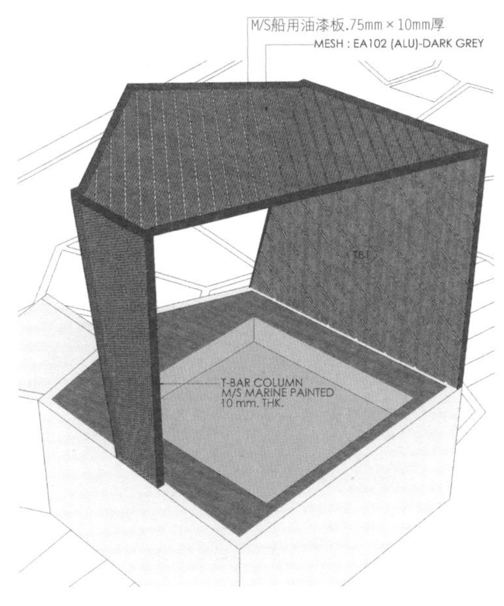
M/S船用油漆板.75mm×10mm厚
MESH : EA102 (ALU)-DARK GREY
TB1
T-BAR COLUMN
M/S MARINE PAINTED
10 mm. THK.

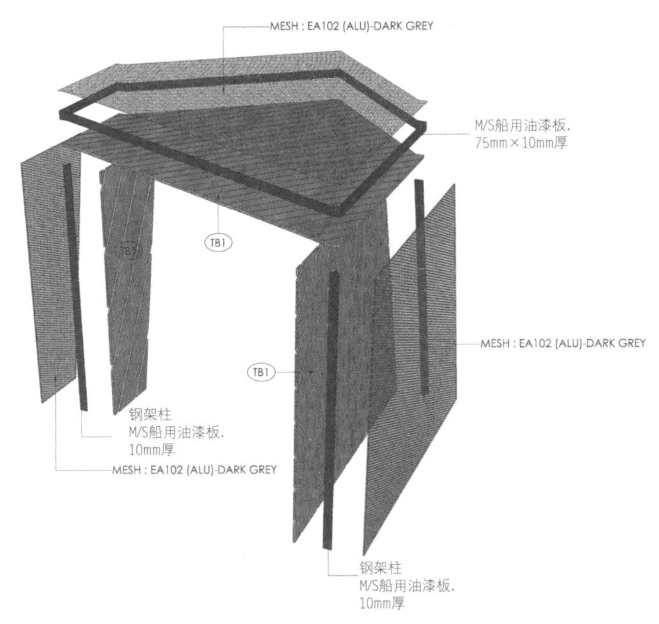
MESH : EA102 (ALU)-DARK GREY
M/S船用油漆板.
75mm×10mm厚
TB1
TB1
MESH : EA102 (ALU)-DARK GREY
钢架柱
M/S船用油漆板.
10mm厚
MESH : EA102 (ALU)-DARK GREY
钢架柱
M/S船用油漆板.
10mm厚

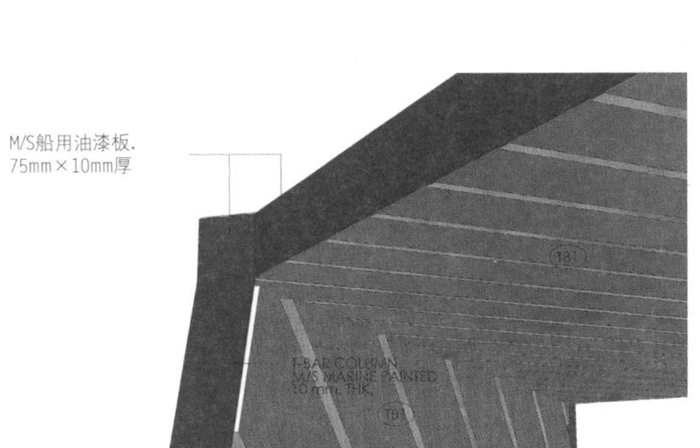
M/S船用油漆板.
75mm×10mm厚

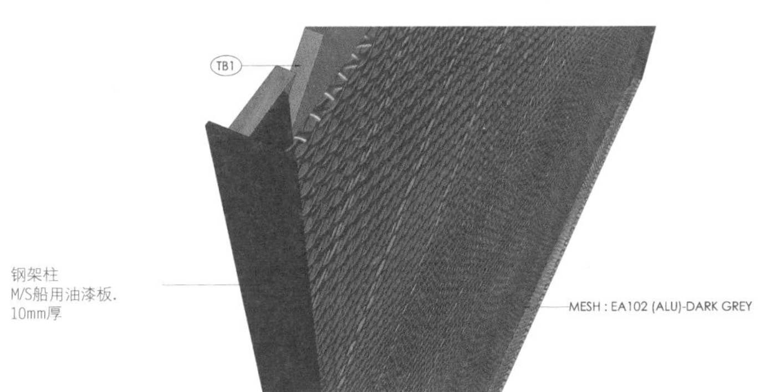
TB1
钢架柱
M/S船用油漆板.
10mm厚
MESH : EA102 (ALU)-DARK GREY

■ 典型的小屋等距细节

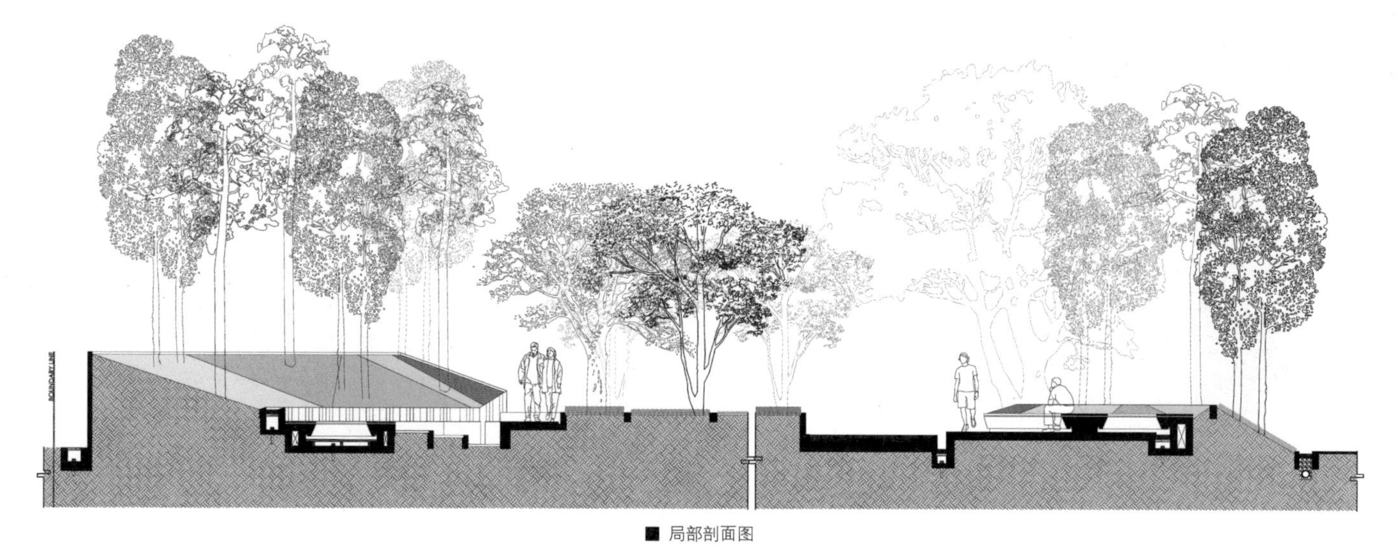
BOUNDARY LINE

■ 局部剖面图

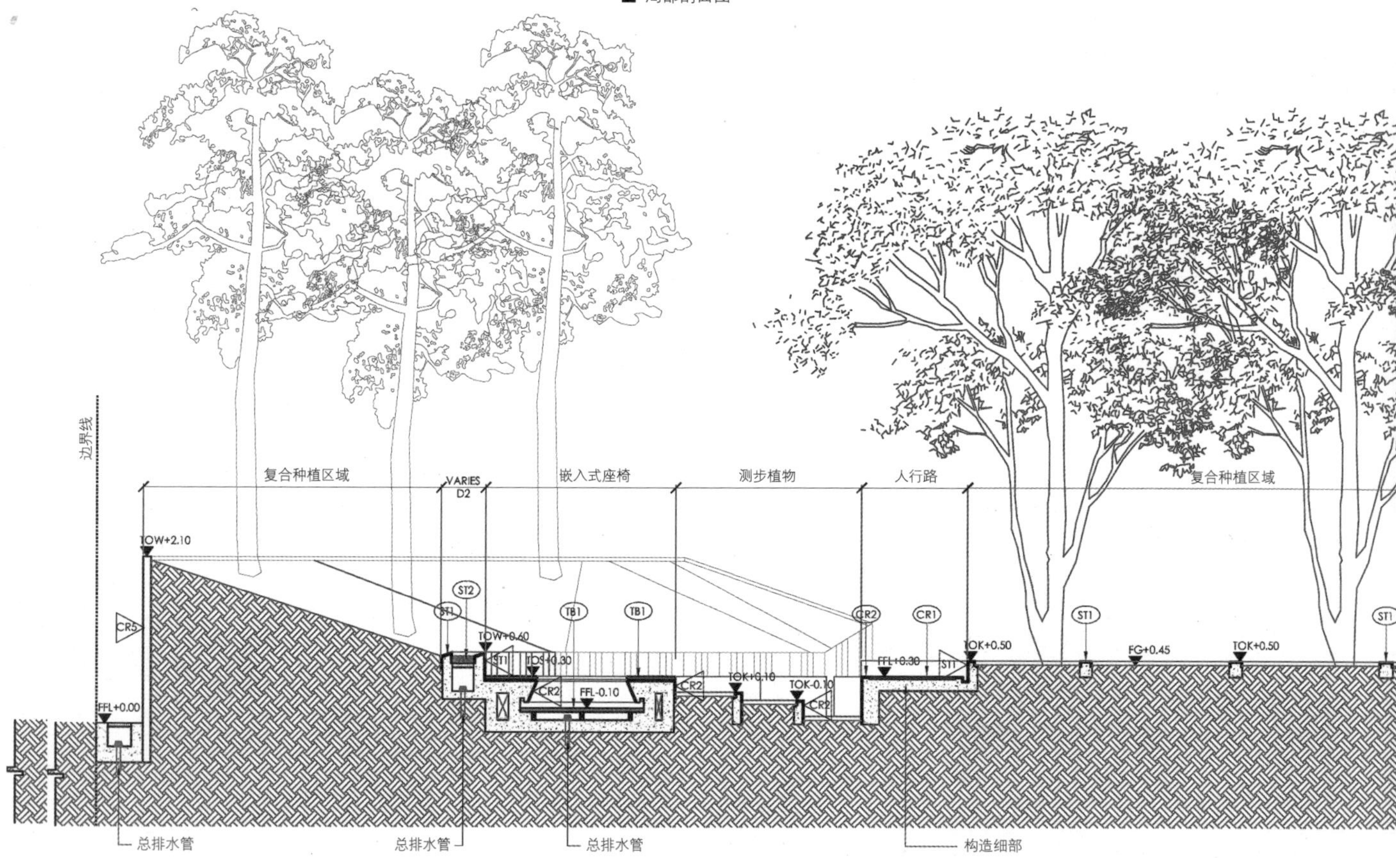
边界线
复合种植区域
VARIES
D2
嵌入式座椅
测步植物
人行路
复合种植区域
TOW+2.10
CR5
FFL+0.00
ST2
ST1
TB1
TB1
CR2
CR1
ST1
ST1
TOW+0.60
TDS+0.30
CR2
FFL-0.10
TOK+0.10
TOK-0.10
FFL+0.30
TOK+0.50
FG+0.45
TOK+0.50
总排水管
总排水管
总排水管
构造细部

■ 首层剖面图

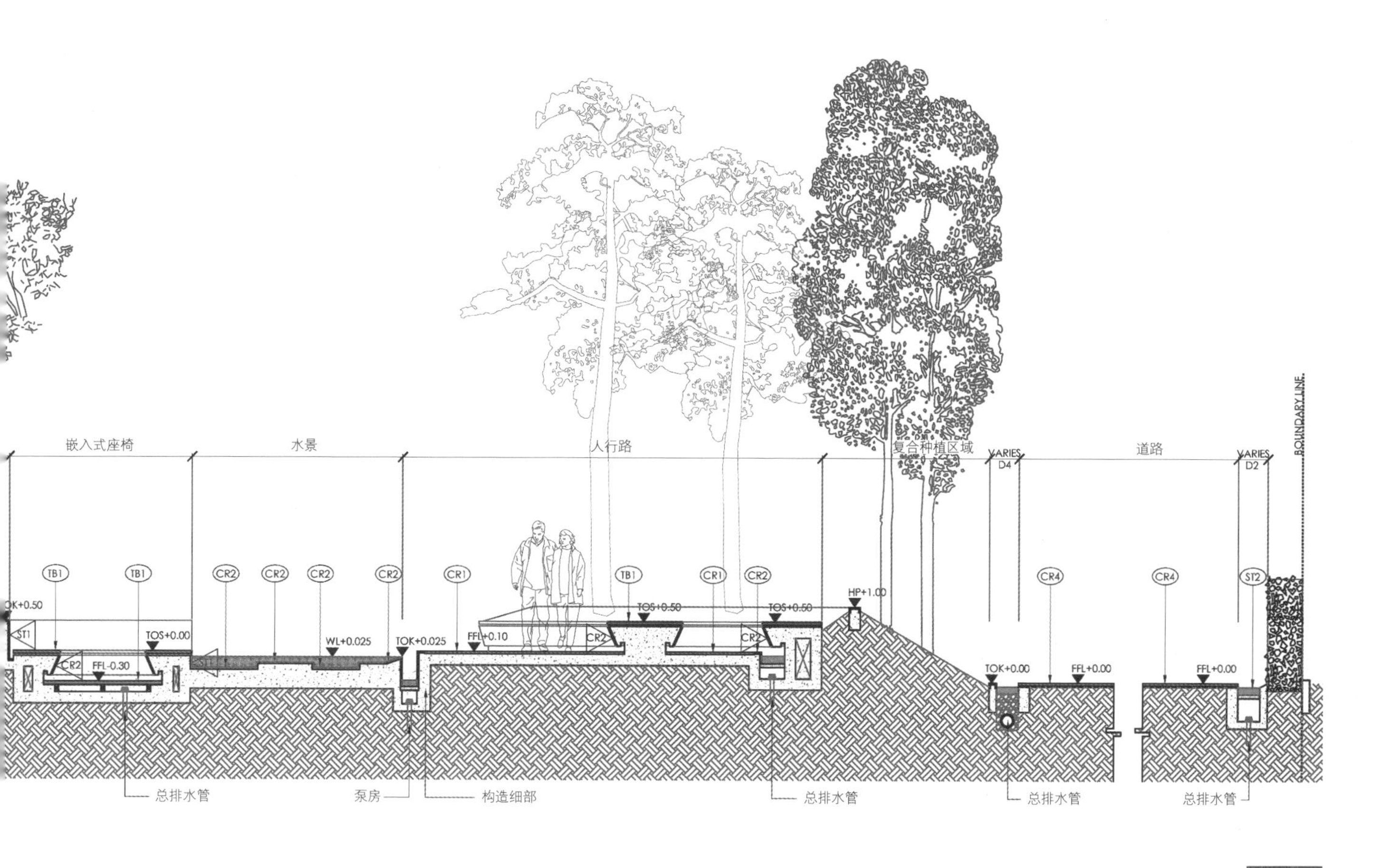
嵌入式座椅
水景
人行路
复合种植区域
VARIES
D4
道路
VARIES
D2
BOUNDARY LINE
TB1
TB1
CR2
CR2
CR2
CR2
CR1
TB1
CR1
CR2
CR4
CR4
ST2
TOK+0.50
ST1
TOS+0.00
CR2
FFL-0.30
WL+0.025
TOK+0.025
FFL+0.10
TOS+0.50
TOS+0.50
HP+1.00
TOK+0.00
FFL+0.00
FFL+0.00
总排水管
泵房
构造细部
总排水管
总排水管
总排水管

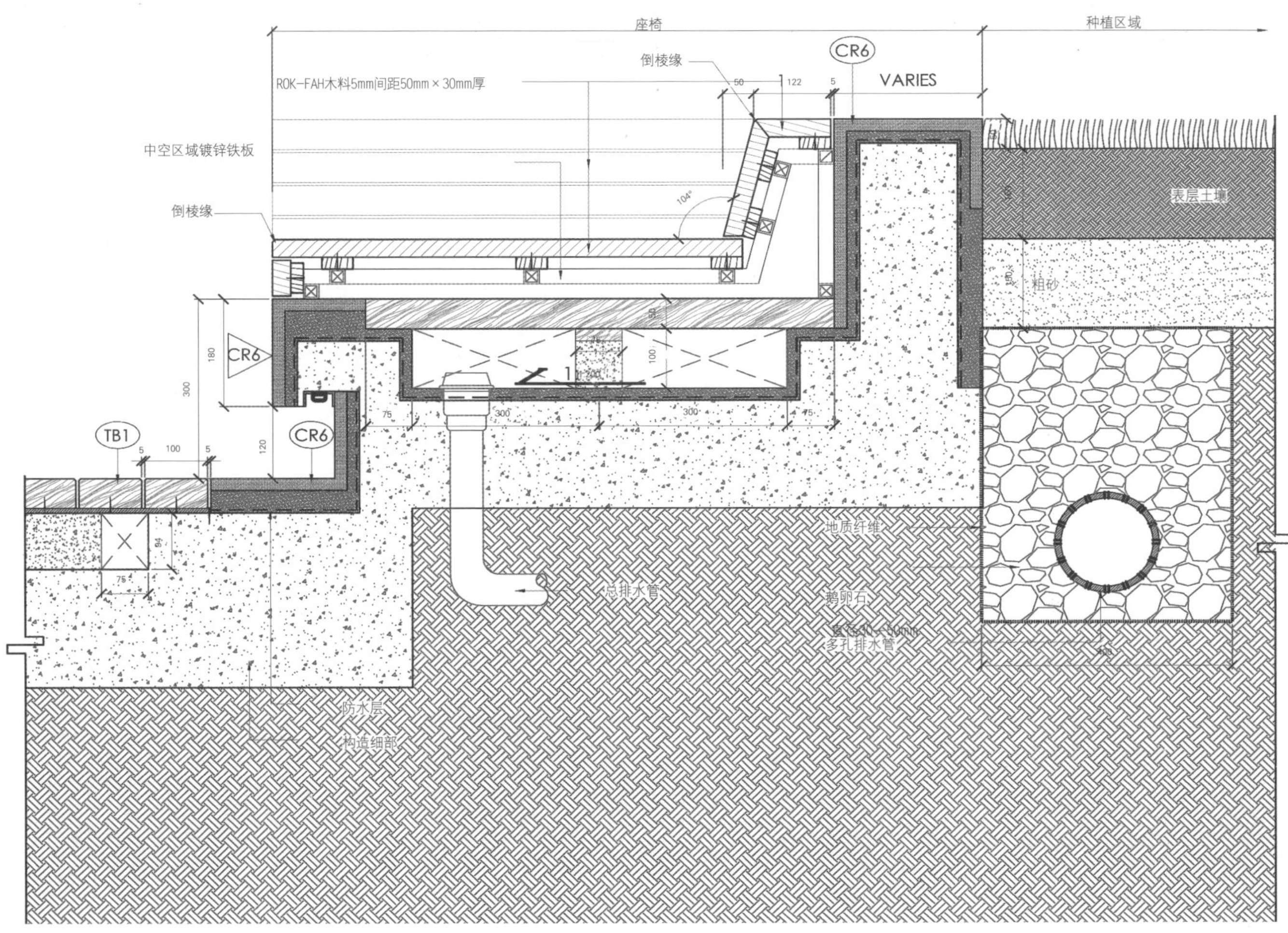
座椅
种植区域
CR6
倒棱缘
ROK-FAH木料5mm间距50mm × 30mm厚
VARIES
50
122
5
中空区域镀锌铁板
倒棱缘
104°
表层土壤
粗砂
CR6
180
300
100
1
300
300
75
75
TB1
5
100
5
120
CR6
地质纤维
总排水管
鹅卵石
多孔排水管
防水层
构造细部

■ 典型日落休息室剖面图

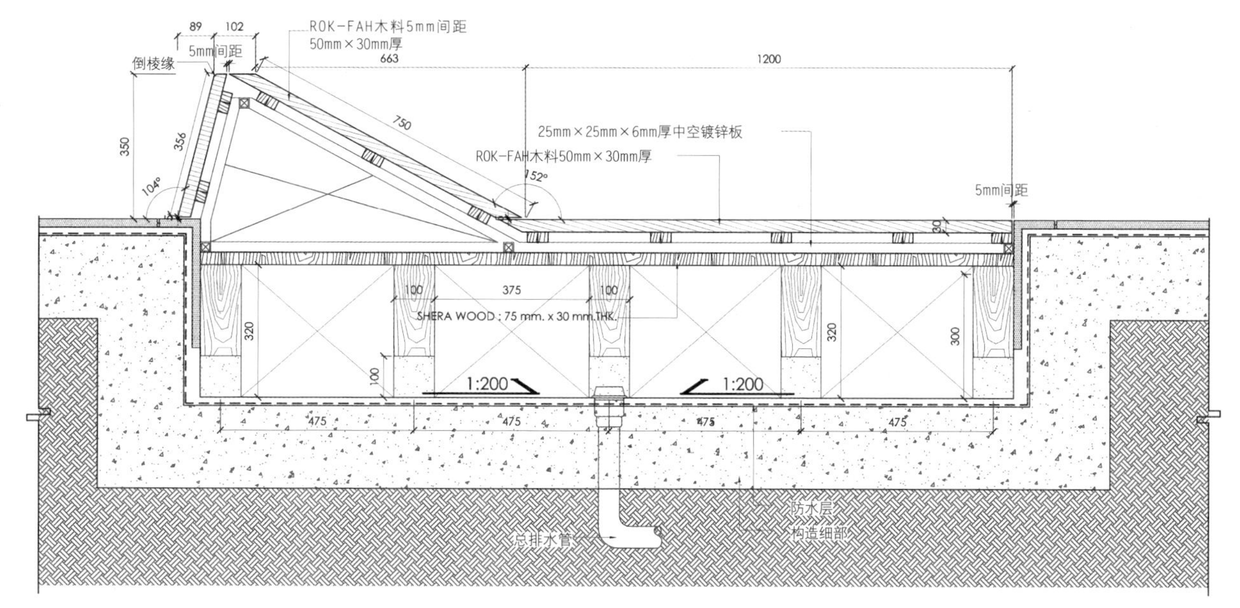

ROK-FAH木料5mm间距
50mm×30mm厚
5mm间距
倒棱缘
25mm×25mm×6mm厚中空镀锌板
ROK-FAH木料50mm×30mm厚
5mm间距
SHERA WOOD ; 75 mm. x 30 mm.THK.
1:200
1:200
防水层
构造细部
总排水管

■ 沙发床剖面图

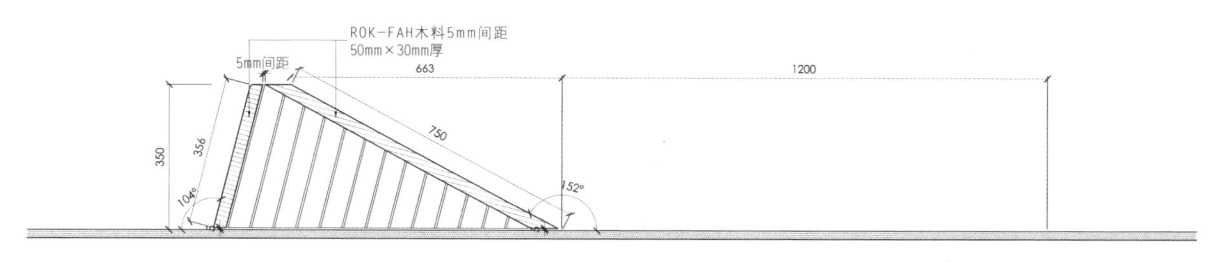

ROK-FAH木料5mm间距
50mm×30mm厚
5mm间距

■ 沙发床立面图

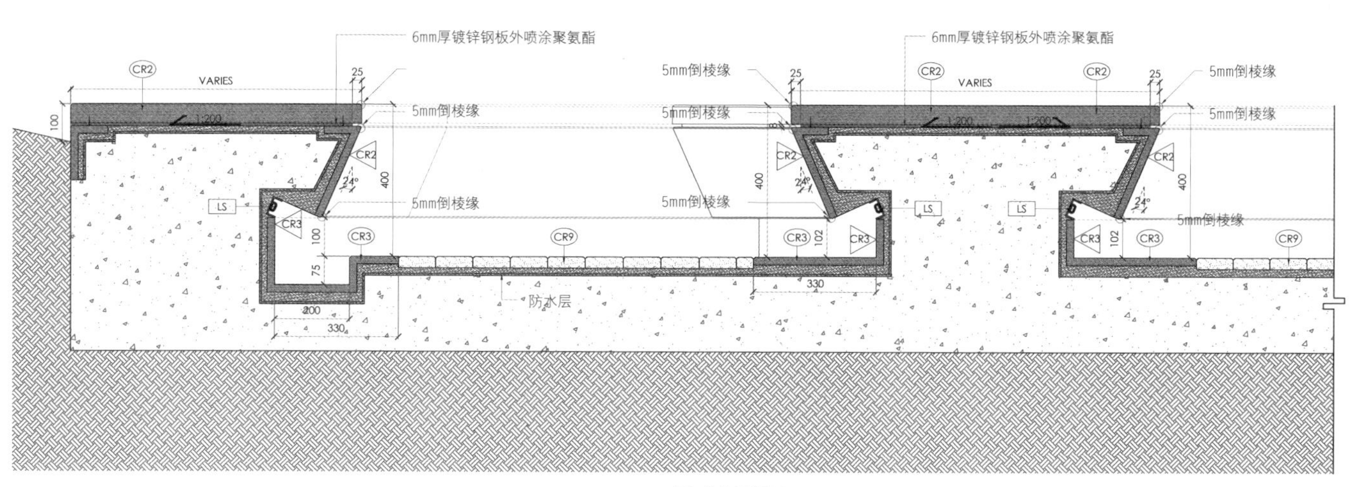

6mm厚镀锌钢板外喷涂聚氨酯
6mm厚镀锌钢板外喷涂聚氨酯
VARIES
VARIES
5mm倒棱缘
5mm倒棱缘
5mm倒棱缘
5mm倒棱缘
5mm倒棱缘
5mm倒棱缘
5mm倒棱缘
5mm倒棱缘
防水层

■ 长椅剖面图

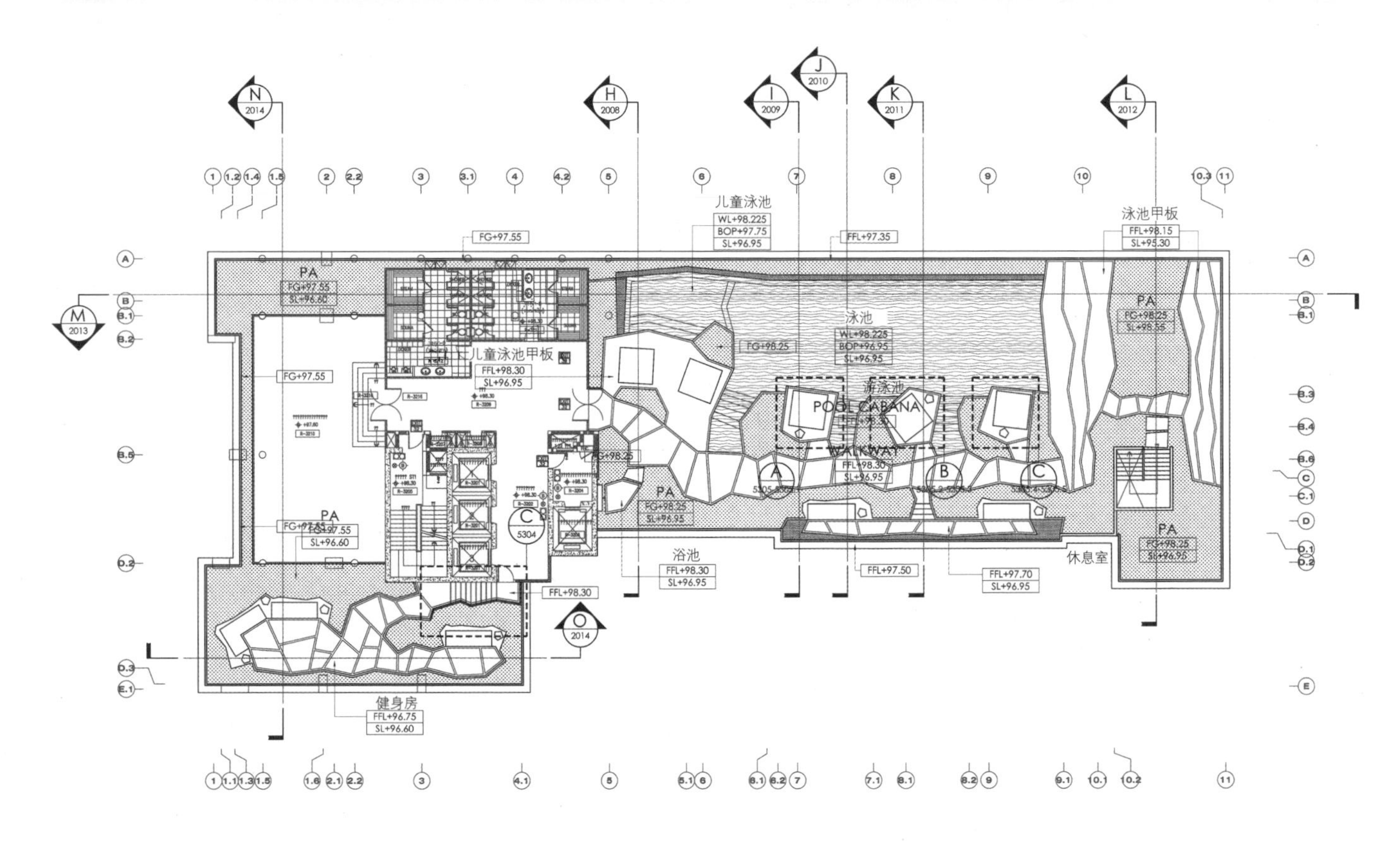

儿童泳池
WL+98.225
BOP+97.75
SL+96.95
泳池甲板
FFL+98.15
SL+95.30
FG+97.55
FFL+97.35
PA
FG+97.55
SL+96.60
儿童泳池甲板
FFL+98.30
SL+96.95
泳池
WL+98.225
BOP+96.95
SL+96.95
FG+98.25
游泳池
POOL CABANA
WALKWAY
FFL+98.30
SL+96.95
PA
FG+98.25
SL+96.95
浴池
FFL+98.30
SL+96.95
FFL+97.50
FFL+97.70
SL+96.95
休息室
FFL+98.30
健身房
FFL+96.75
SL+96.60

■ 平面图

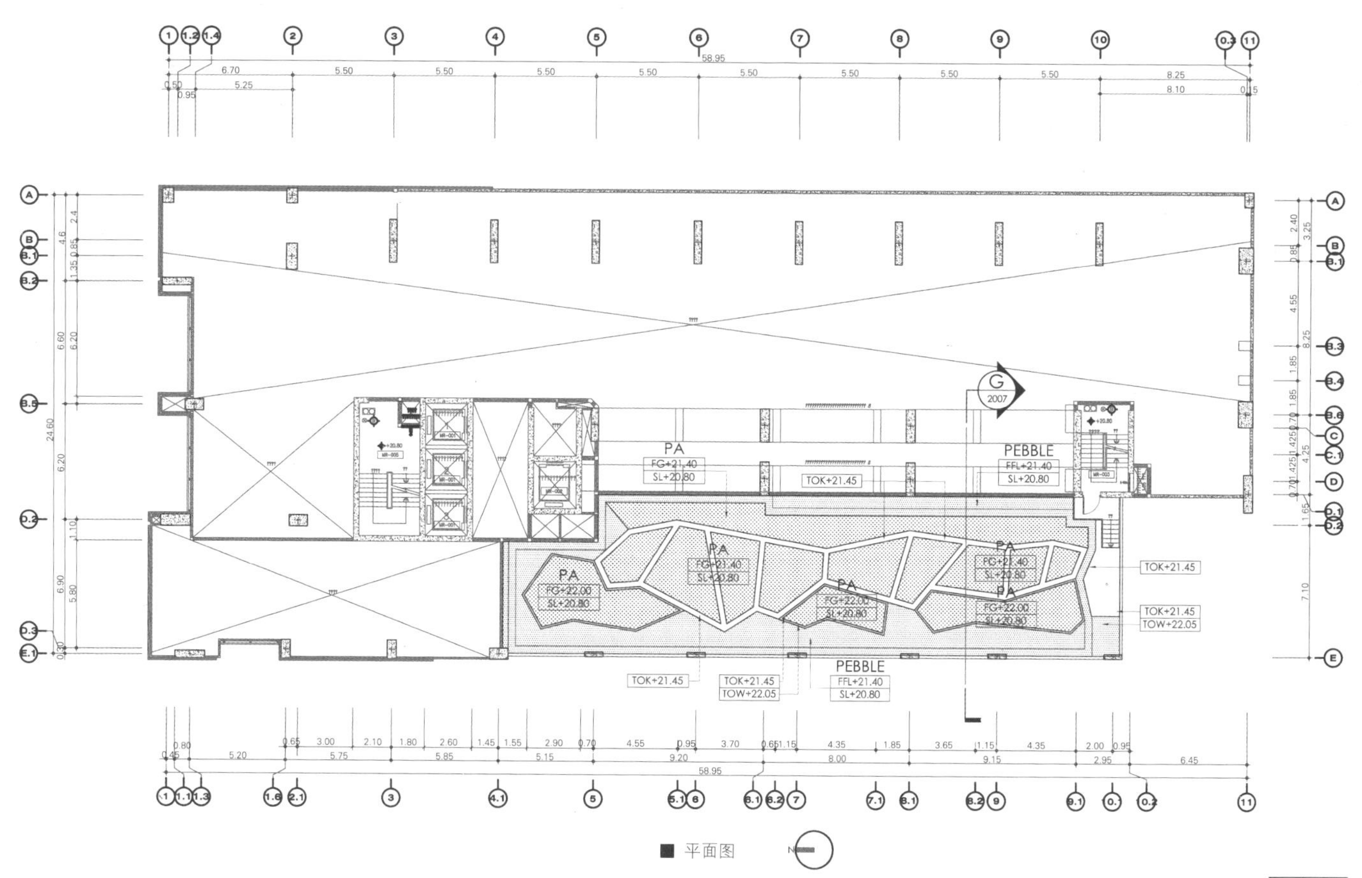
PA
FG+21.40
SL+20.80
PEBBLE
FFL+21.40
SL+20.80
TOK+21.45
PA
FG+22.00
SL+20.80
TOW+22.05
58.95

■ 平面图

英国·新伊斯灵顿社区

景观设计: 格兰特联营公司（Grant Associates） 摄影师: 约珥·柴斯特费德（Joel Chesterfildes），伦恩·格兰特（Len Grant），格兰特联营公司

客户: 英格兰合作组织与城市亮点规划组织（English Partnership and Urban Splash）′

项目简介
Information

新伊斯灵顿社区被定义为英格兰合作组织（现在的家庭和社区机构）的第三社区。新伊斯灵顿社区位于曼彻斯特市中心东部的桥牌室前，该地区的居民长期遭受着健康困扰，教育缺失以及犯罪活动的侵袭。该社区希望在增加住宅密度的前提下打造一处充满活力且令人兴奋的居住环境，并且为市民提供更多的便利设施，如小学、商店、健康中心以及公园。

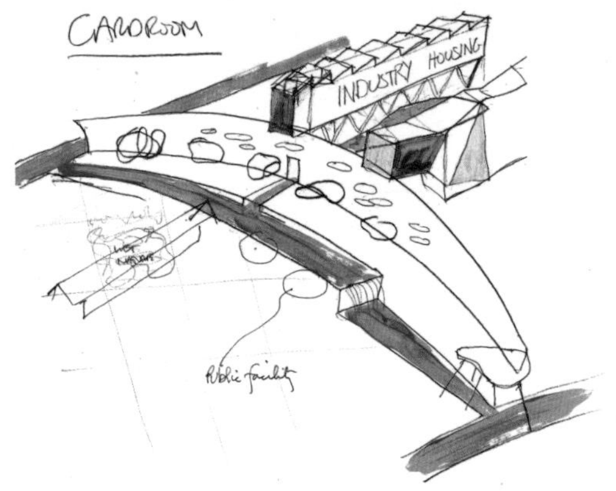
CARDROOM
INDUSTRY
HOUSING
Public facility

■ 手绘草图

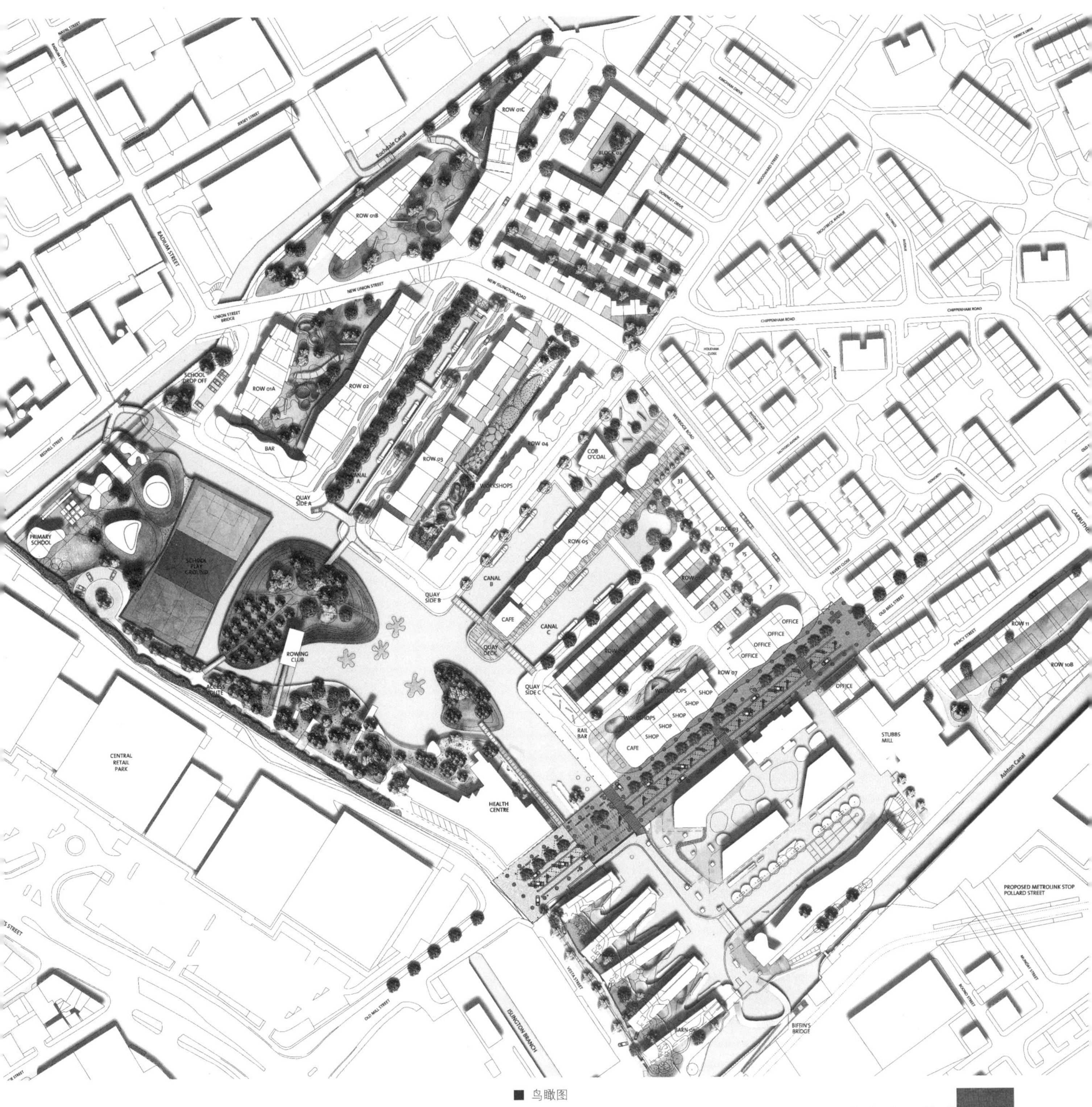
ROW 01C
BLOCK 02
Rochdale Canal
ROW 01B
NEW UNION STREET
NEW ISLINGTON ROAD
UNION STREET BRIDGE
SCHOOL DROP OFF
ROW 01A
ROW 02
BAR
ROW 03
ROW 04
COB O'COAL
WORKSHOPS
QUAY SIDE A
CANAL A
PRIMARY SCHOOL
SCHOOL PLAY GROUND
ROW 05
BLOCK 03
CANAL B
QUAY SIDE B
CAFE
CANAL C
QUAY DECK
ROWING CLUB
ACCESS ROUTE
QUAY SIDE C
ROW 07
OFFICE
WORKSHOPS
SHOP
CAFE
RAIL BAR
STUBBS MILL
ROW 11
ROW 10B
Ashton Canal
CENTRAL RETAIL PARK
HEALTH CENTRE
PROPOSED METROLINK STOP POLLARD STREET
BIFFIN'S BRIDGE
CHIPPENHAM ROAD
OLD MILL STREET
ISLINGTON BRANCH
VESTA STREET
RADIUM STREET
REDHILL STREET

■ 鸟瞰图

■ 施工剖面示意图

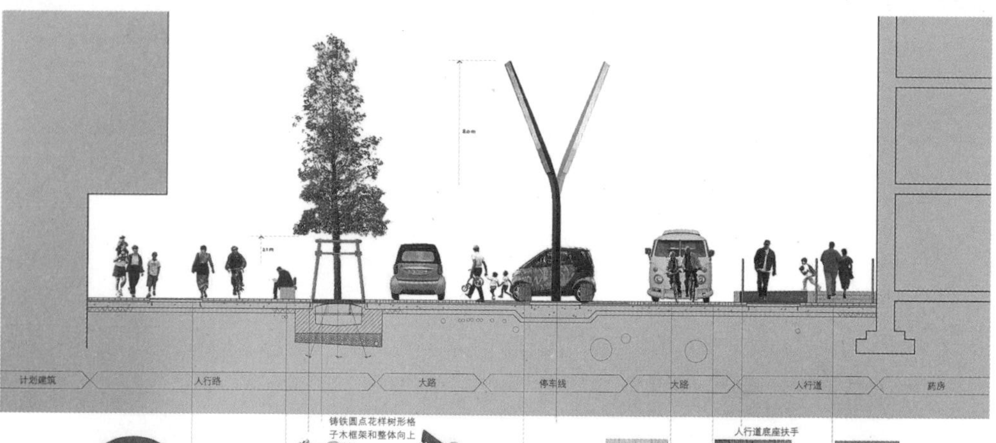

计划建筑
人行路
大路
停车线
大路
人行道
药房

铸铁圆点花样树形格子木框架和整体向上探照灯

木质护柱路灯

人行道底座扶手

定制铸铁圆装饰
制作商及参考：铸造服务有限公司
类型/型号：铸铁直径1800毫米
实体表面，带有5片镀锌钢花纹
抛光：精美铸件带有光喷砂处理
固定：环氧树脂灰浆
其他要求：浮雕"泽泻草"花纹

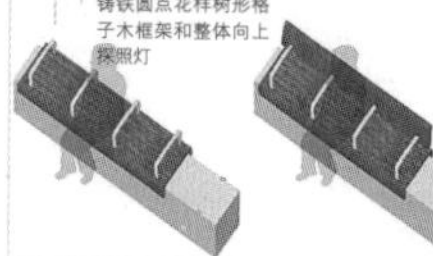

家庭长椅类型2
建造商及参考：模板
座位，钢扶手，砂岩面，椅背
成品：绿色橡木，磨砂
镀锡钢扶手，亚光
约克石处理
固件：混凝土底座

家庭长椅类型3
建造商及参考：锯开的木质座椅和木质椅背，钢制扶手，砂岩面椅背
成品：绿色橡木，磨砂镀锡钢扶手，亚光约克石处理
固件：混凝土底座

停车震动带
制造商及参考：交叉斜坡约克石路面
成品：旧锯 抛光面
砌合：堆放

黏土砖路面——大路
制造商及参考：怀旧LF
砌合：人字形砌合

黏土砖路面——人行路
制造商及参考：怀旧UF
砌合：错缝结合

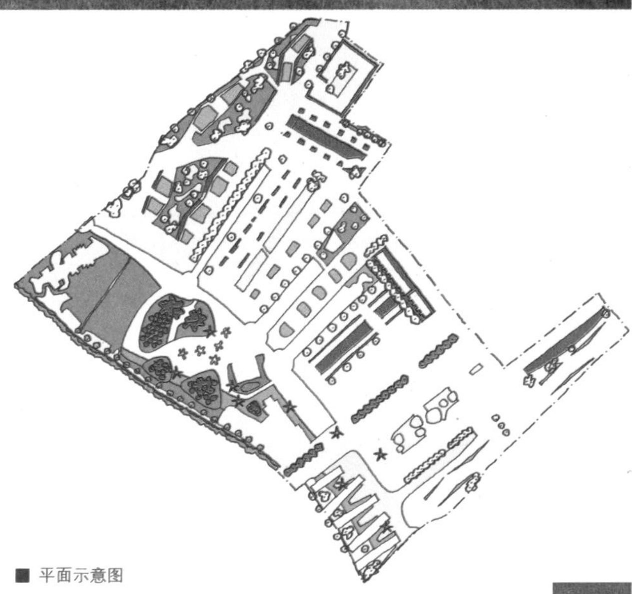

■ 平面示意图

■ 局部示意图

ROW 01A
ROW 02
CANOPY
REDHILL STREET
BAR
NEW CANAL
QUAY SIDE A
ROW 03
ROW 04
COB O'COAL
WORKSHOPS
WEYBRIDGE ROAD
33
BLOCK 03
7
15
小学
SCHOOL PLAY GROUND
OFFICE
ROW 07
WORKSHOPS
SHOP
SHOP
SHOP
SHOP
SHOP
CAFE
RAIL BAR
屋顶板
健康中心
零售区
URBAN BARNS

■ 鸟瞰图

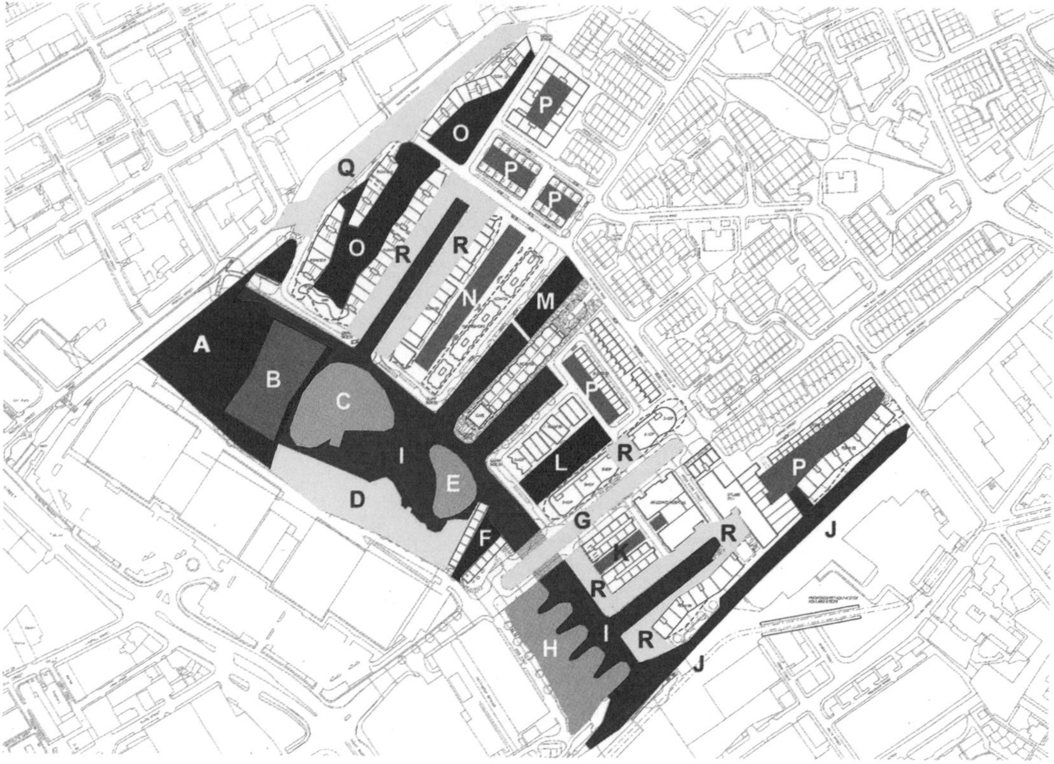

A
B
C
D
E
F
G
H
I
J
K
L
M
N
O
P
Q
R

■ 景观特点索引图

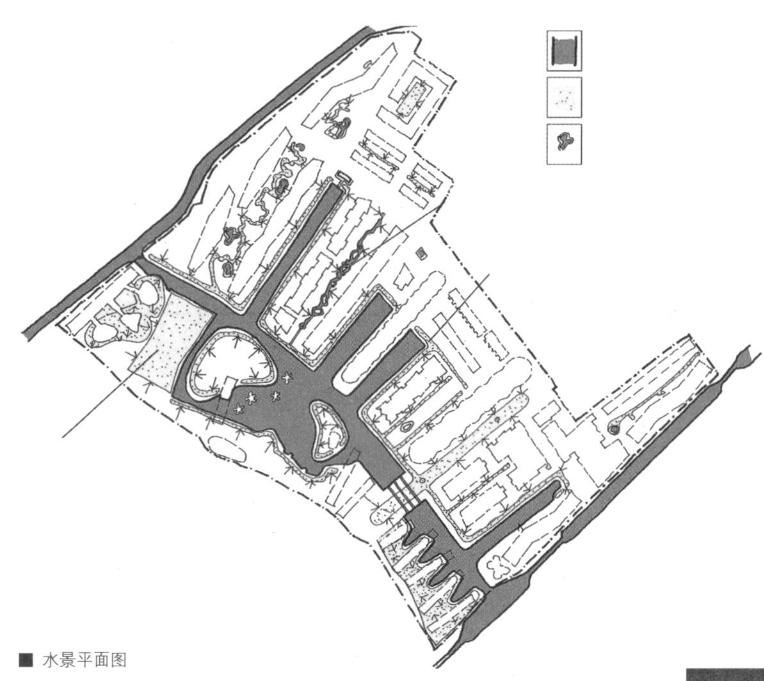

■ 水景平面图

■ 剖面示意图

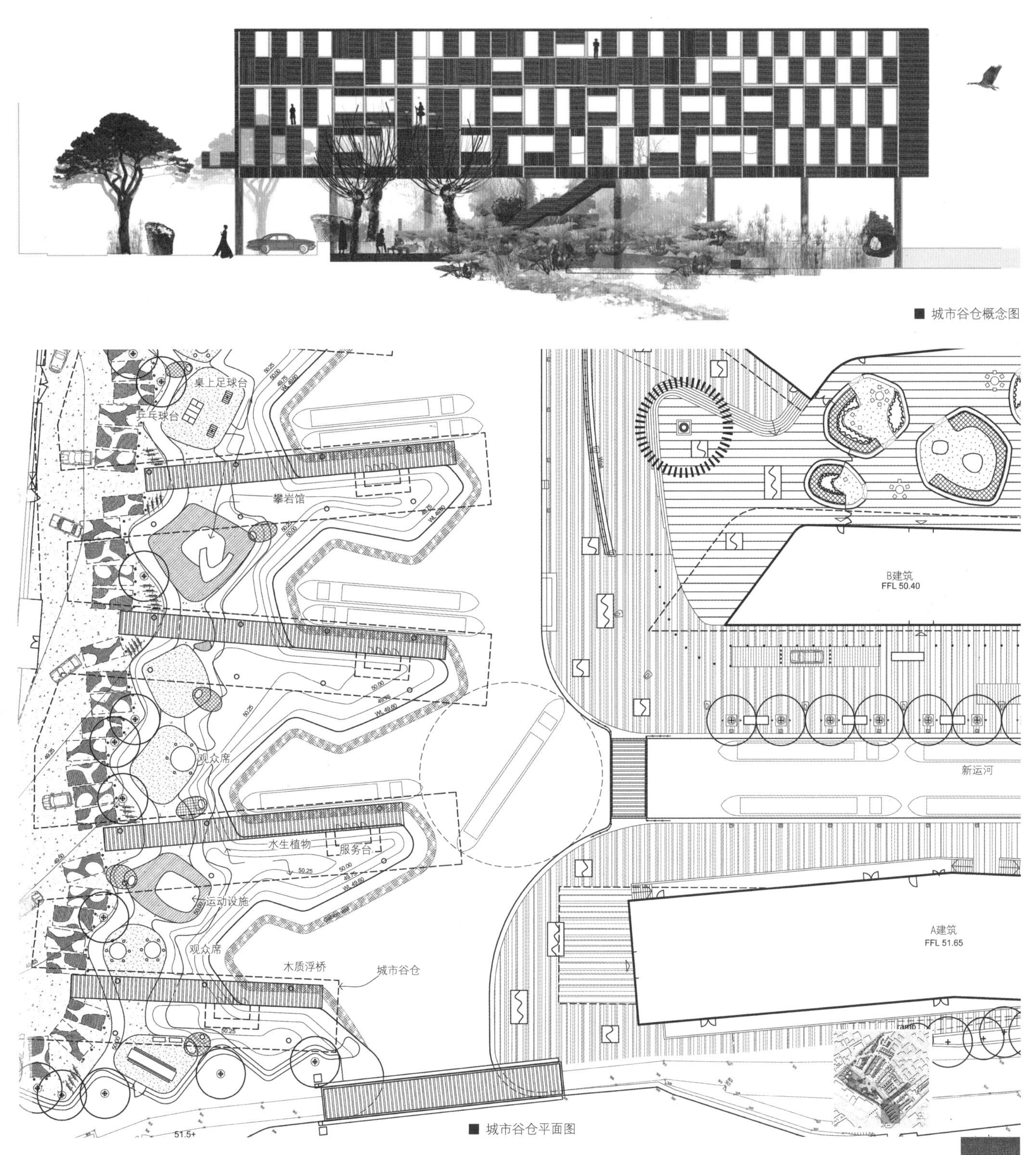
桌上足球台
乒乓球台
攀岩馆
观众席
水生植物
服务台
运动设施
观众席
木质浮桥
城市谷仓
B建筑
FFL 50.40
新运河
A建筑
FFL 51.65
51.5+

■ 城市谷仓概念图

■ 城市谷仓平面图

工程范围（一期）

临时挡土墙（路堤范围参考工程师的细节图）

临时路堤与苜蓿种植区域

混凝土厚板

木质边缘砾石带 Q23/310 + Q23/160

49.55

49.40

参考图纸 112.3/OMS/LL 314

参考图纸 112.3/OMS/LL 338

参考图纸 112.3/OMS/LL 336

参考图纸 112.3/OMS/LL 330

recessed uplighter to tree refer to engineer's specification

参考图纸 112.3/OMS/LL 330

参考图纸 112.3/OMS/LL 333

标牌 Q50/335

线型排水槽

路灯

参考图纸 112.3/OMS/LL 327

路基

参考图纸 112.3/OMS/LL 318

参考图纸 112.3/OMS/LL 335

金属杆标记停车区 Q24/130

参考图纸 112.3/OMS/LL 351

参考图纸 112.3/OMS/LL 330

49.42

49.91

1:21 max

49.93

49.93

停车收费仪

嵌入式服务覆盖

49.55

49.40

49.97

49.97

木质边缘砾石带 Q23/310 + Q23/160

临时绿化

参考图纸 112.3/OMS/LL 352

参考图纸 112.3/OMS/LL 353

Thr 49.98

Thr 49.98

树脂黏合材料表层：中国铝土矿 Q22/130

木枕

Q24/110 人字形黏土砖铺设

Q50/323 铸铁与插入圆点

Q50/410 停车场

家庭长椅类型3——约克石底座，木质扶手和靠背 Q50/321

自行车停 Q50/330 镀锌钢

十字斜坡约克石路面，杂色锯开处理 Q25/520

Z11/225 金属栅板和框架

十字斜坡约克石路面，杂色锯开处理 Q25/520

镀锌钢框架圆点花样，公路嵌入 Z11/163

家庭长椅类型1——约克石块座位 Q50/320

家庭长椅类型4——木质座位和扶手 Q50/321

Q50/335 指路牌

木材和中国铝土矿

Q24/110 黏土砖

Q50/322 铸铁圆点

铸铁圆点花样格子和框架 Q50/323, Q50/270

家庭长椅类型2——约克石块座，木材扶手 Q50/321

Q50/335 垃圾箱

Q50/350 木桩 450mm×…×1100mm 木质护栏 300mm×…×600mm

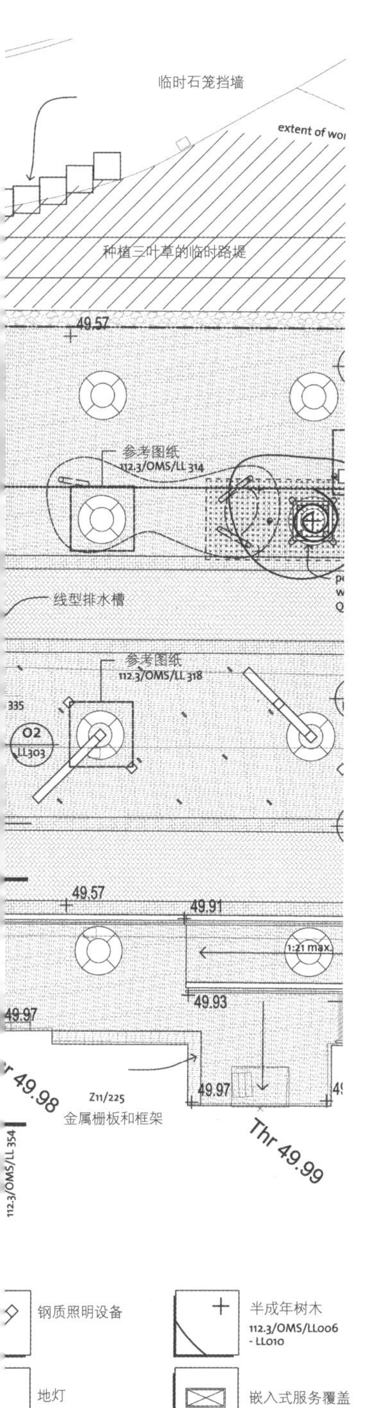
临时石笼挡墙
extent of wo
种植三叶草的临时路堤
49.57
参考图纸
112.3/OMS/LL 314
线型排水槽
参考图纸
112.3/OMS/LL 318
335
O2
LL303
49.57
49.91
1:21 max
49.93
49.97
49.97
r 49.98
Z11/225
金属栅板和框架
Thr 49.99
112.3/OMS/LL 354
钢质照明设备
半成年树木
112.3/OMS/LL006
- LL010
地灯
嵌入式服务覆盖
Q31/320
城市土壤/树坑
和通气管
钢边+砾石带
Z11/150, 152 & 153
Q23/160

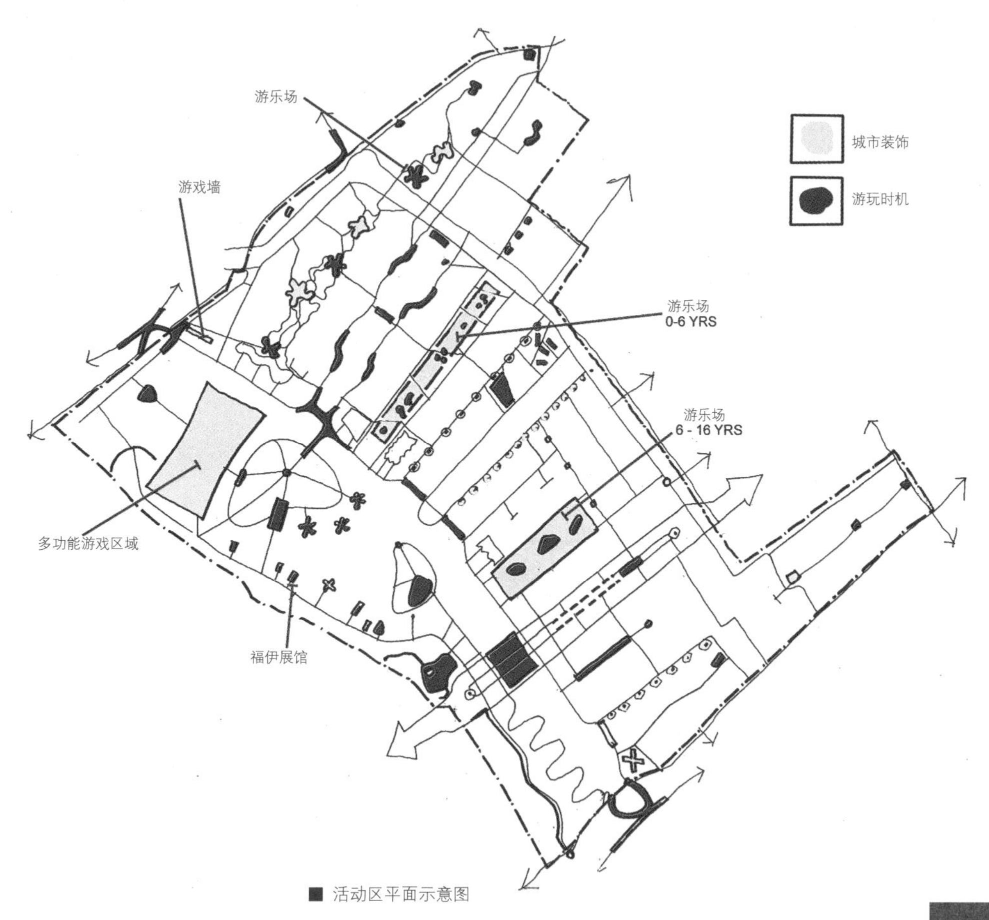
游乐场
游戏墙
城市装饰
游玩时机
游乐场
0-6 YRS
游乐场
6 - 16 YRS
多功能游戏区域
福伊展馆

■ 活动区平面示意图

英国·协和建筑

景观设计: 格兰特联营公司　摄影师: 格兰特联营公司　客户: 乡民置业委员会 (Countryside Properties)

项目简介
Information

协和建筑是一个充满了现代感的可持续发展城市空间，它获得了2008年的英国皇家建筑师学会斯特灵奖项，这也是住宅类项目第一次获得如此高的殊荣。协和建筑挑战了传统的建筑理念，建造了一系列充满活力的公寓和联排别墅。前政府办公室门前有700多棵长成的树木，它们的存在为该项目的整体规划提供了框架，使其主题为“花园式生活”。从产量丰富的果树、药材、浆果类植物到草坪、芦苇丛和草地，这些现有的成熟性景观和全新的多样化绿色空间完善了法院与广场之间的区域。

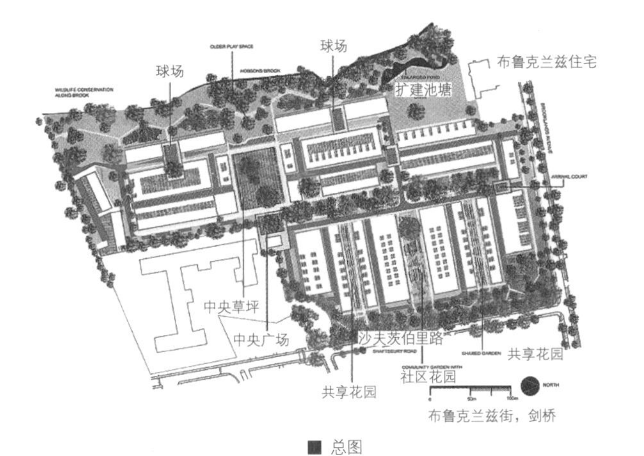
球场
球场
布鲁克兰兹住宅
扩建池塘
中央草坪
中央广场
沙夫茨伯里路
共享花园
社区花园
共享花园
布鲁克兰兹街，剑桥

■ 总图

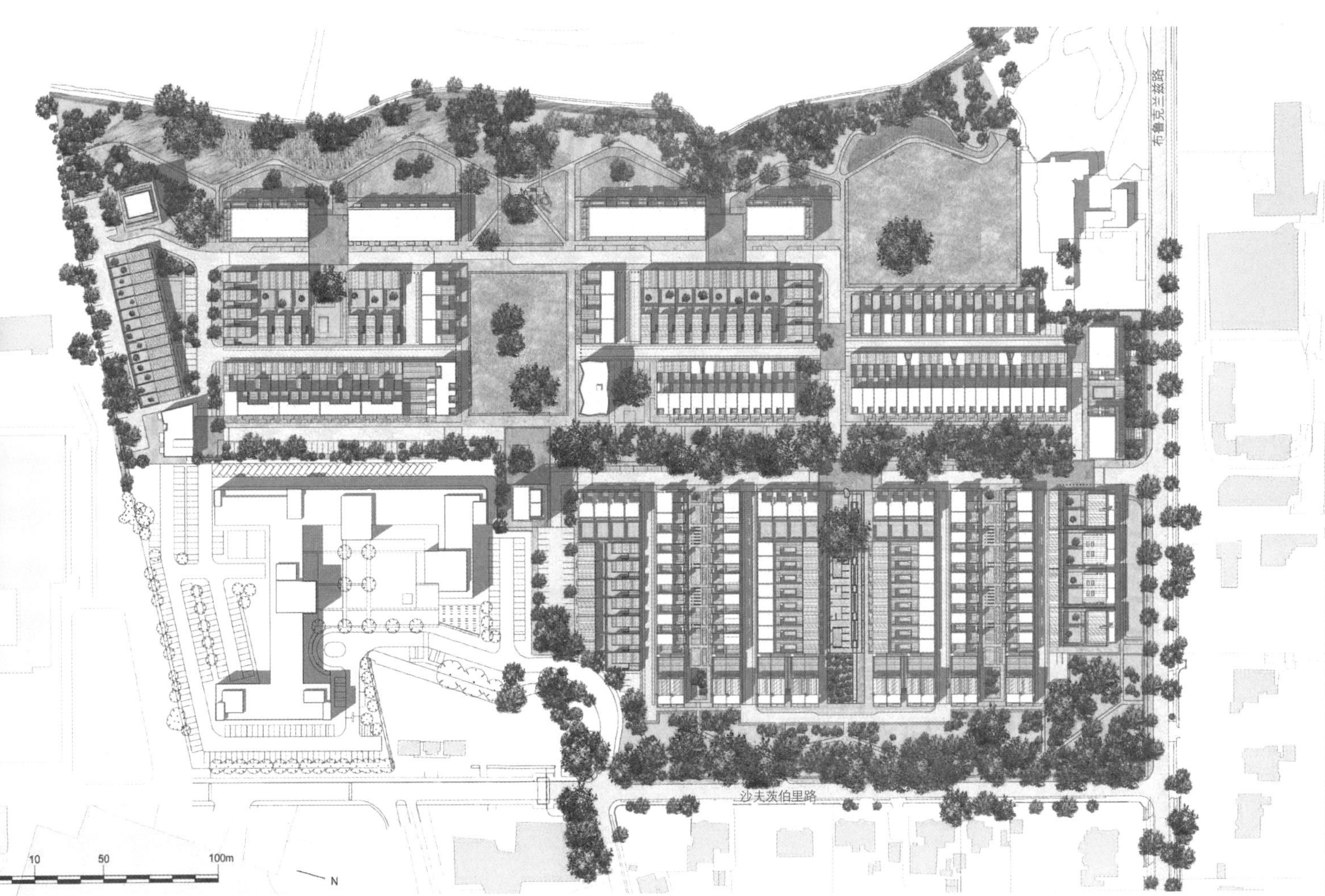
布鲁克兰兹路
沙夫茨伯里路
10
50
100m
N

■ 鸟瞰图

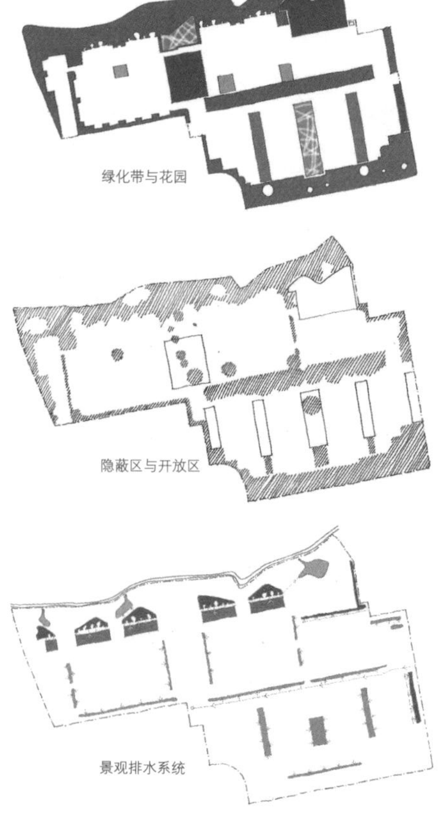
绿化带与花园
隐蔽区与开放区
景观排水系统

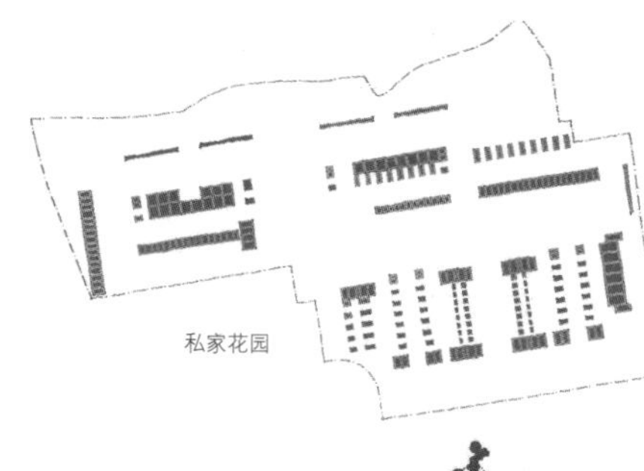
私家花园

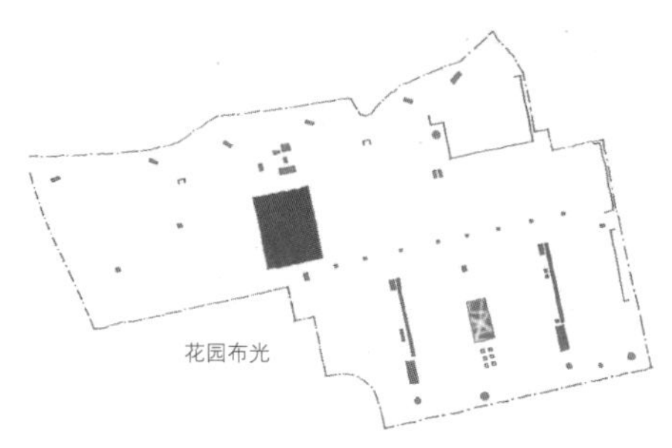
花园布光

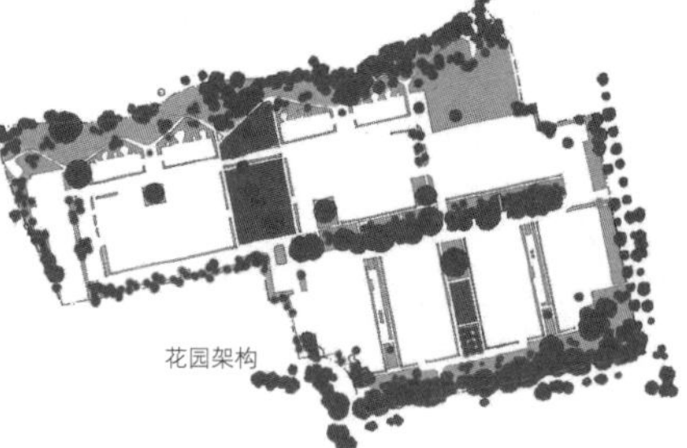
花园架构

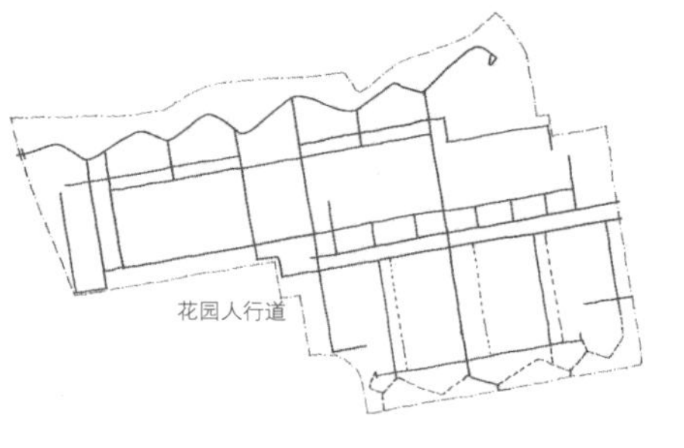
花园人行道

■ 景观示意图

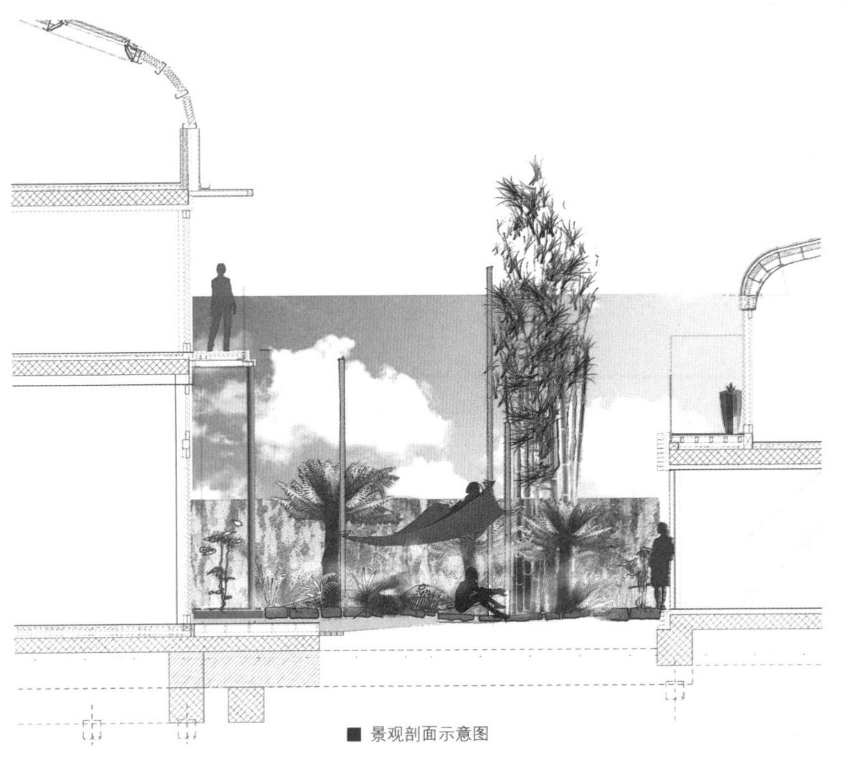

■ 景观剖面示意图

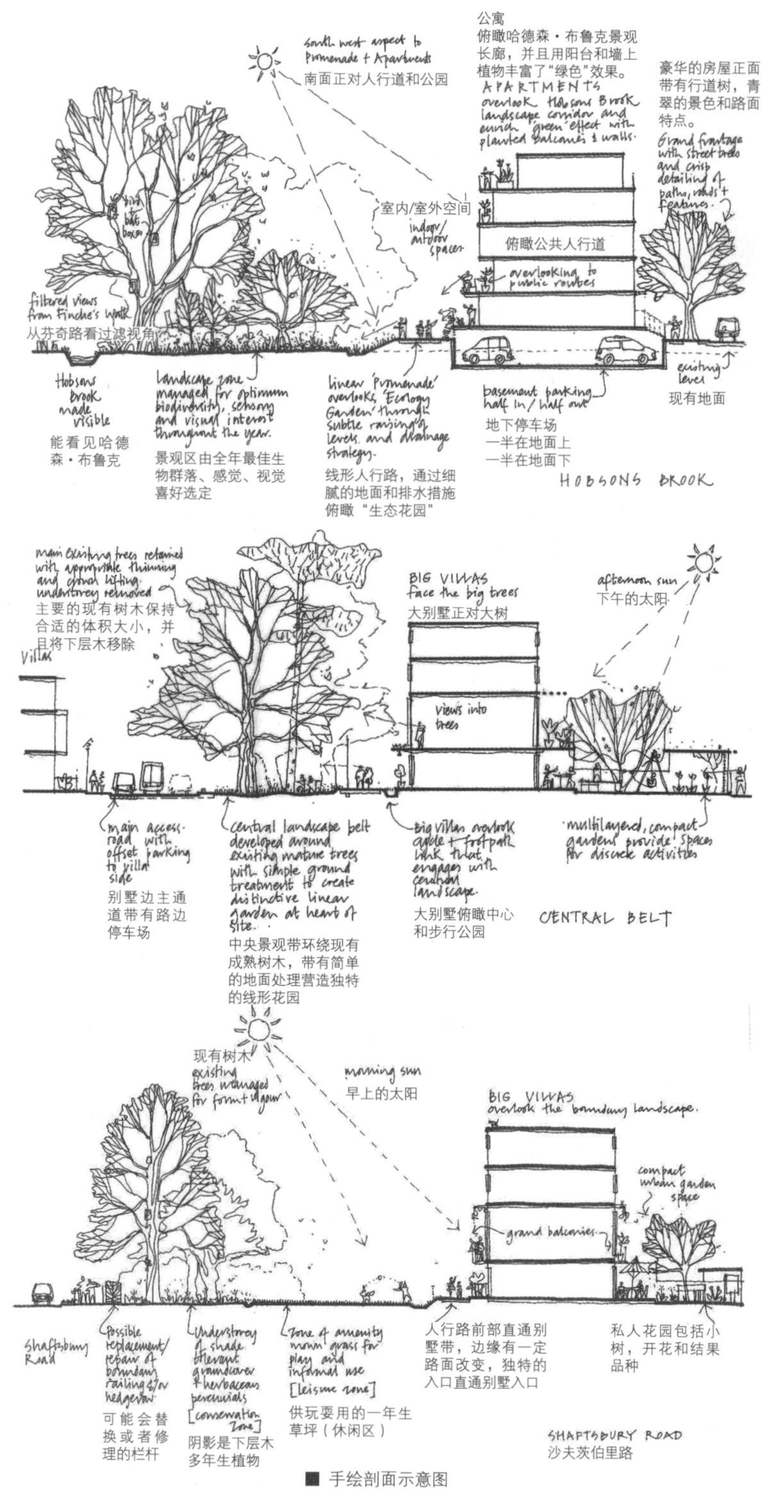

South west aspect to Promenade + Apartments
南面正对人行道和公园
公寓
俯瞰哈德森·布鲁克景观长廊，并且用阳台和墙上植物丰富了"绿色"效果。
APARTMENTS overlook Hobsons Brook landscape corridor and enrich 'green' effect with planted balconies & walls.
豪华的房屋正面带有行道树，青翠的景色和路面特点。
Grand frontage with street trees and crisp detailing of paths, roads + features.
室内/室外空间
indoor/outdoor spaces
俯瞰公共人行道
overlooking to public routes
filtered views from Finche's Walk
从芬奇路看过滤视角
Hobsons Brook made visible
能看见哈德森·布鲁克
landscape zone managed for optimum biodiversity, sensory and visual interest throughout the year.
景观区由全年最佳生物群落、感觉、视觉喜好选定
linear 'Promenade' overlooks 'Ecology Garden' through subtle raising of levels and drainage strategy.
线形人行路，通过细腻的地面和排水措施俯瞰"生态花园"
basement parking half in / half out
地下停车场
一半在地面上
一半在地面下
existing levels
现有地面
HOBSONS BROOK
main existing trees retained with appropriate thinning and crown lifting. understorey removed
主要的现有树木保持合适的体积大小，并且将下层木移除
Villas
BIG VILLAS face the big trees
大别墅正对大树
views into trees
afternoon sun
下午的太阳
main access road with offset parking to villa side
别墅边主通道带有路边停车场
central landscape belt developed around existing mature trees with simple ground treatment to create distinctive linear garden at heart of site.
中央景观带环绕现有成熟树木，带有简单的地面处理营造独特的线形花园
Big villas overlook glade + footpath link that engages with central landscape.
大别墅俯瞰中心和步行公园
multilayered, compact gardens provide spaces for discrete activities
CENTRAL BELT
现有树木
existing trees managed for form + vigour
morning sun
早上的太阳
BIG VILLAS overlook the boundary landscape.
compact urban garden space
grand balconies
Shaftsbury Road
possible replacement/repair of boundary railings &/or hedgerow
可能会替换或者修理的栏杆
Understorey of shade tolerant groundcover + herbaceous perennials [conservation zone]
阴影是下层木多年生植物
Zone of amenity mown grass for play and informal use [leisure zone]
供玩耍用的一年生草坪（休闲区）
人行路前部直通别墅带，边缘有一定路面改变，独特的入口直通别墅入口
私人花园包括小树，开花和结果品种
SHAFTSBURY ROAD
沙夫茨伯里路

■ 手绘剖面示意图

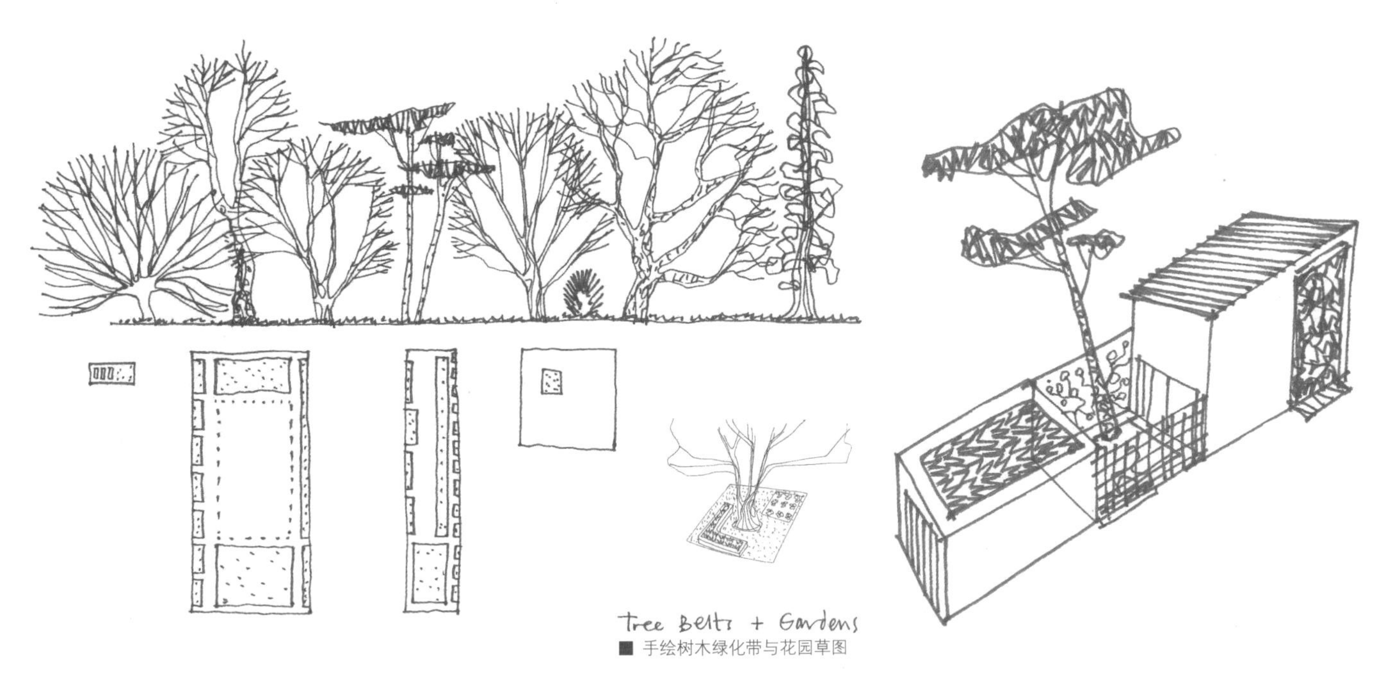
Tree Belts + Gardens

■ 手绘树木绿化带与花园草图

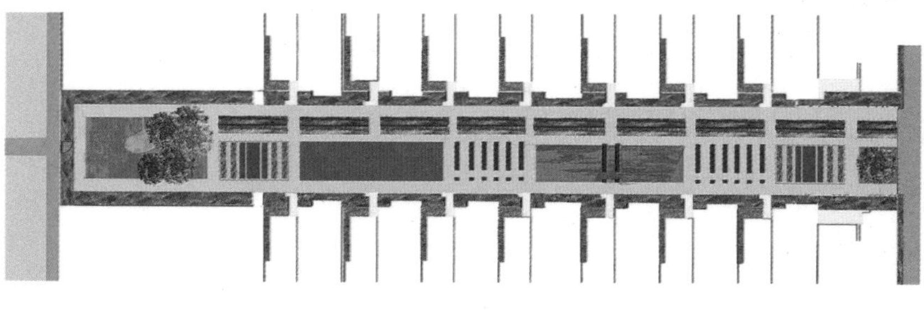

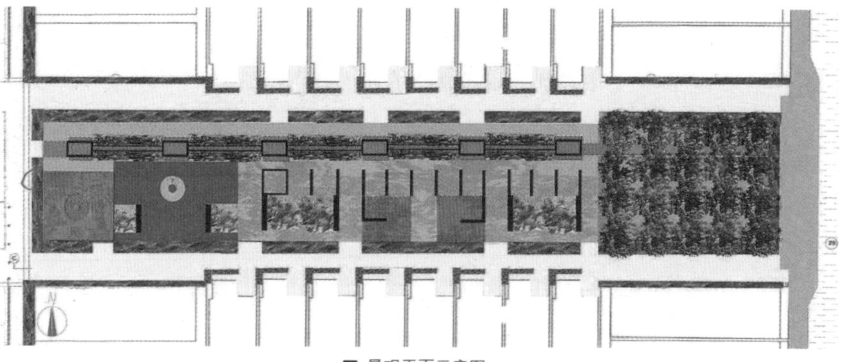

■ 景观平面示意图

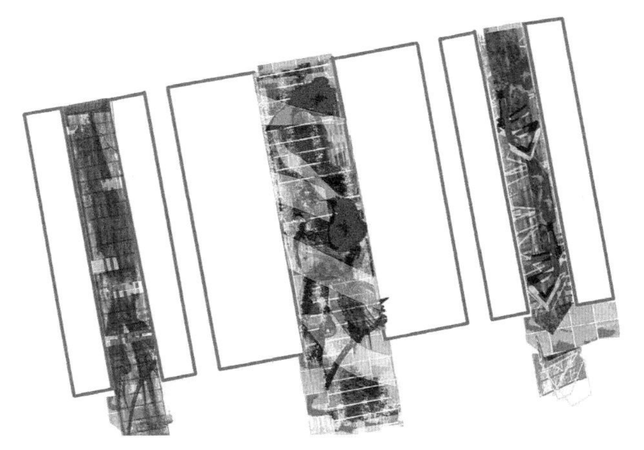

■ 景观局部示意图

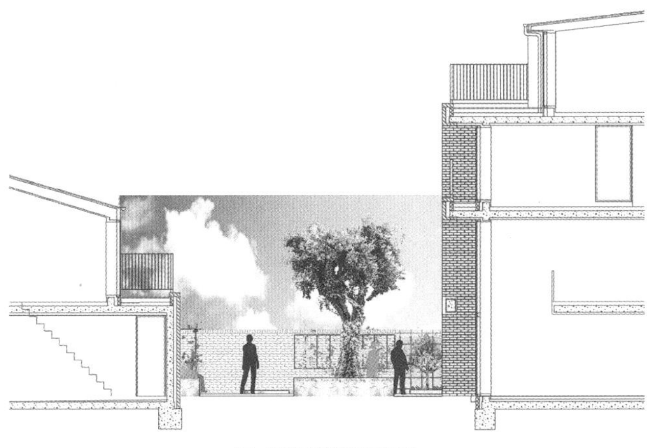

■ 景观局部剖面示意图

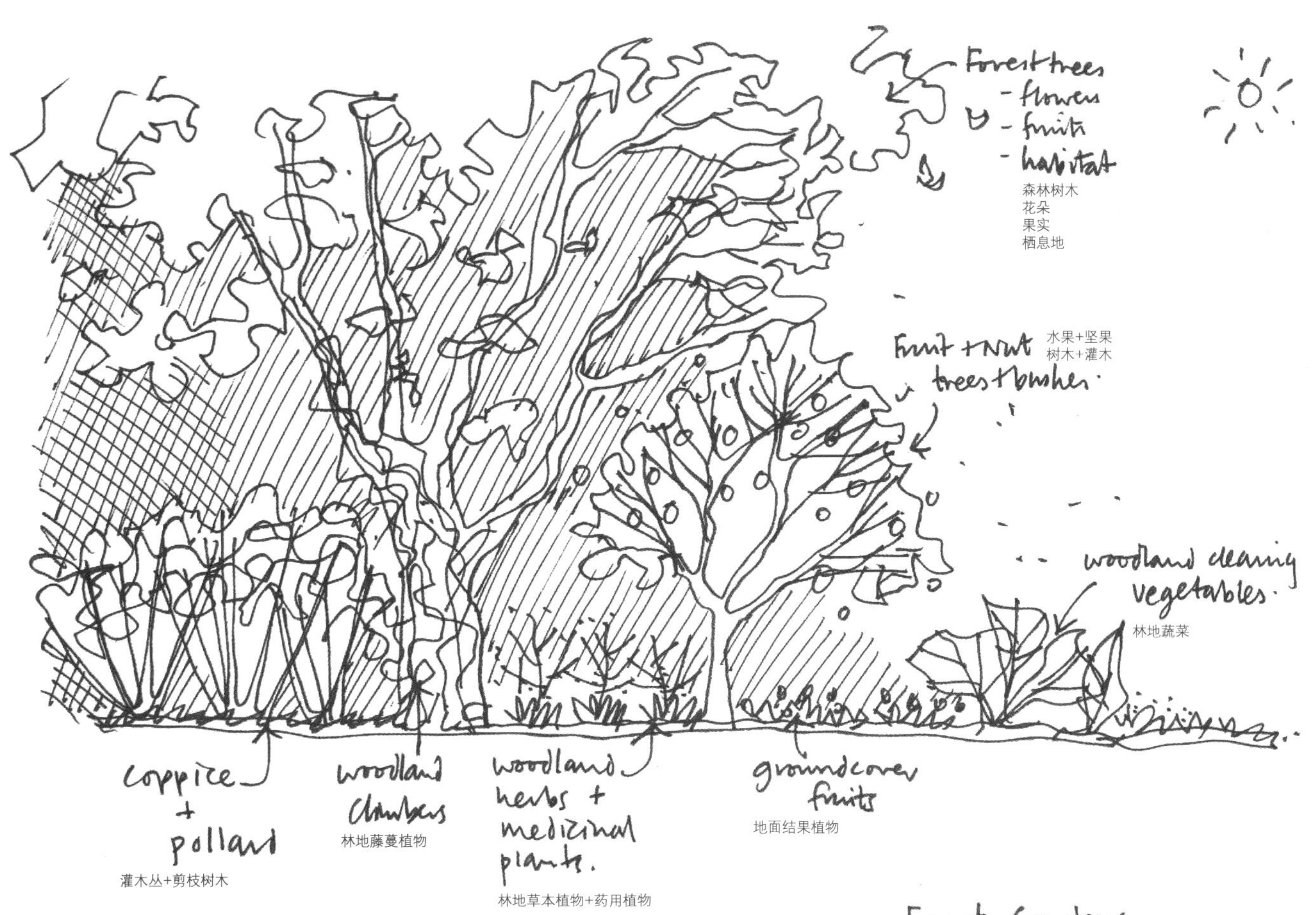
Forest trees
- flowers
- fruits
- habitat
森林树木
花朵
果实
栖息地
Fruit + Nut trees + bushes
水果+坚果
树木+灌木
woodland clearing vegetables
林地蔬菜
coppice + pollard
灌木丛+剪枝树木
woodland climbers
林地藤蔓植物
woodland herbs + medicinal plants.
林地草本植物+药用植物
groundcover fruits
地面结果植物
Forest Gardens.
森林花园

■ 森林花园水绘草图

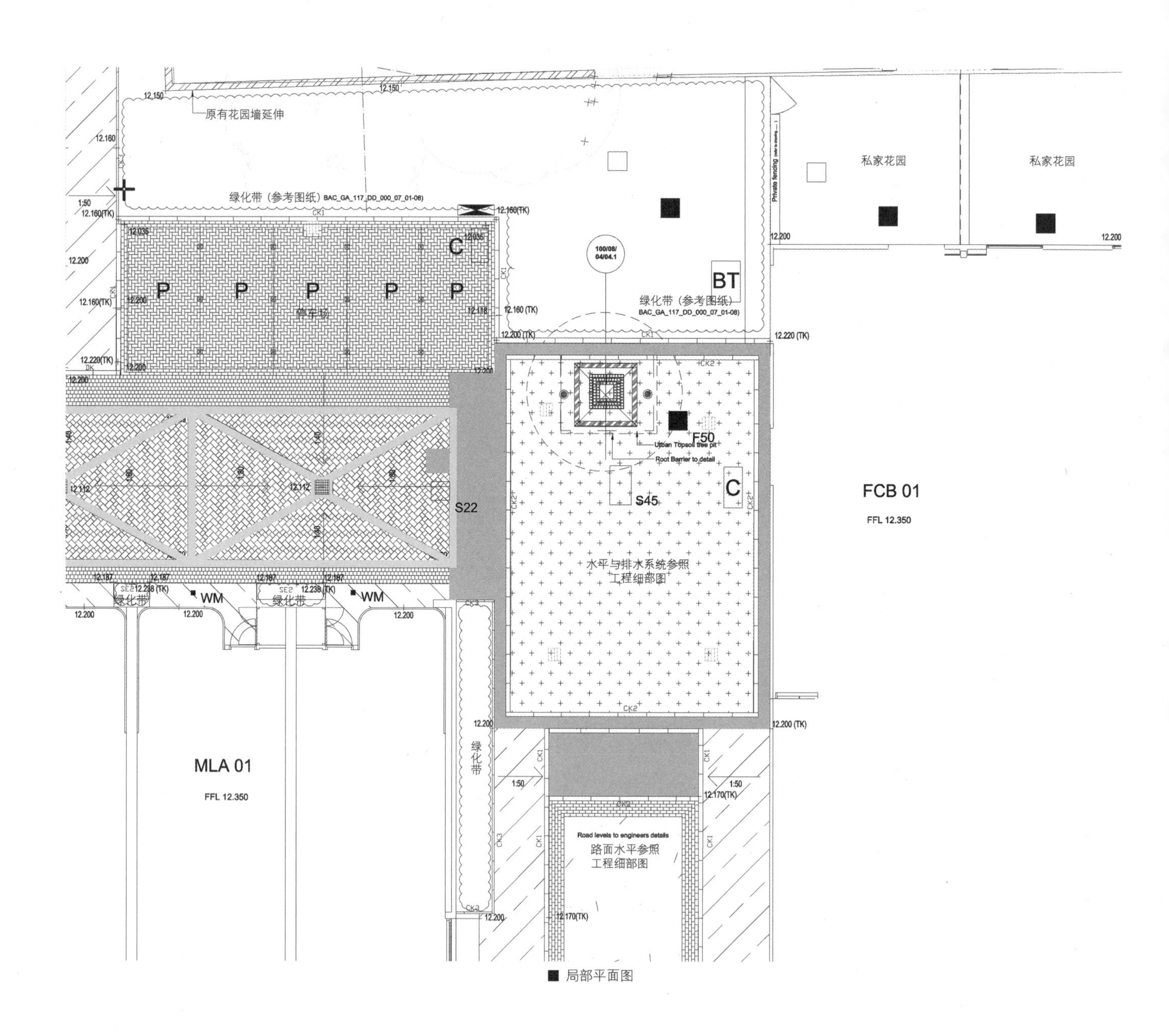
原有花园墙延伸
绿化带（参考图纸）BAC_GA_117_DD_000_07_01-08
私家花园
私家花园
Private fencing
P
P
P
P
P
C
停车场
BT
100/08/
04/04.1
F50
Urban Topsoil tree pit
Root Barrier to detail
S45
C
S22
FCB 01
FFL 12.350
水平与排水系统参照
工程细部图
WM
WM
绿化带
绿化带
绿化带
MLA 01
FFL 12.350
Road levels to engineers details
路面水平参照
工程细部图

■ 局部平面图

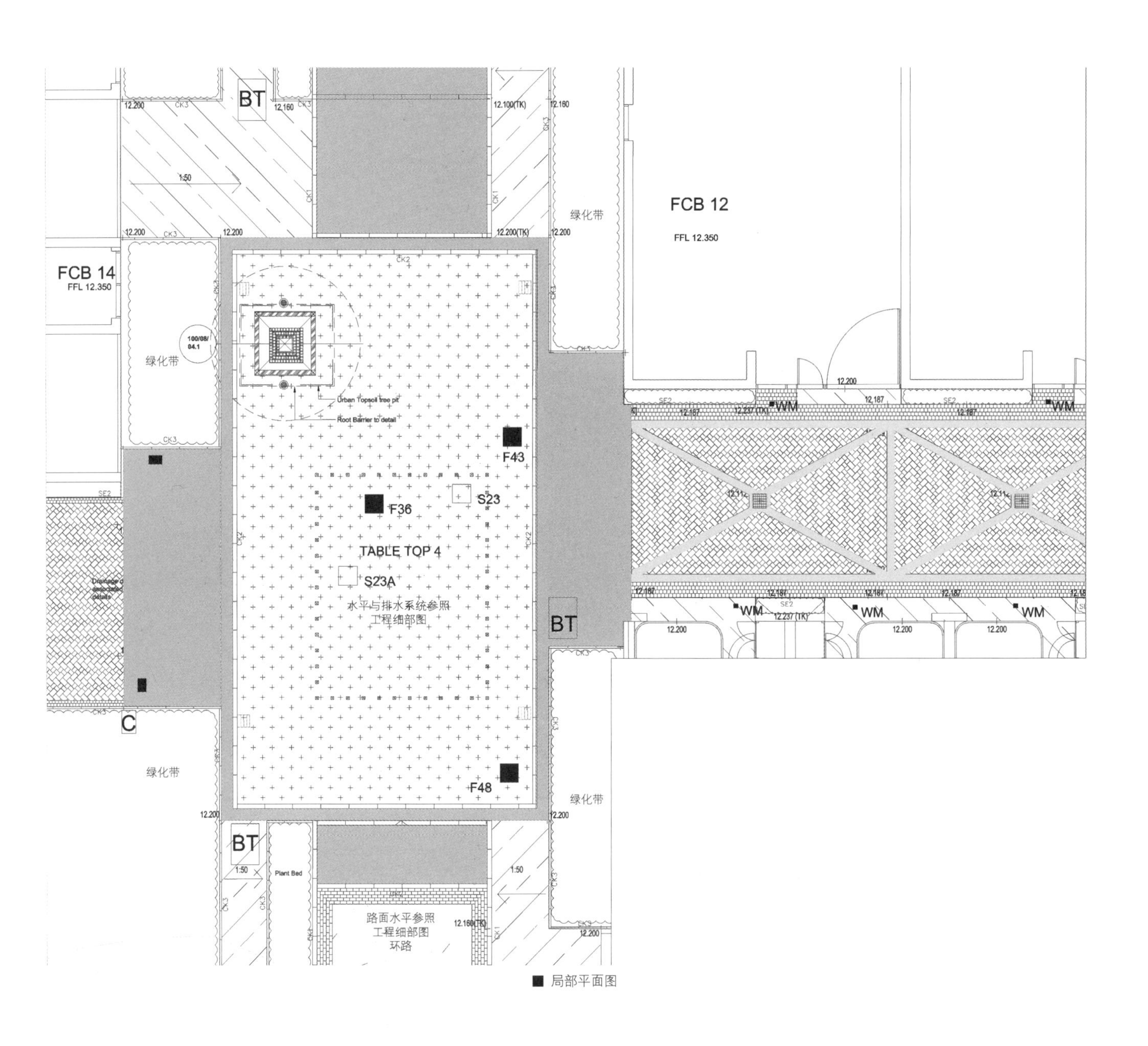
FCB 12
FFL 12.350
FCB 14
FFL 12.350
绿化带
TABLE TOP 4
水平与排水系统参照
工程细部图
Urban Topsoil tree pit
Root Barrier to detail
F43
F36
S23
S23A
F48
BT
C
WM
Plant Bed
路面水平参照
工程细部图
环路

■ 局部平面图

泰国·夏日，华欣

景观设计: 莎玛有限公司　摄影师: 皮华克·澳华克亚沃臣　客户: Sansiri公共有限公司（Sansiri Public Co.Ltd.）

项目简介
Information

该公寓坐落于华欣地区的海岸边缘处，海风和海浪在很大程度上塑造了该景观的整体形象。在该项目的设计过程中，来自莎玛有限公司的设计师巧妙地利用了大自然对该地区环境的影响，设计出一处可供人放松身心、享受自然的好去处。由于该项目位于海滩附近，因此设计师将该功能区打造成了一处海滨世外桃源。

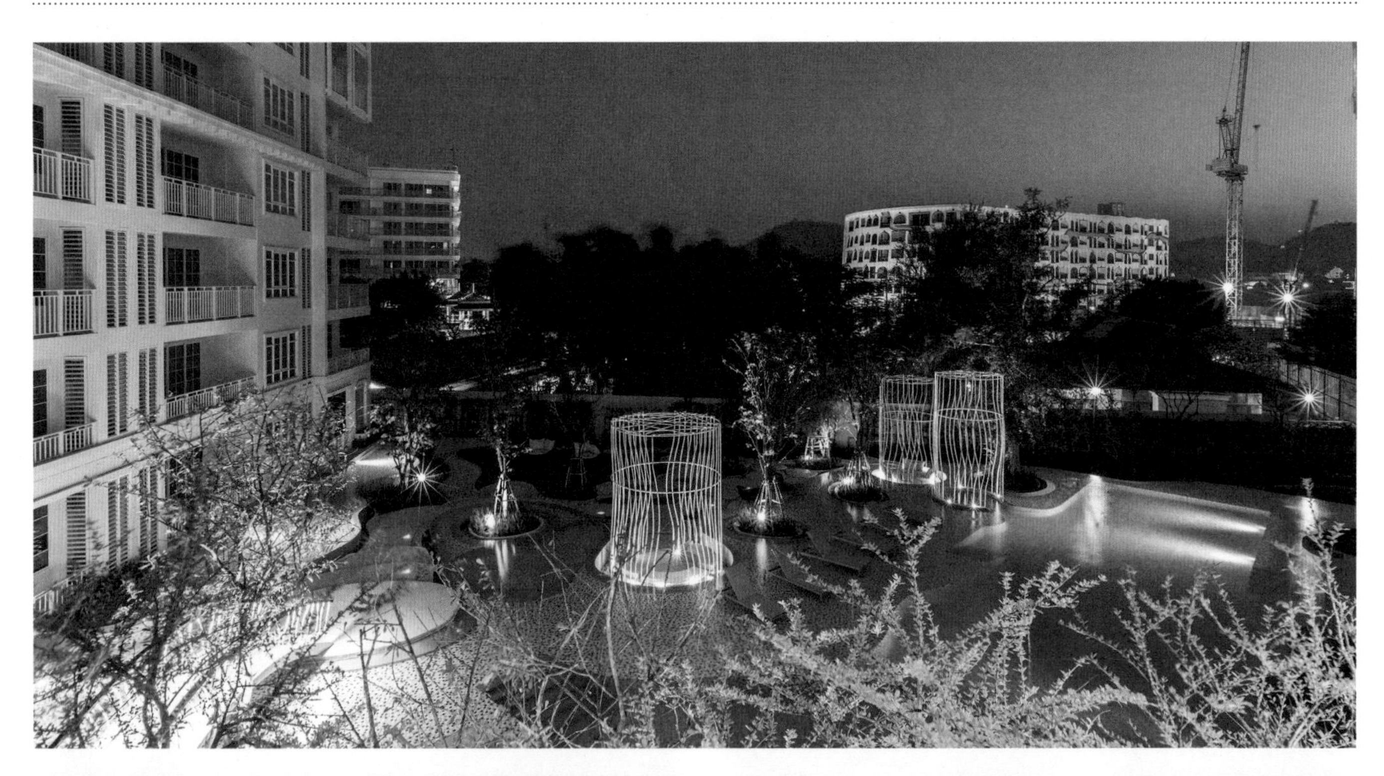

■ 景观装饰示意图

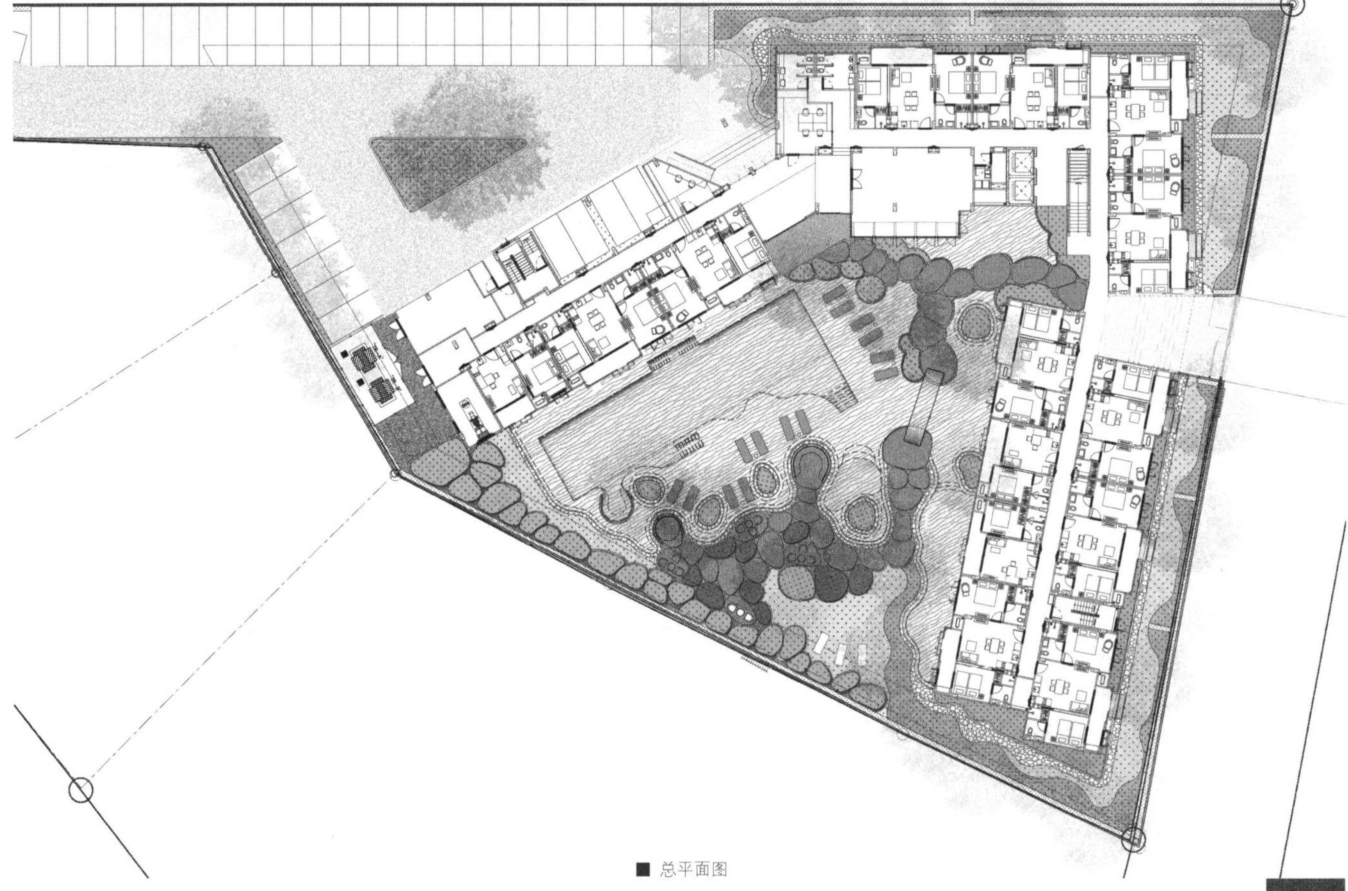

■ 总平面图

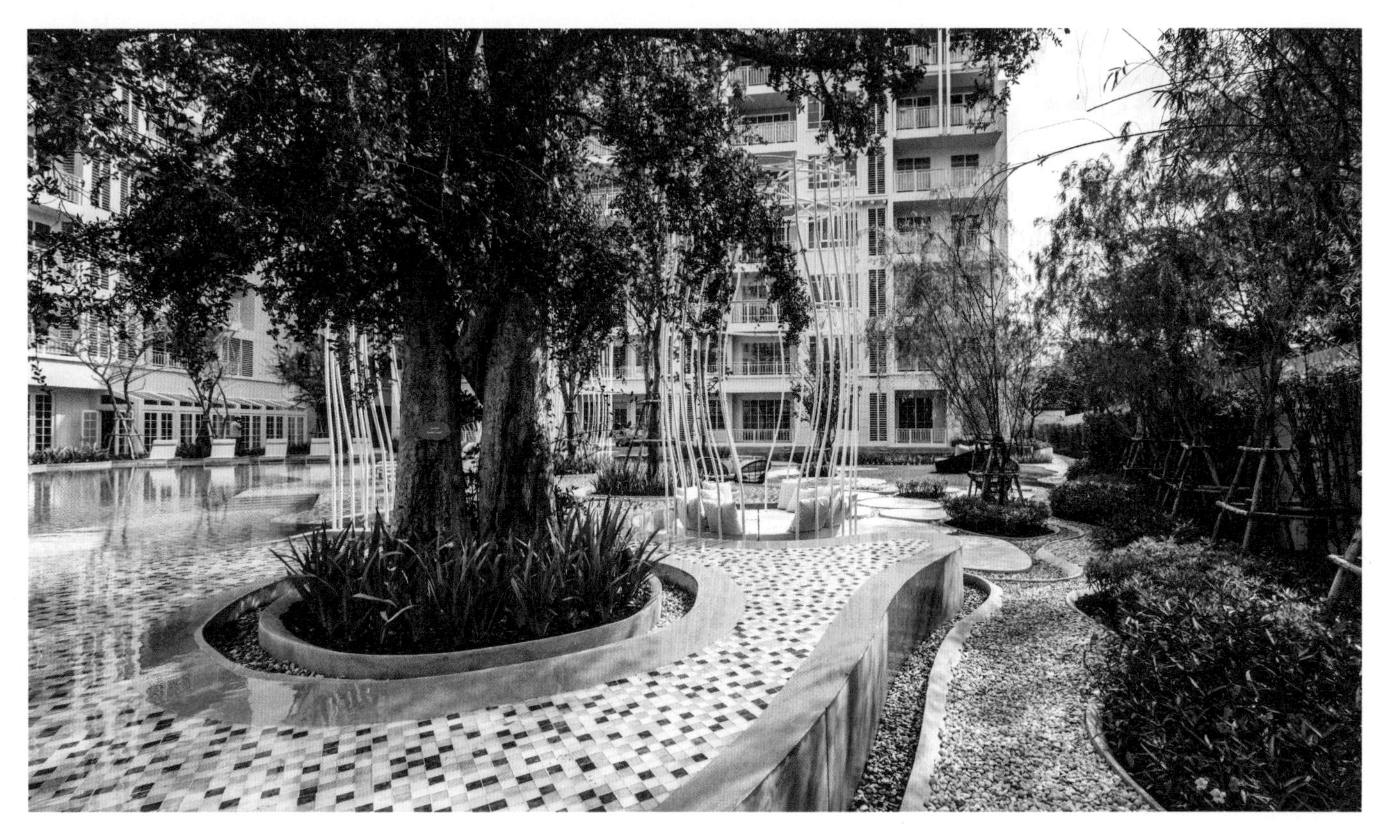

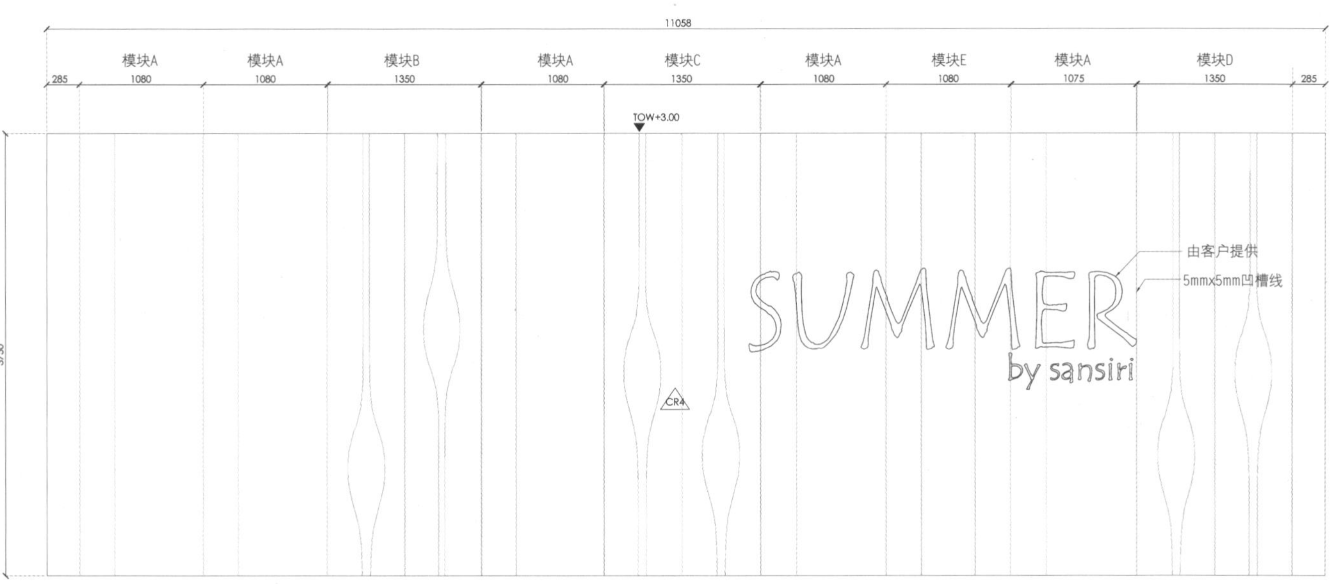
11058
模块A
模块A
模块B
模块A
模块C
模块A
模块E
模块A
模块D
285
1080
1080
1350
1080
1350
1080
1080
1075
1350
285
TOW+3.00
3750
由客户提供
5mmx5mm凹槽线
SUMMER
by sansiri
CR4

■ 正立面图

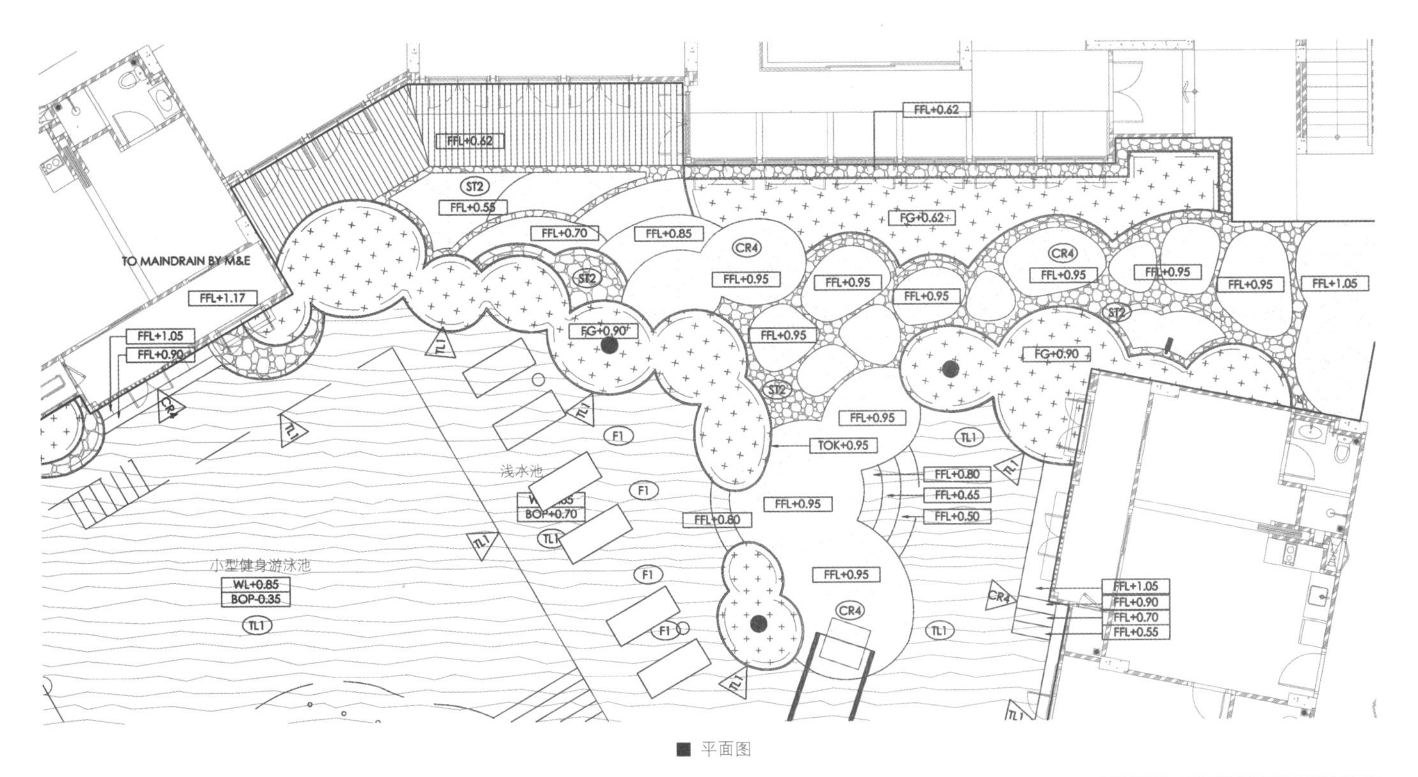
FFL+0.62
FFL+0.62
ST2
FFL+0.55
FFL+0.70
FFL+0.85
TO MAINDRAIN BY M&E
FFL+1.17
FFL+1.05
FFL+0.90
FG+0.62
CR4
FFL+0.95
FFL+0.95
FFL+0.95
FFL+0.95
FFL+0.95
FFL+1.05
FG+0.90
FFL+0.95
FG+0.90
FFL+0.95
TOK+0.95
FFL+0.80
FFL+0.65
FFL+0.50
浅水池
BOP+0.70
FFL+0.80
FFL+0.95
FFL+0.95
小型健身游泳池
WL+0.85
BOP-0.35
FFL+1.05
FFL+0.90
FFL+0.70
FFL+0.55
TL1
F1
CR4

■ 平面图

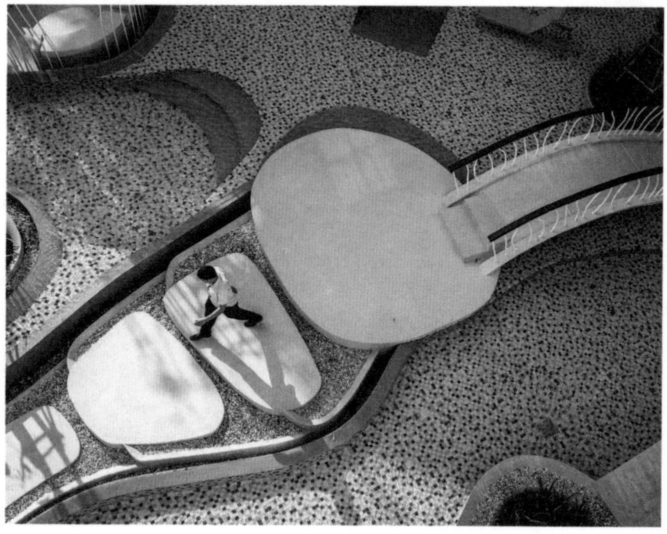

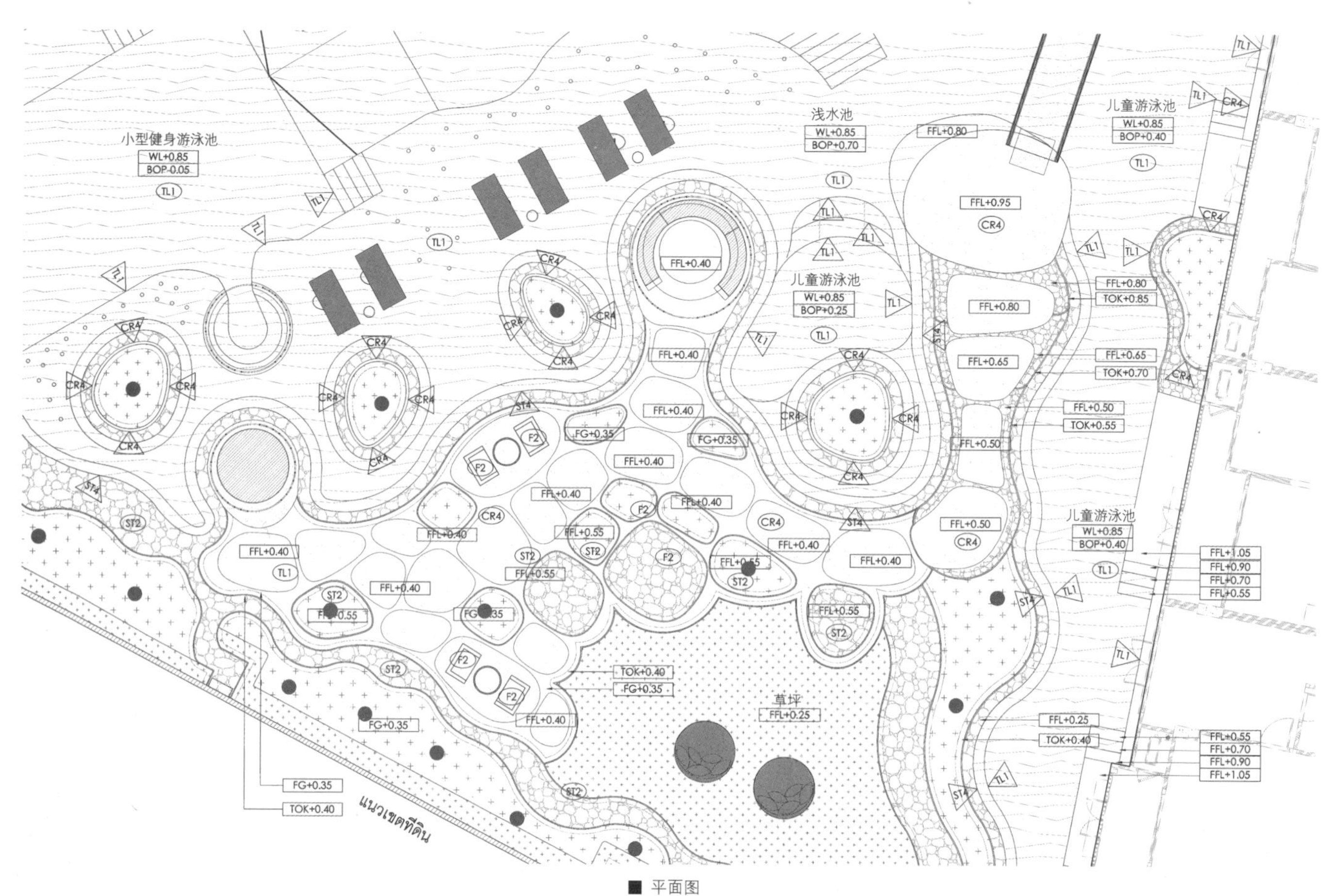
小型健身游泳池
WL+0.85
BOP-0.05
浅水池
WL+0.85
BOP+0.70
儿童游泳池
WL+0.85
BOP+0.40
儿童游泳池
WL+0.85
BOP+0.25
儿童游泳池
WL+0.85
BOP+0.40
FFL+0.80
FFL+0.95
FFL+0.40
FFL+0.65
FFL+0.50
FFL+0.55
FFL+0.25
FFL+1.05
FFL+0.90
FFL+0.70
TOK+0.85
TOK+0.70
TOK+0.55
TOK+0.40
FG+0.35
草坪
แนวเขตที่ดิน
■ 平面图

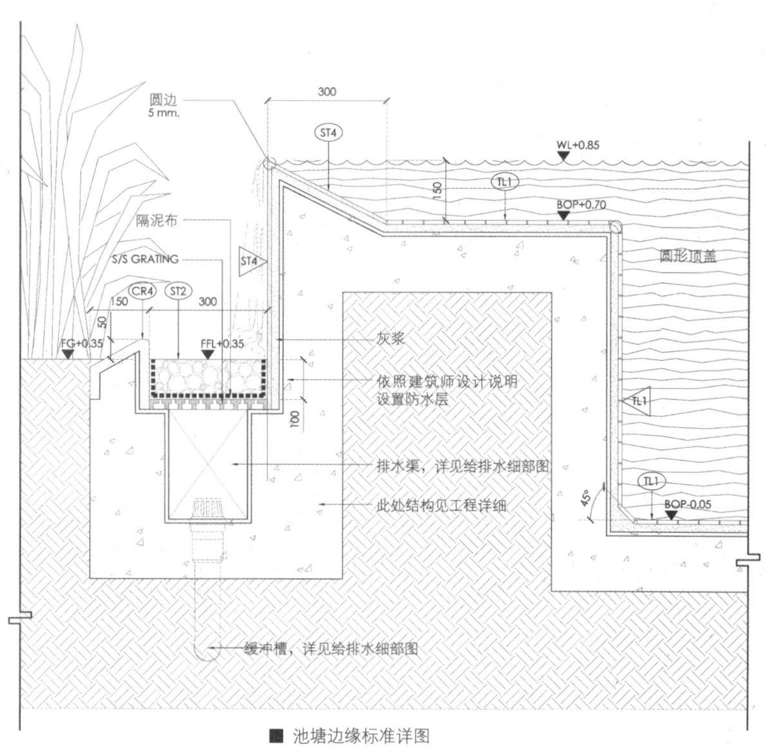
圆边
5 mm.
300
ST4
WL+0.85
150
TL1
BOP+0.70
隔泥布
S/S GRATING
ST4
圆形顶盖
CR4
ST2
150
300
50
FG+0.35
FFL+0.35
灰浆
依照建筑师设计说明
设置防水层
TL1
100
排水渠，详见给排水细部图
TL1
45°
此处结构见工程详细
BOP-0.05
缓冲槽，详见给排水细部图

■ 池塘边缘标准详图

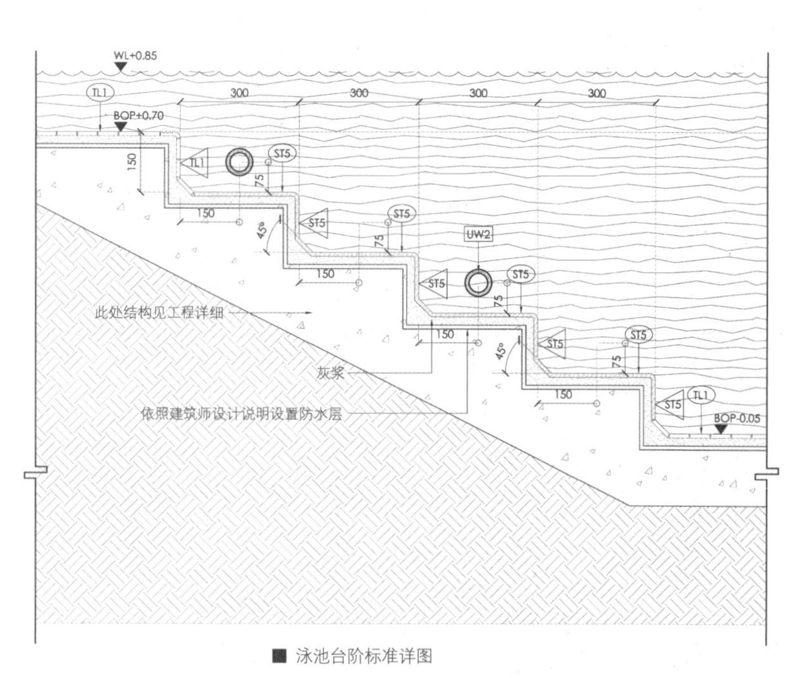
WL+0.85
TL1
300
300
300
300
BOP+0.70
150
TL1
ST5
75
150
ST5
ST5
45°
75
UW2
150
ST5
ST5
此处结构见工程详细
75
150
ST5
ST5
45°
75
灰浆
150
ST5
TL1
依照建筑师设计说明设置防水层
BOP-0.05

■ 泳池台阶标准详图

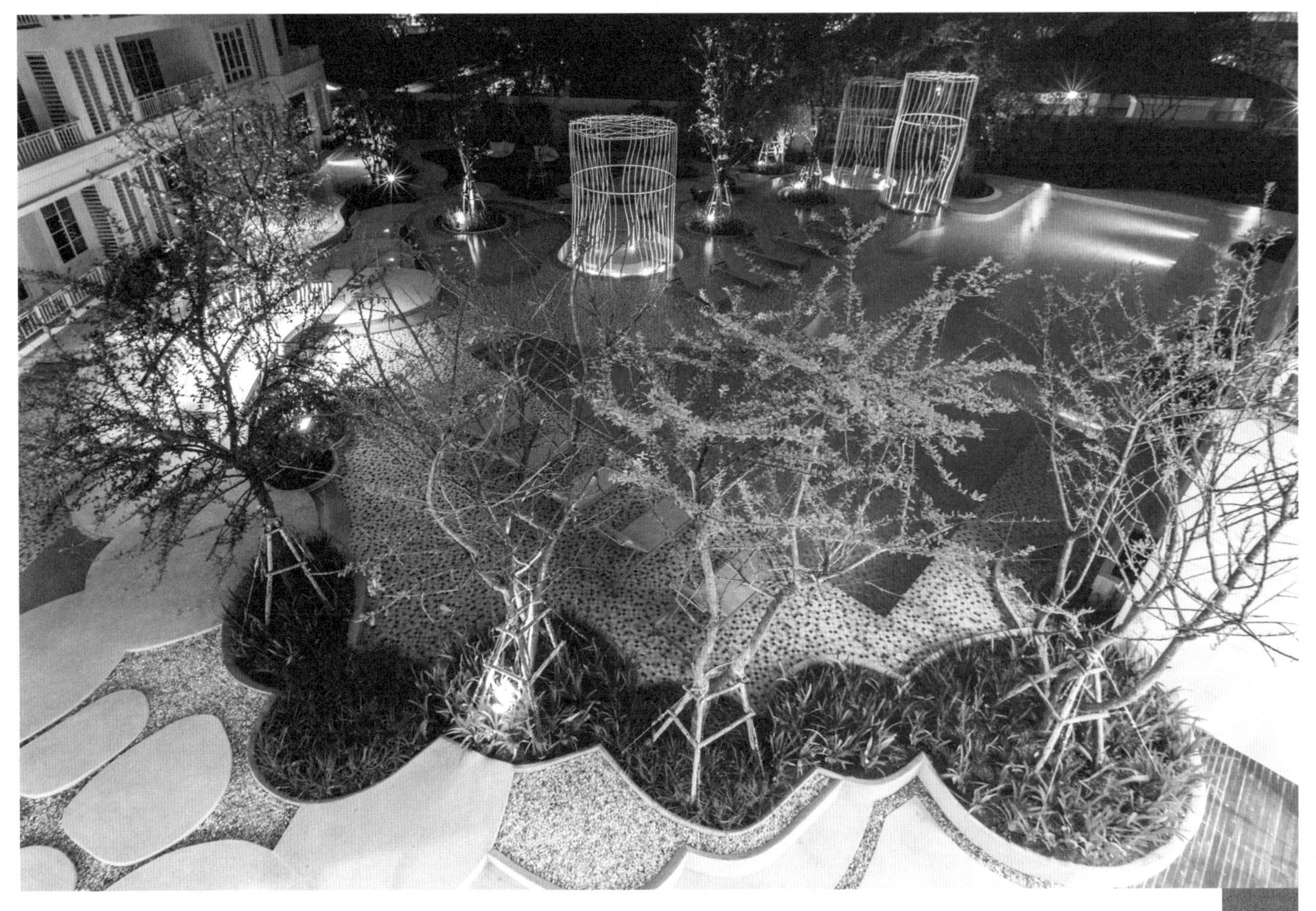

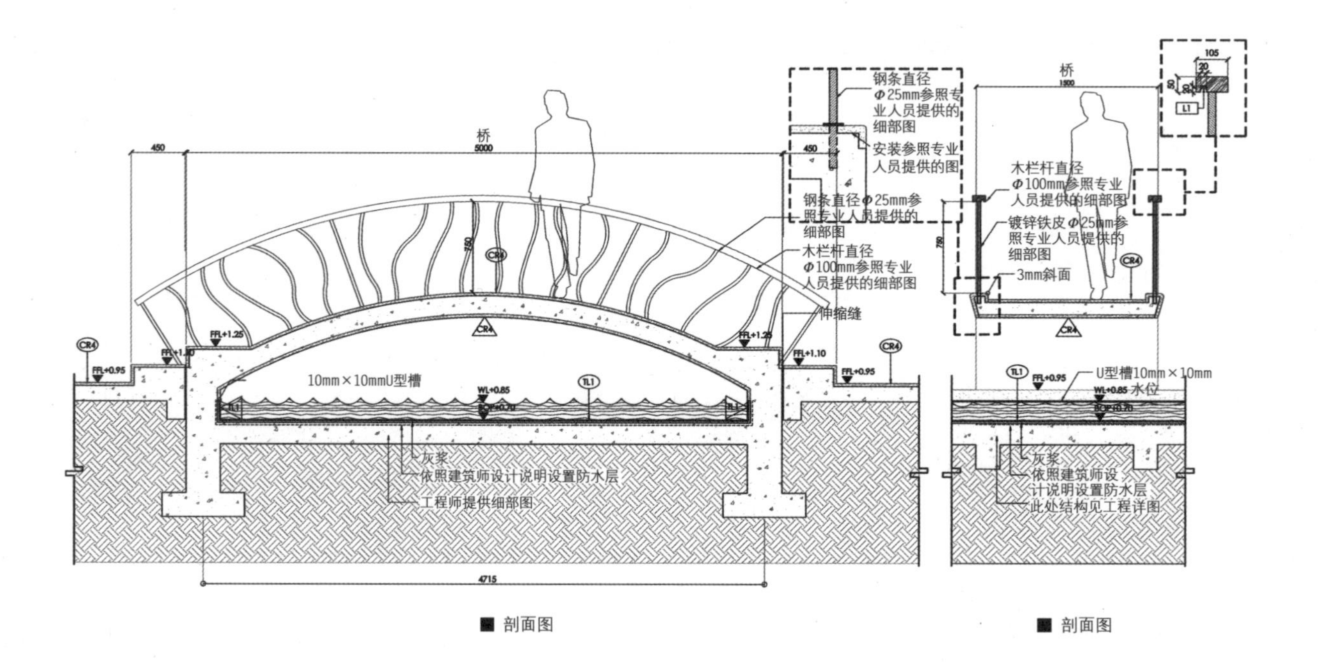
桥
5000
450
钢条直径
Φ25mm参照专业人员提供的细部图
安装参照专业人员提供的图
钢条直径Φ25mm参照专业人员提供的细部图
木栏杆直径
Φ100mm参照专业人员提供的细部图
伸缩缝
10mm×10mmU型槽
灰浆
依照建筑师设计说明设置防水层
工程师提供细部图
4715
木栏杆直径
Φ100mm参照专业人员提供的细部图
镀锌铁皮Φ25mm参照专业人员提供的细部图
3mm斜面
U型槽10mm×10mm
水位
灰浆
依照建筑师设计说明设置防水层
此处结构见工程详图

■ 剖面图　　■ 剖面图

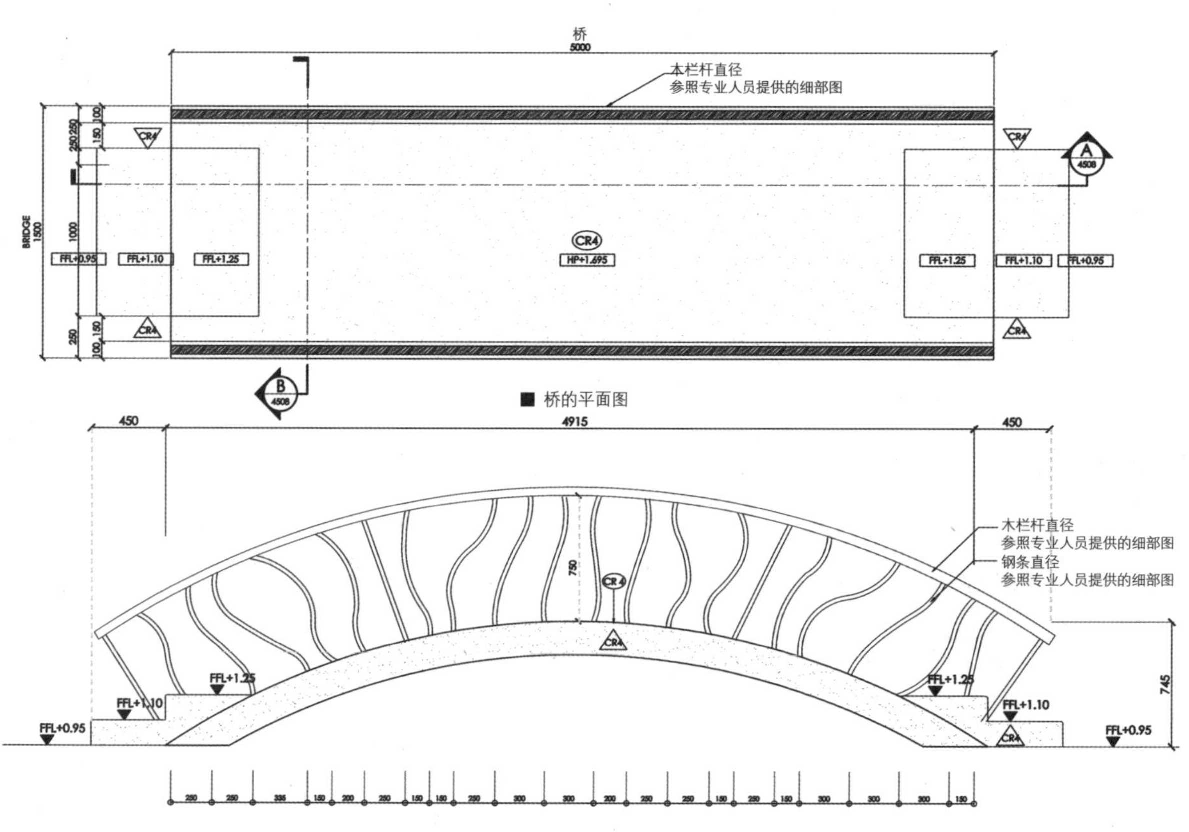
桥
5000
本栏杆直径
参照专业人员提供的细部图
BRIDGE
1500
FFL+0.95
FFL+1.10
FFL+1.25
HP+1.695
450
4915
450
木栏杆直径
参照专业人员提供的细部图
钢条直径
参照专业人员提供的细部图
745

■ 桥的平面图

■ 立面图

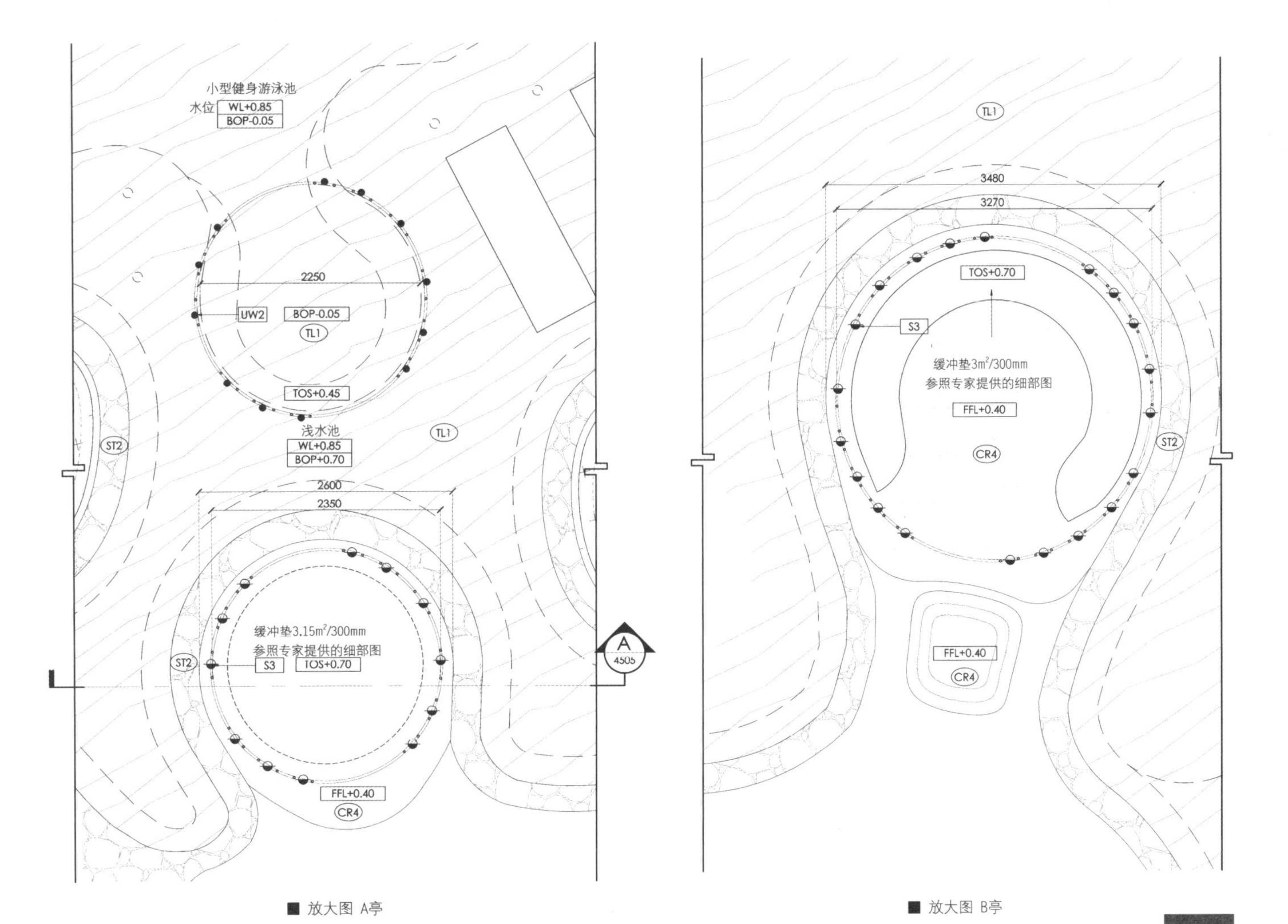
小型健身游泳池
水位 WL+0.85
BOP-0.05
2250
UW2
BOP-0.05
TL1
TOS+0.45
浅水池
WL+0.85
BOP+0.70
TL1
ST2
2600
2350
缓冲垫3.15m²/300mm
参照专家提供的细部图
S3
TOS+0.70
ST2
FFL+0.40
CR4
A
4505
TL1
3480
3270
TOS+0.70
S3
缓冲垫3m²/300mm
参照专家提供的细部图
FFL+0.40
CR4
ST2
FFL+0.40
CR4

■ 放大图 A亭

■ 放大图 B亭

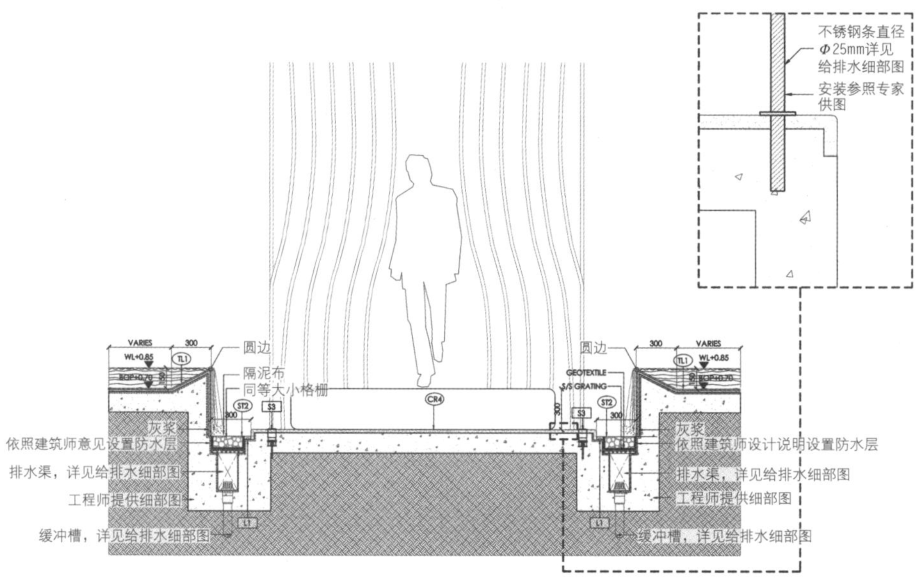

不锈钢条直径
Φ25mm详见
给排水细部图
安装参照专家
供图
VARIES
300
WL+0.85
TL1
BOP+0.70
圆边
隔泥布
同等大小格栅
ST2
S3
CR4
300
灰浆
依照建筑师意见设置防水层
排水渠，详见给排水细部图
工程师提供细部图
缓冲槽，详见给排水细部图
L1
GEOTEXTILE
S/S GRATING
依照建筑师设计说明设置防水层

■ 剖面图

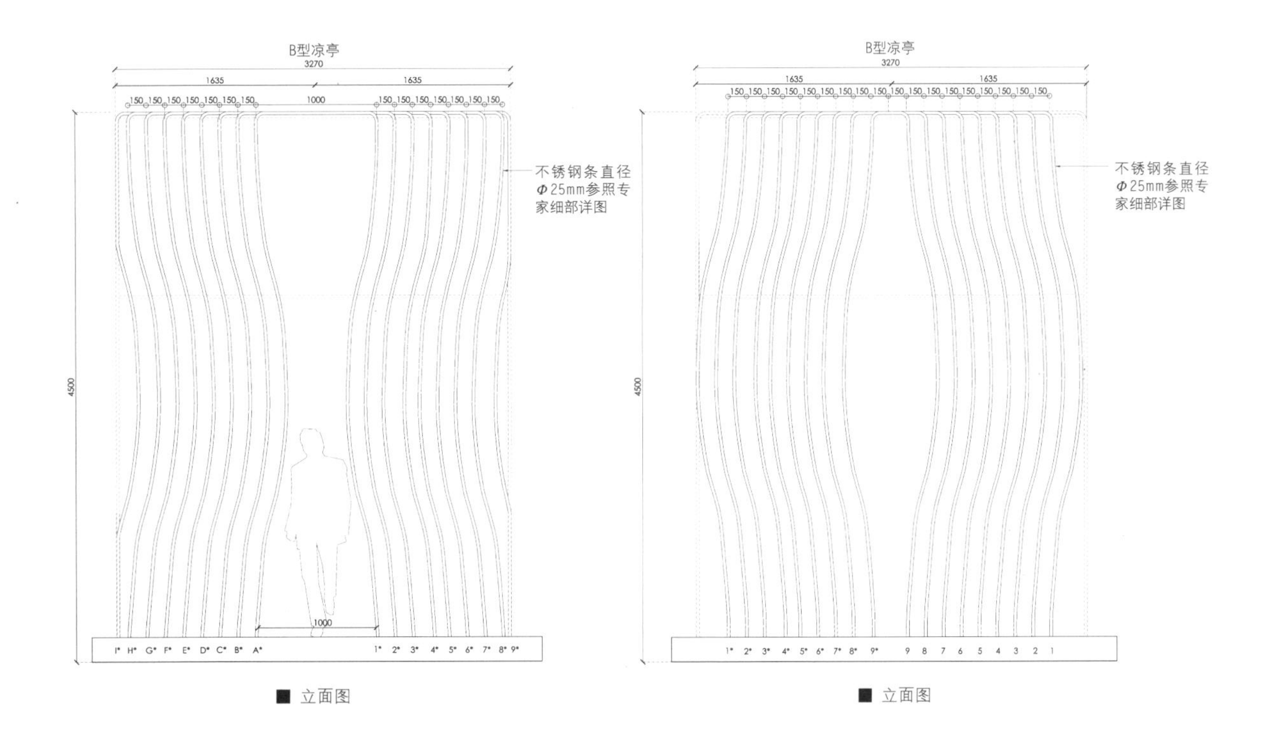
B型凉亭
3270
1635
1635
150 150 150 150 150 150 150
1000
150 150 150 150 150 150 150 150
不锈钢条直径
Φ25mm参照专
家细部详图
4500
1000
I* H* G* F* E* D* C* B* A*
1* 2* 3* 4* 5* 6* 7* 8* 9*
B型凉亭
3270
1635
1635
不锈钢条直径
Φ25mm参照专
家细部详图
4500
1* 2* 3* 4* 5* 6* 7* 8* 9*
9 8 7 6 5 4 3 2 1

■ 立面图

■ 立面图

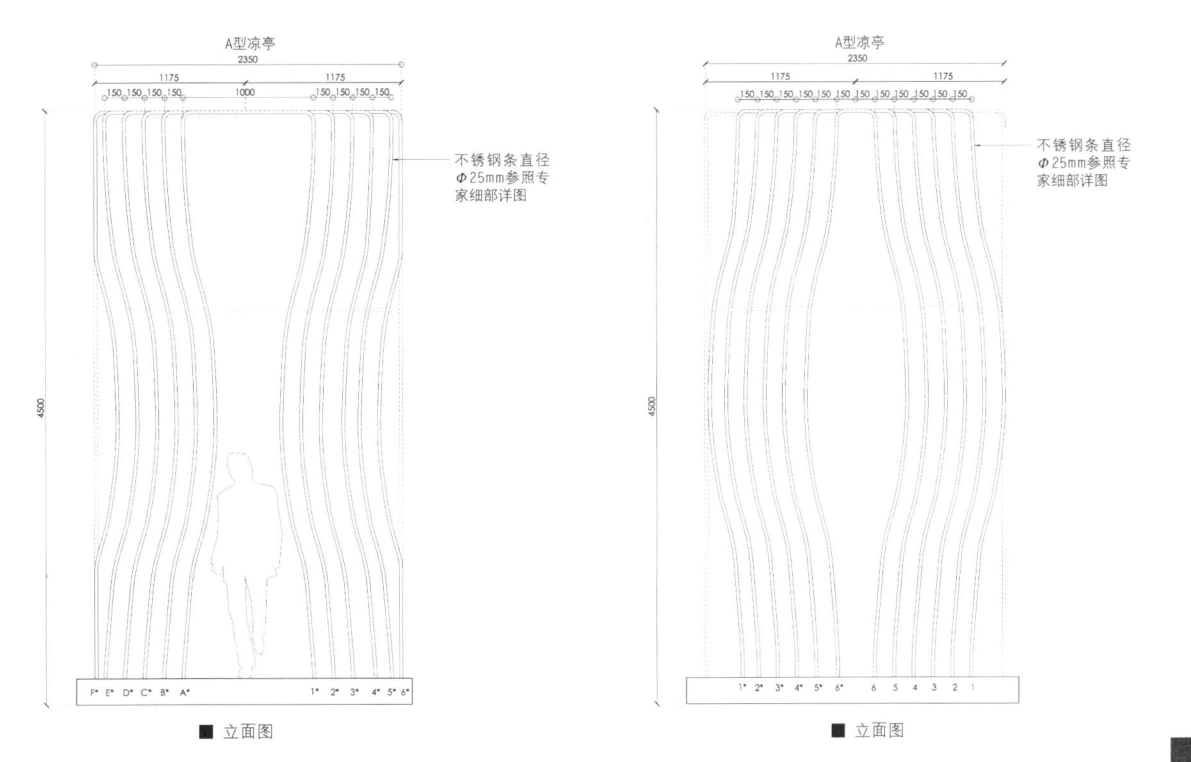
A型凉亭
2350
1175
1175
150 150 150 150 150
1000
150 150 150 150 150
不锈钢条直径
Φ25mm参照专
家细部详图
4500
F* E* D* C* B* A*
1* 2* 3* 4* 5* 6*
A型凉亭
2350
1175
1175
150 150 150 150 150 150 150 150 150 150 150 150 150
不锈钢条直径
Φ25mm参照专
家细部详图
4500
1* 2* 3* 4* 5* 6*
6 5 4 3 2 1

■ 立面图

■ 立面图

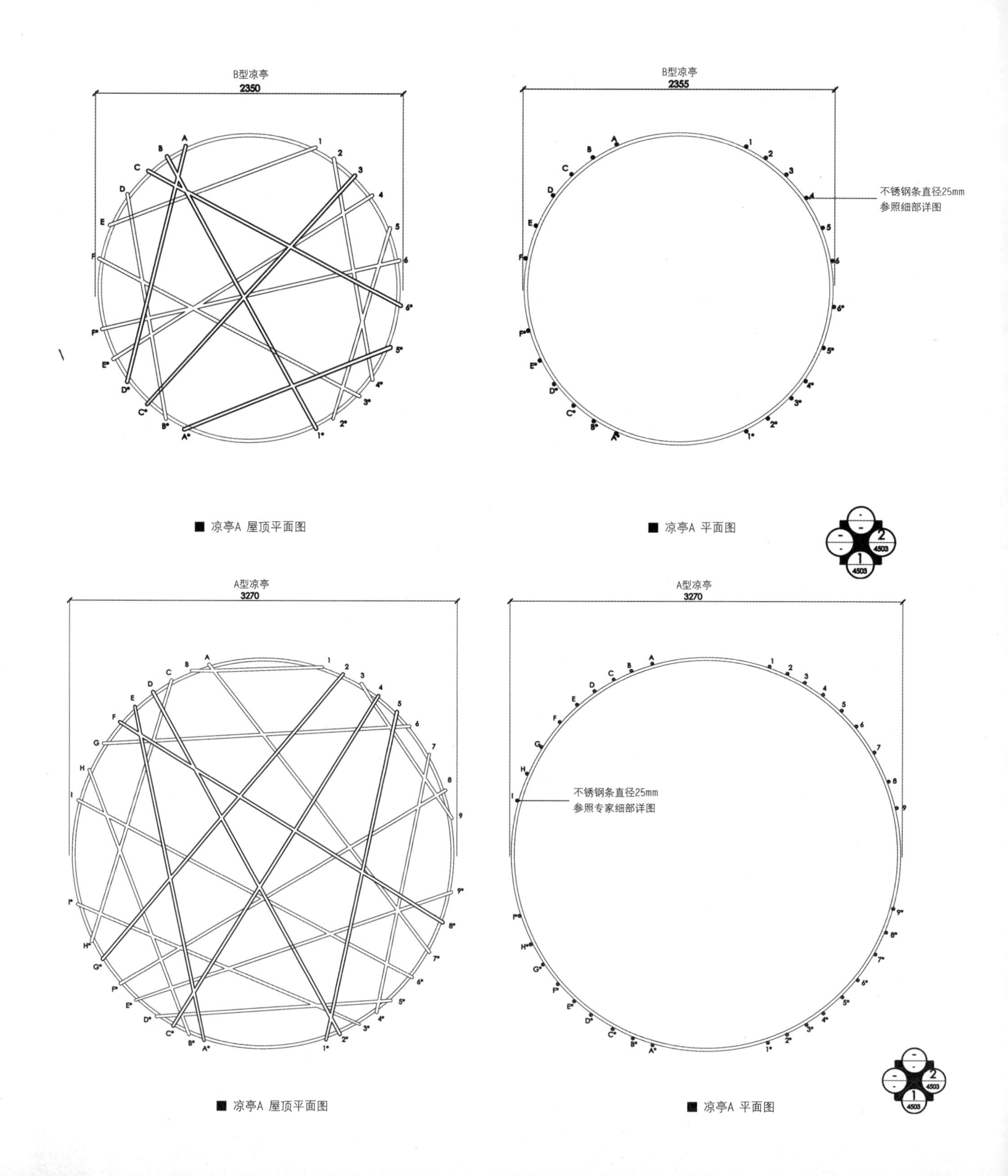
B型凉亭
2350
B型凉亭
2355
不锈钢条直径25mm
参照细部详图
A型凉亭
3270
A型凉亭
3270
不锈钢条直径25mm
参照专家细部详图

■ 凉亭A 屋顶平面图

■ 凉亭A 平面图

■ 凉亭A 屋顶平面图

■ 凉亭A 平面图

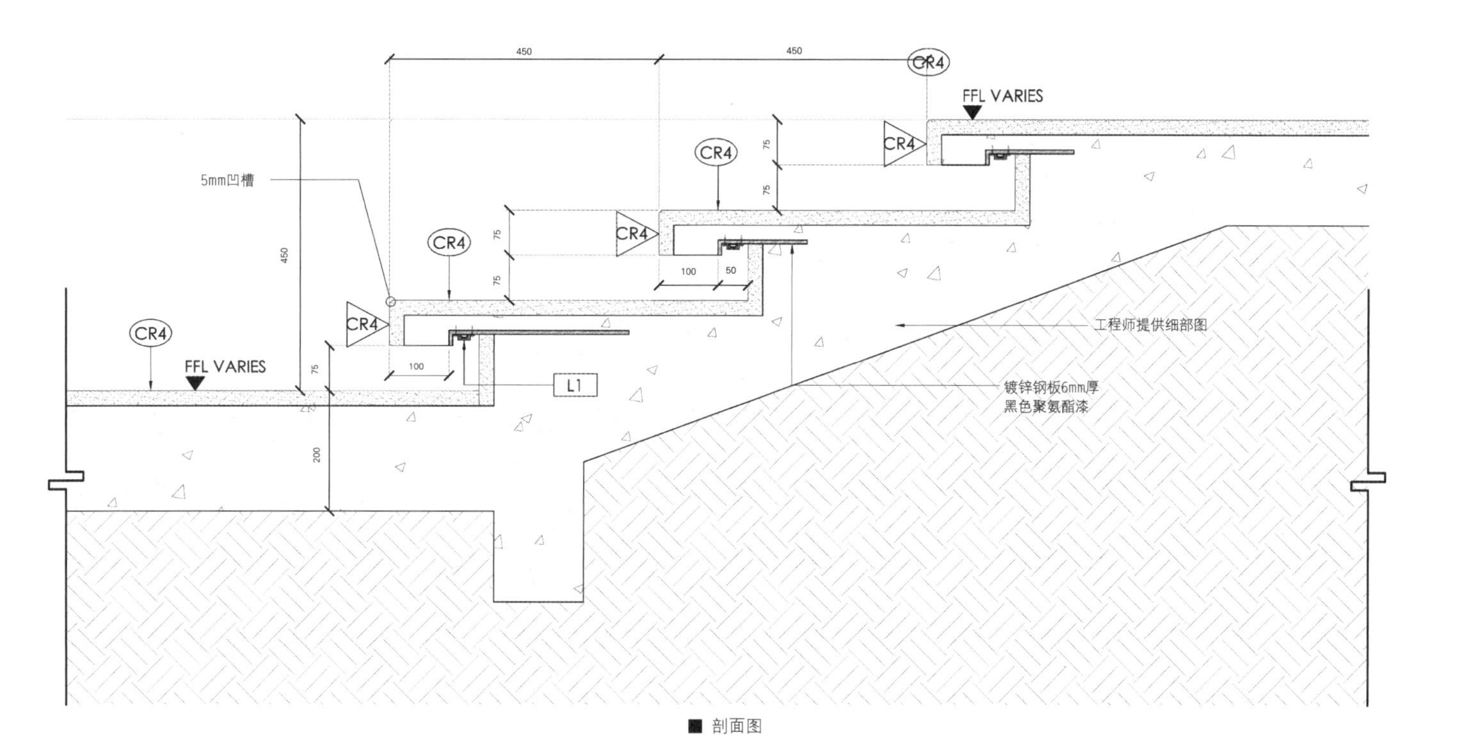
450
450
CR4
FFL VARIES
CR4
CR4
CR4
CR4
5mm凹槽
CR4
CR4
FFL VARIES
75
75
75
75
450
100
50
100
75
200
L1
工程师提供细部图
镀锌钢板6mm厚
黑色聚氨酯漆

■ 剖面图

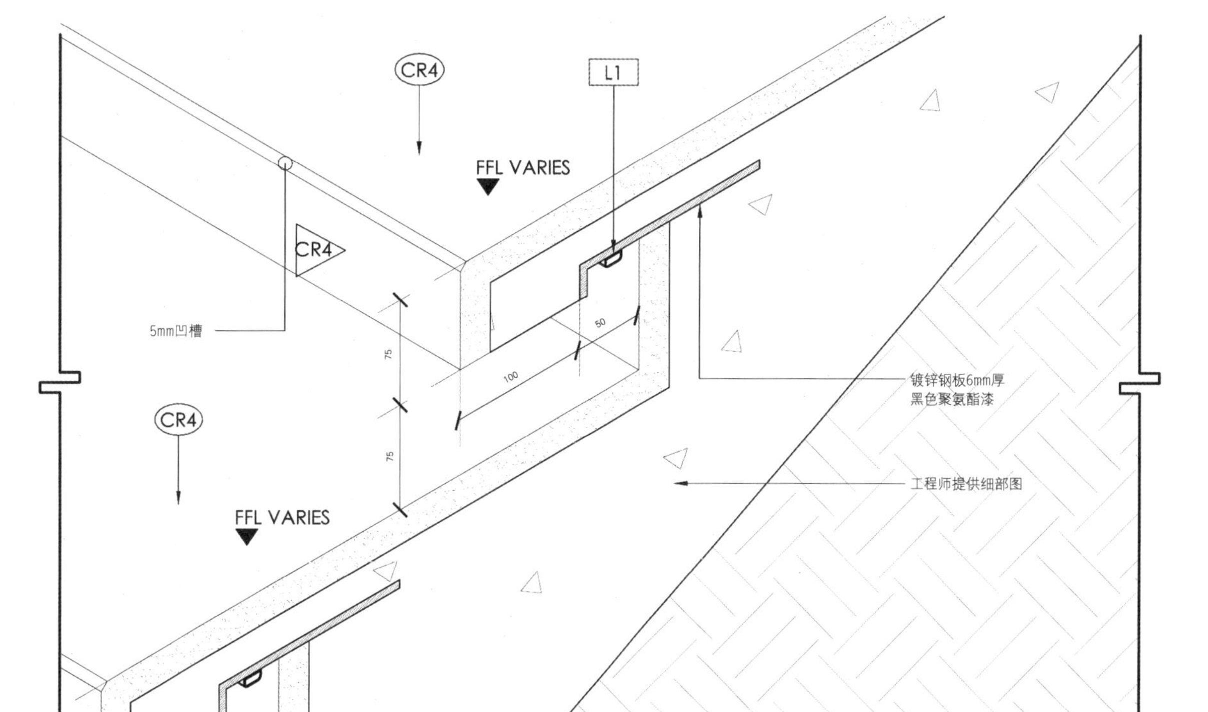
CR4
L1
FFL VARIES
CR4
5mm凹槽
50
100
75
75
镀锌钢板6mm厚
黑色聚氨酯漆
CR4
FFL VARIES
工程师提供细部图

■ 等距细部图

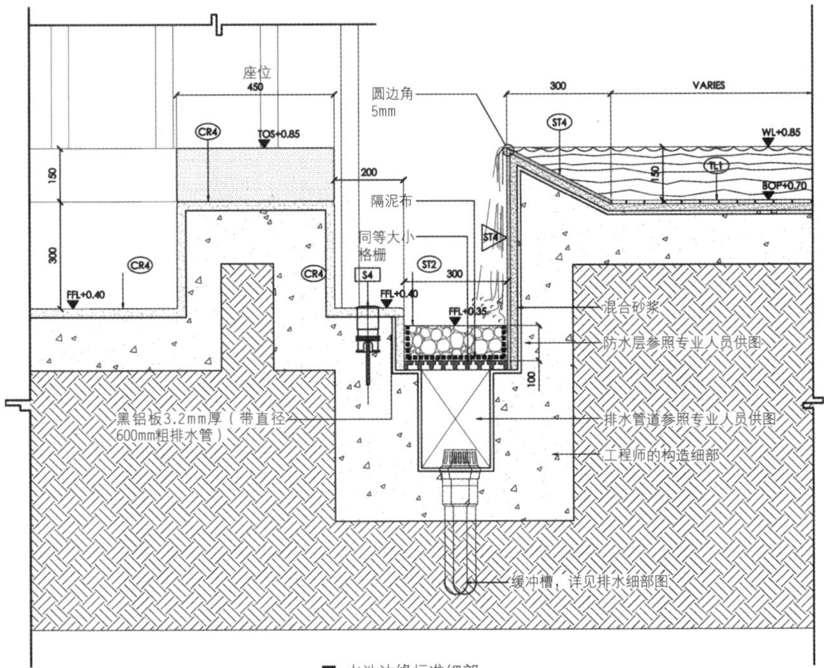

座位
450
300
VARIES
圆边角
5mm
ST4
WL+0.85
CR4
TOS+0.85
200
150
TL1
BOP+0.70
隔泥布
同等大小
格栅
S4
ST2
300
FFL+0.40
FFL+0.35
混合砂浆
防水层参照专业人员供图
100
黑铝板3.2mm厚（带直径
600mm粗排水管）
排水管道参照专业人员供图
工程师的构造细部
缓冲槽，详见排水细部图

■ 水池边缘标准细部

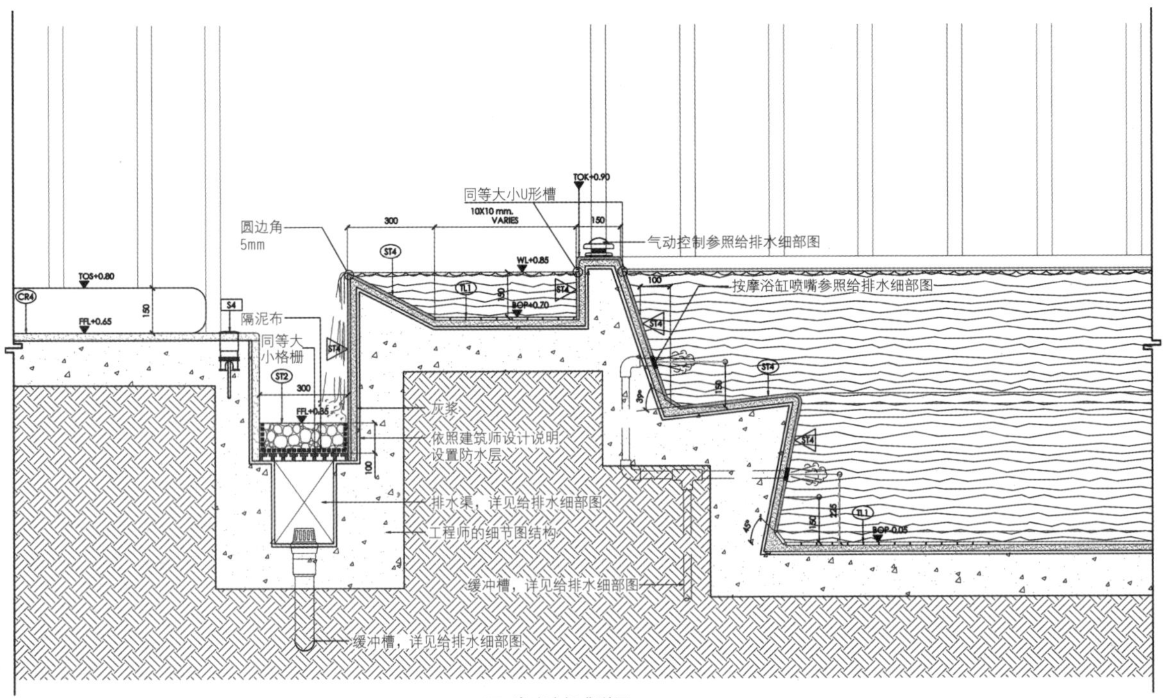

TOK+0.90
同等大小U形槽
10X10 mm.
VARIES
300
150
圆边角
5mm
气动控制参照给排水细部图
ST4
WL+0.85
TL1
BOP+0.70
按摩浴缸喷嘴参照给排水细部图
CR4
TOS+0.80
FFL+0.65
S4
隔泥布
同等大
小格栅
ST2
300
FFL+0.35
灰浆
依照建筑师设计说明
设置防水层
100
排水渠，详见给排水细部图
工程师的细节图结构
TL1
BOP-0.05
缓冲槽，详见给排水细部图
缓冲槽，详见给排水细部图

■ 泳池边标准详图

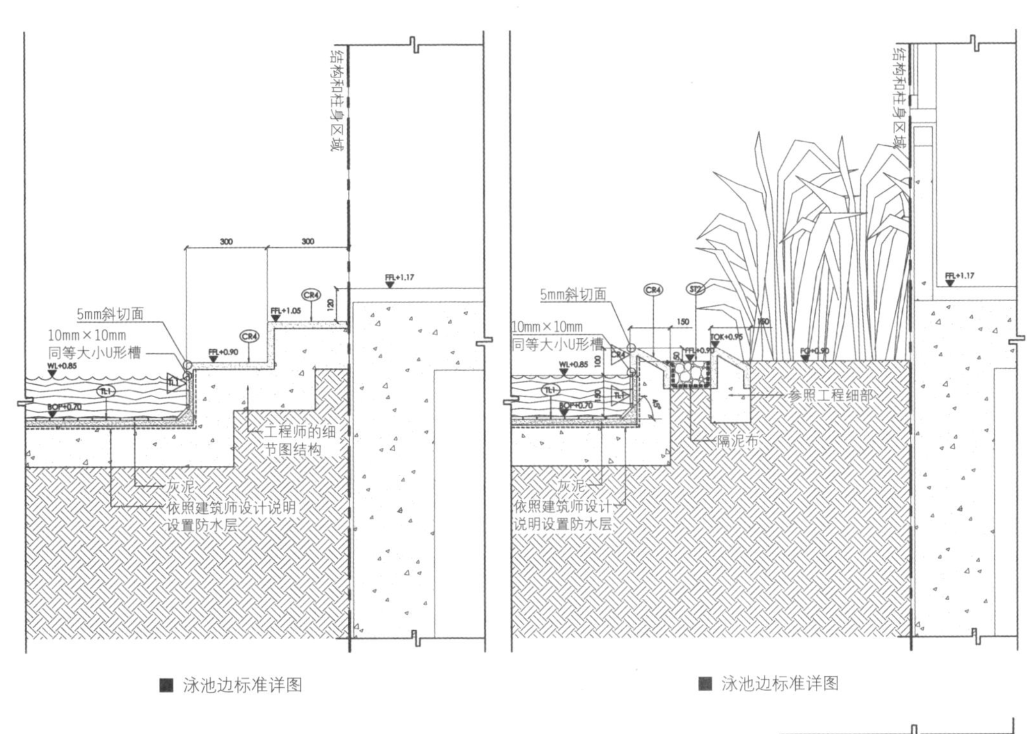
结构和柱身区域
300
300
FFL+1.17
FFL+1.05
CR4
5mm斜切面
10mm×10mm
同等大小U形槽
FFL+0.90
WL+0.85
BOP+0.70
工程师的细
节图结构
灰泥
依照建筑师设计说明
设置防水层
结构和柱身区域
5mm斜切面
10mm×10mm
同等大小U形槽
ST2
150
TOK+0.95
FFL+1.17
参照工程细部
隔泥布
灰泥
依照建筑师设计
说明设置防水层

■ 泳池边标准详图

■ 泳池边标准详图

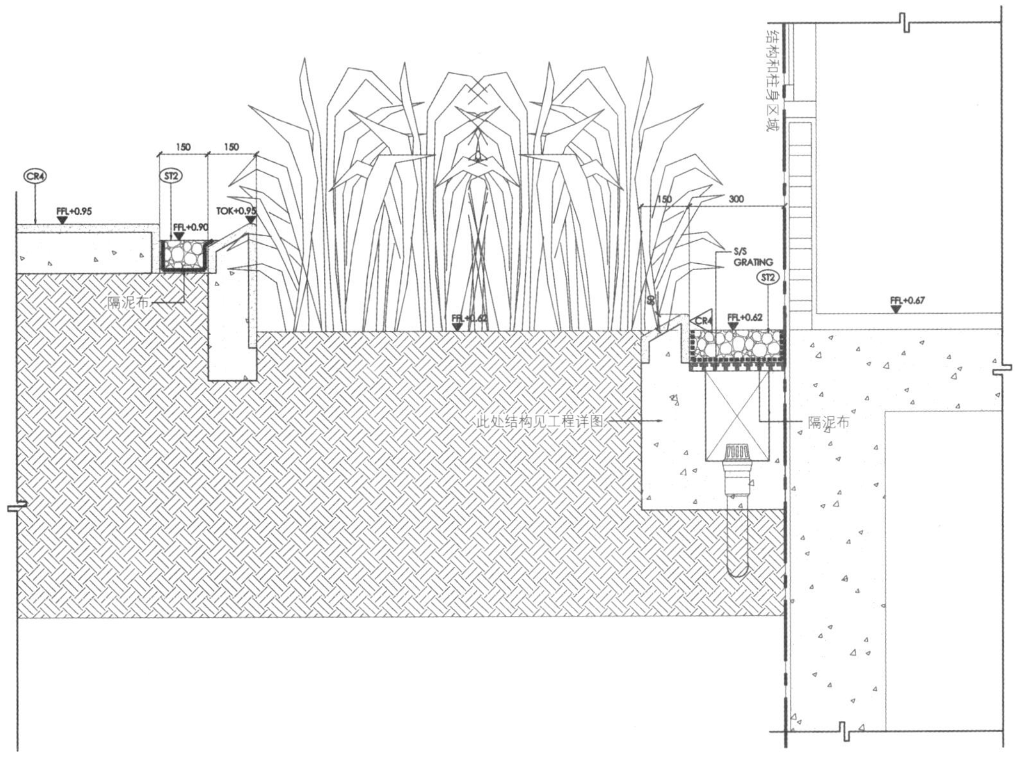
结构和柱身区域
150
150
CR4
FFL+0.95
ST2
FFL+0.90
TOK+0.95
隔泥布
150
300
S/S
GRATING
ST2
FFL+0.67
CR4
FFL+0.62
FFL+0.62
此处结构见工程详图
隔泥布

■ 泳池边及按摩浴缸详图

中国·海口观海台一号

景观设计: 广州市太合景观设计有限公司　摄影师: 海口苏格兰柏斯房地产开发有限公司　客户: 海口苏格兰柏斯房地产开发有限公司

项目简介
Information

该项目以现代东南亚风格为主，融合建筑的现代简洁感，以人为本，创造出一个舒适、健康、便捷的花园式生活社区。根据规划原理，将居住区空间主要划分为主次入口景观区、中心景观区、组团景观区以及商业街景观区。

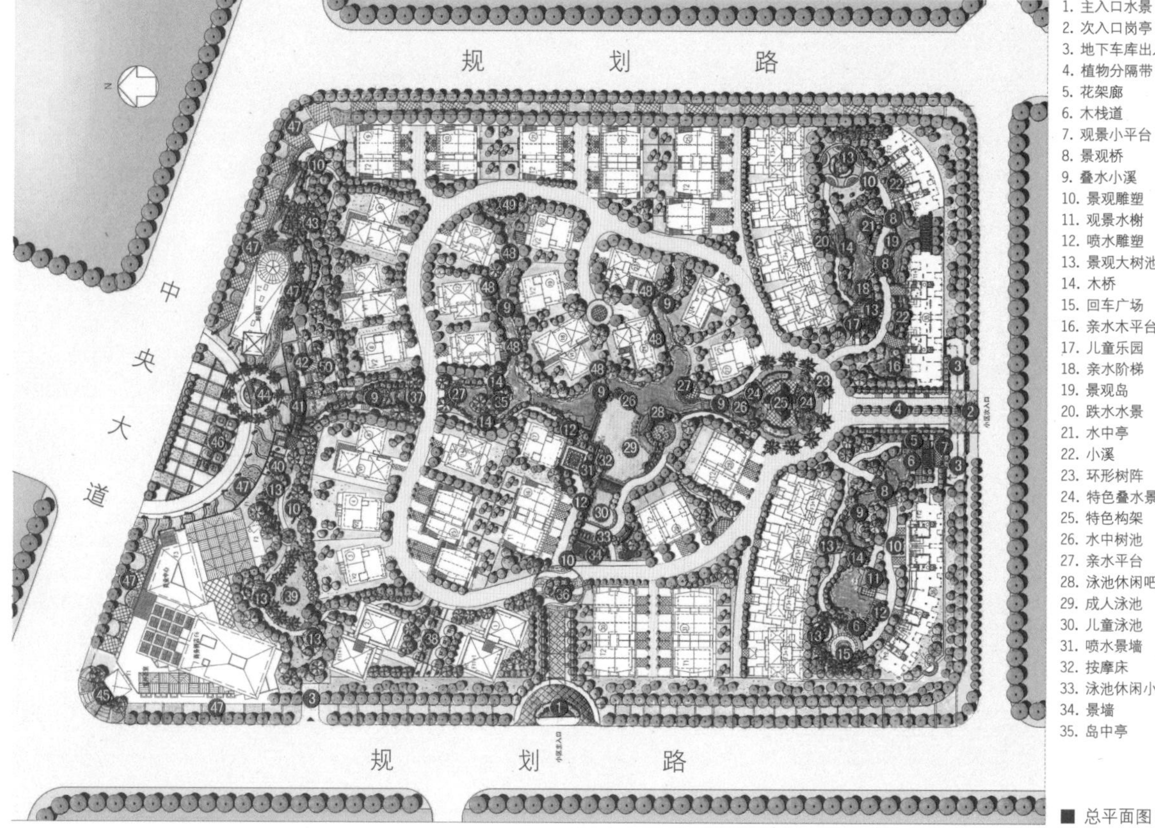

规 划 路
中 央 大 道
规 划 路

1. 主入口水景
2. 次入口岗亭
3. 地下车库出入口
4. 植物分隔带
5. 花架廊
6. 木栈道
7. 观景小平台
8. 景观桥
9. 叠水小溪
10. 景观雕塑
11. 观景水榭
12. 喷水雕塑
13. 景观大树池
14. 木桥
15. 回车广场
16. 亲水木平台
17. 儿童乐园
18. 亲水阶梯
19. 景观岛
20. 跌水水景
21. 水中亭
22. 小溪
23. 环形树阵
24. 特色叠水景观
25. 特色构架
26. 水中树池
27. 亲水平台
28. 泳池休闲吧
29. 成人泳池
30. 儿童泳池
31. 喷水景墙
32. 按摩床
33. 泳池休闲小广场
34. 景墙
35. 岛中亭
36. 交通岛
37. 观景木平台
38. 特色小水景
39. 草坪雕塑
40. 灯柱坐凳
41. 景观天桥
42. 观海台
43. 林荫小平台
44. 商业街水景
45. 商业街入口水景
46. 商业街林荫广场
47. 商业街休闲步道
48. 别墅亲水木平台
49. 亲水半岛
50. 树池座凳

■ 总平面图

柏斯·观海台一号

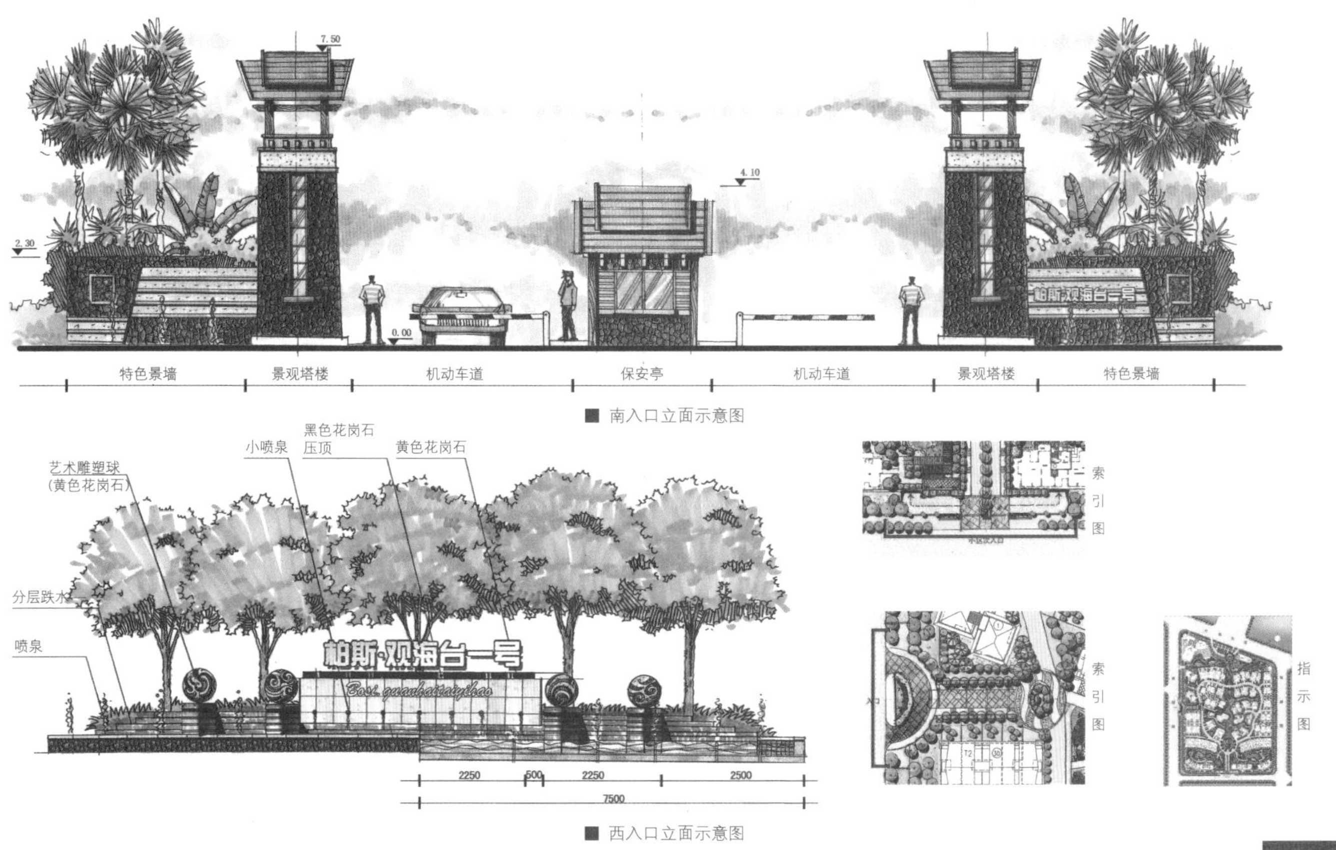
7.50
4.10
2.30
0.00
特色景墙
景观塔楼
机动车道
保安亭
机动车道
景观塔楼
特色景墙
艺术雕塑球
(黄色花岗石)
小喷泉
黑色花岗石
压顶
黄色花岗石
分层跌水
喷泉
柏斯·观海台一号
2250
500
2250
2500
7500
索
引
图
索
引
图
指
示
图

■ 南入口立面示意图

■ 西入口立面示意图

32

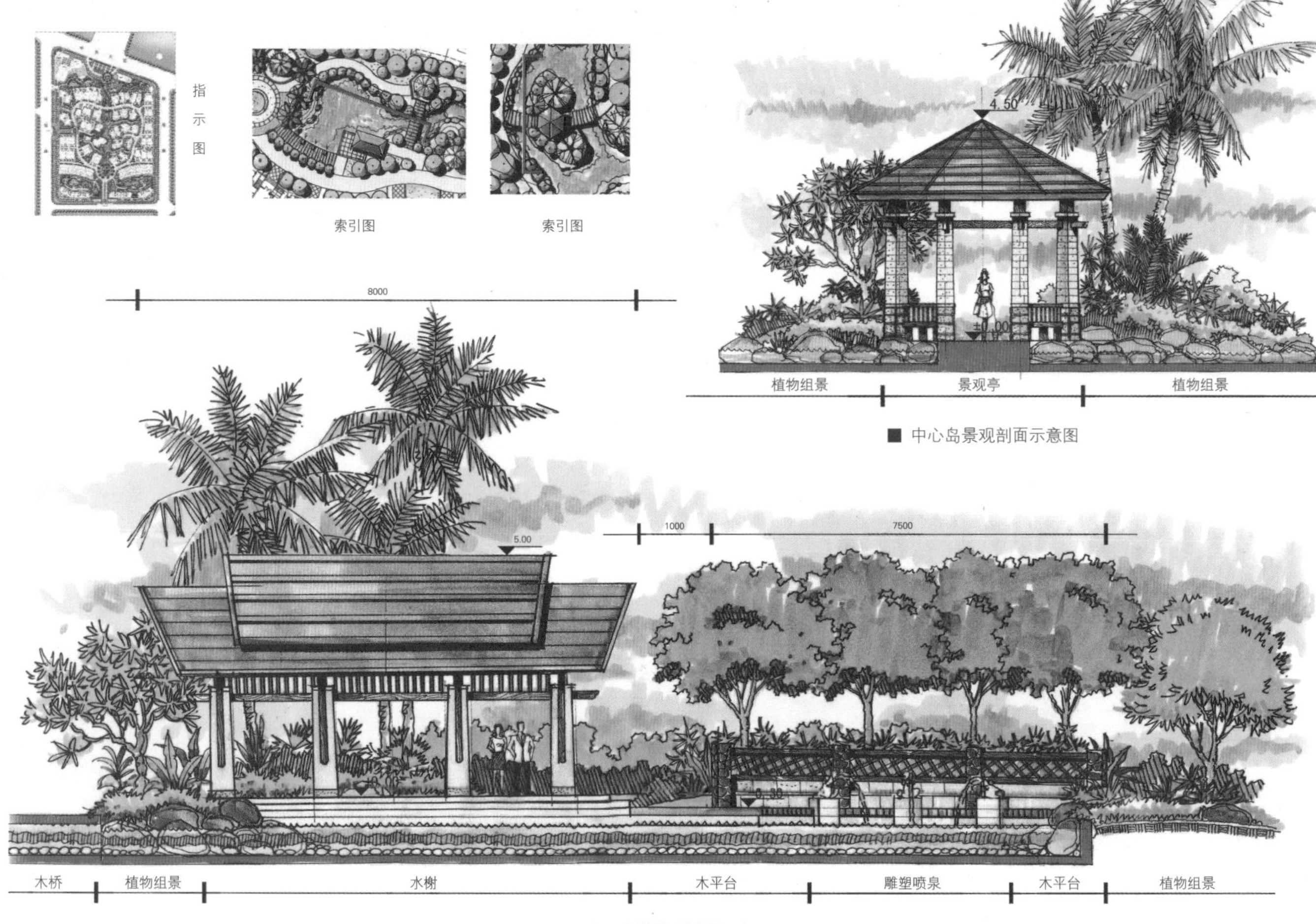
指示图
索引图
索引图
8000
4.50
±0.00
植物组景
景观亭
植物组景
1000
7500
5.00
木桥
植物组景
水榭
木平台
雕塑喷泉
木平台
植物组景

■ 中心岛景观剖面示意图

■ 组团一水榭景观剖面示意图

2500
6300
9500
8600
8000
游泳池
种植池
水吧／售卖部
休闲长廊
中心湖
小广场
种植区

■ 水吧休闲广场立面示意图

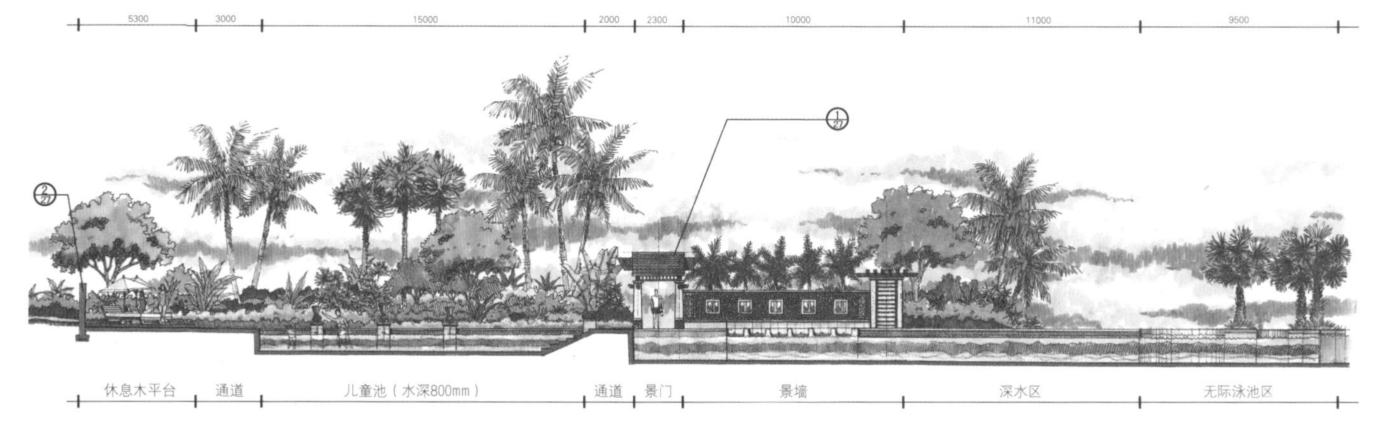
5300
3000
15000
2000
2300
10000
11000
9500
休息木平台
通道
儿童池（水深800mm）
通道
景门
景墙
深水区
无际泳池区

■ 中心泳池剖面示意图

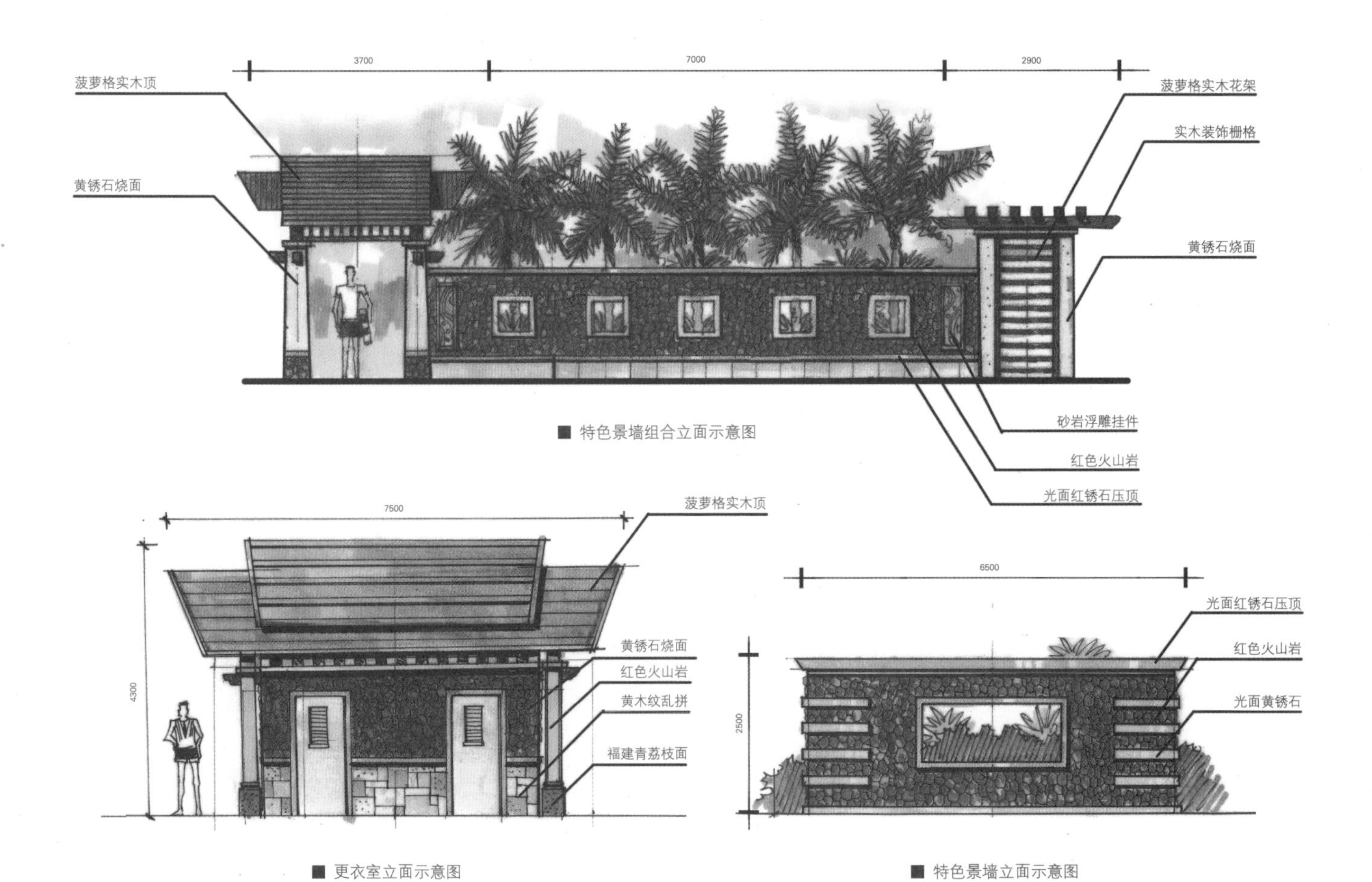
3700
7000
2900
菠萝格实木顶
黄锈石烧面
菠萝格实木花架
实木装饰栅格
黄锈石烧面
砂岩浮雕挂件
红色火山岩
光面红锈石压顶
7500
菠萝格实木顶
4300
黄锈石烧面
红色火山岩
黄木纹乱拼
福建青荔枝面
6500
光面红锈石压顶
红色火山岩
光面黄锈石
2500

■ 特色景墙组合立面示意图

■ 更衣室立面示意图

■ 特色景墙立面示意图

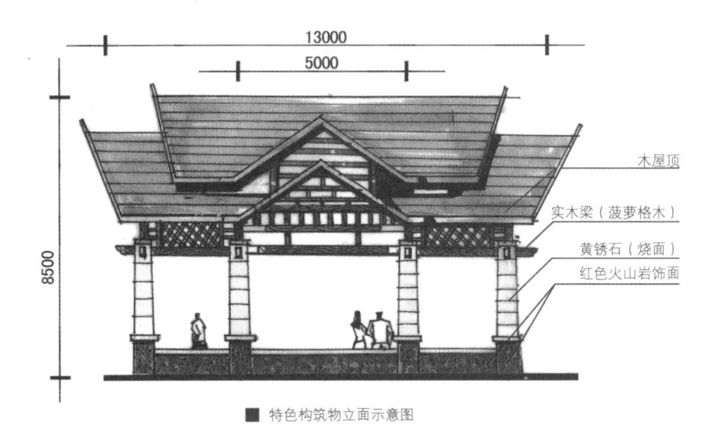

13000
5000
8500
木屋顶
实木梁（菠萝格木）
黄锈石（烧面）
红色火山岩饰面

■ 特色构筑物立面示意图

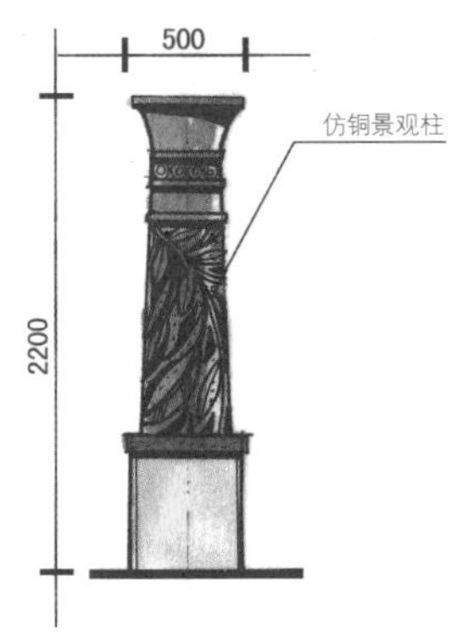

500
2200
仿铜景观柱

■ 特色景观柱立面示意图

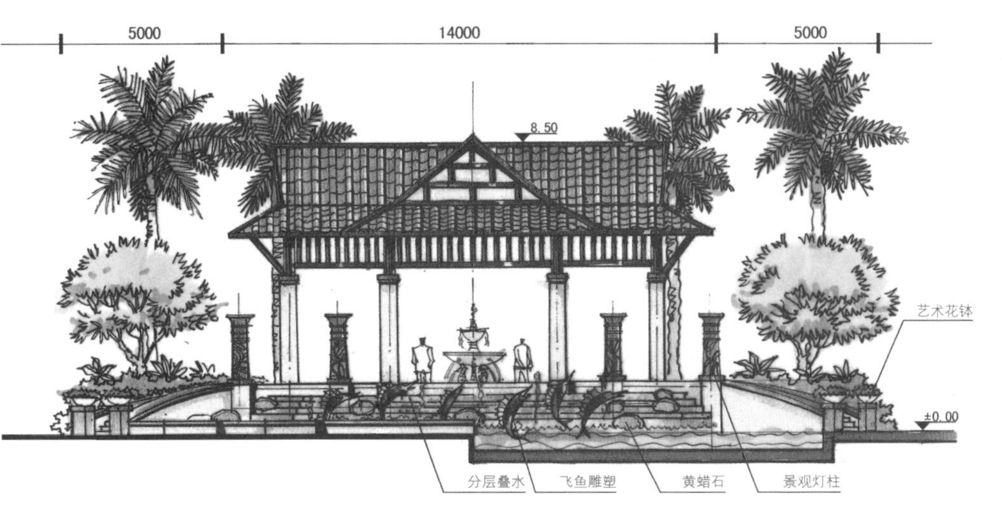

5000
14000
5000
8.50
±0.00
艺术花钵
分层叠水
飞鱼雕塑
黄蜡石
景观灯柱

■ 中心水景剖面示意图

索引图

指示图

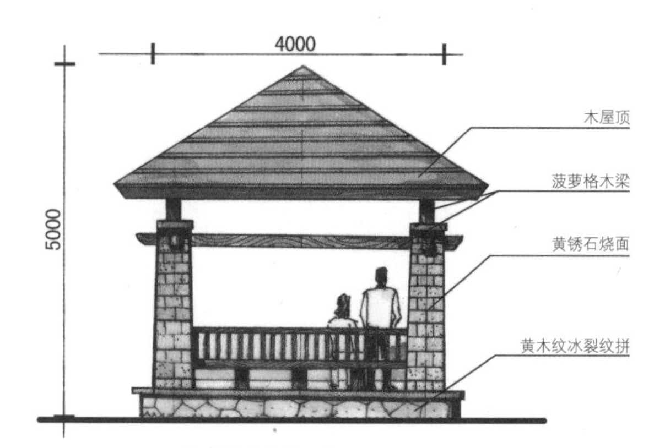
4000
5000
木屋顶
菠萝格木梁
黄锈石烧面
黄木纹冰裂纹拼

■ 景观亭立面示意图

索引图

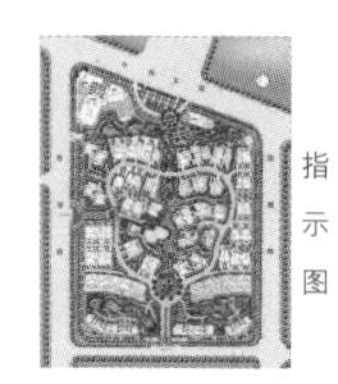

指示图

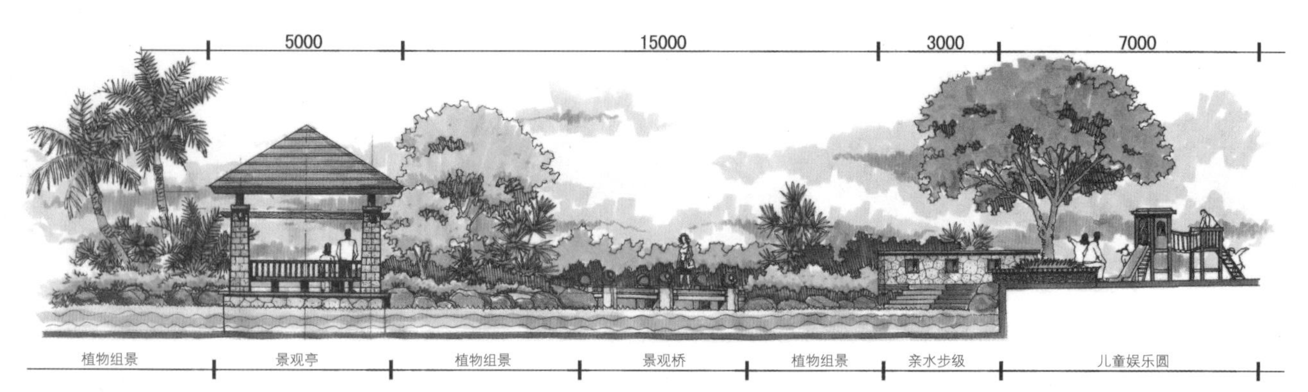
5000
15000
3000
7000
植物组景
景观亭
植物组景
景观桥
植物组景
亲水步级
儿童娱乐圆

■ 组团二水景剖面图

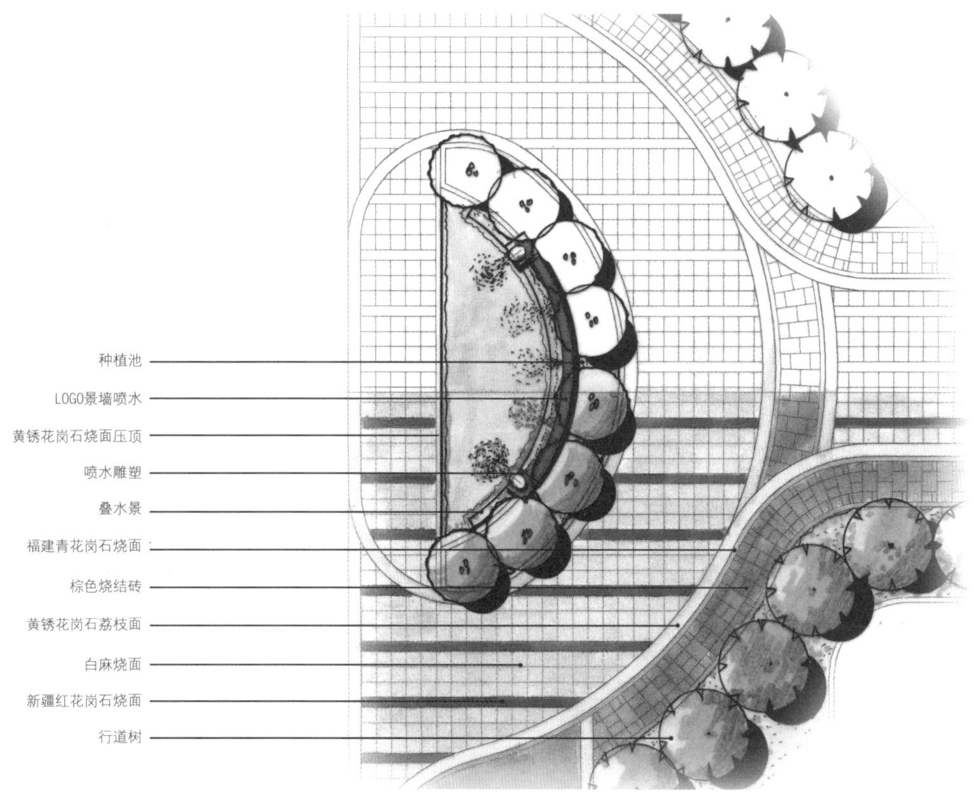
种植池
LOGO景墙喷水
黄锈花岗石烧面压顶
喷水雕塑
叠水景
福建青花岗石烧面
棕色烧结砖
黄锈花岗石荔枝面
白麻烧面
新疆红花岗石烧面
行道树

■ 细部详图一

黄色花岗石烧面
种植树池
蒙古黑花岗石烧面
新疆红花岗石烧面
黄色花岗石烧面
涌泉
美国南方松木
特色灯柱
白麻烧面
蒙古黑花岗石光面（部分拉丝）
喷水雕塑
黄木纹冰裂纹
福建青花岗石烧面
新疆红花岗石光面

■ 细部详图二

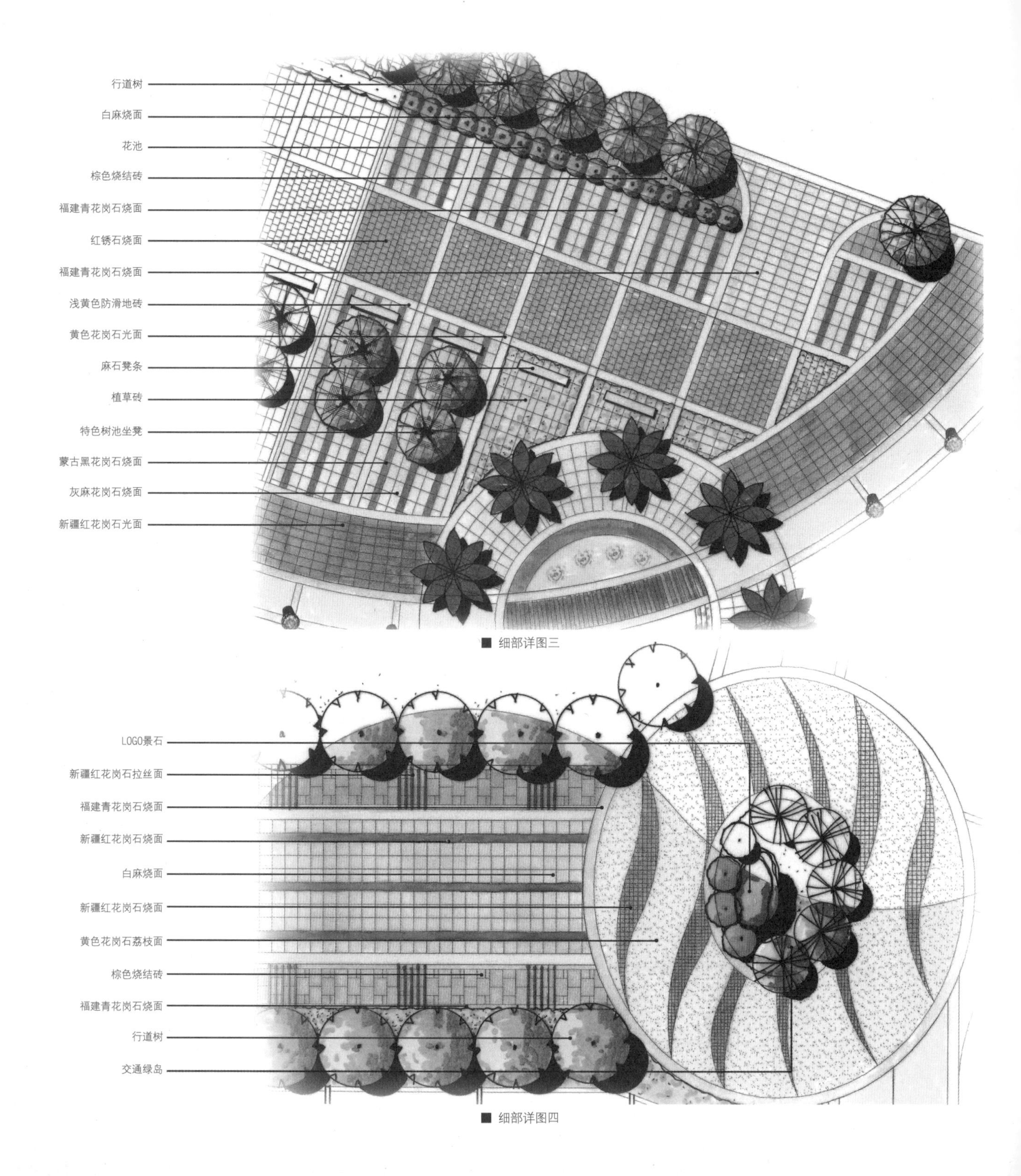

行道树
白麻烧面
花池
棕色烧结砖
福建青花岗石烧面
红锈石烧面
福建青花岗石烧面
浅黄色防滑地砖
黄色花岗石光面
麻石凳条
植草砖
特色树池坐凳
蒙古黑花岗石烧面
灰麻花岗石烧面
新疆红花岗石光面

■ 细部详图三

LOGO景石
新疆红花岗石拉丝面
福建青花岗石烧面
新疆红花岗石烧面
白麻烧面
新疆红花岗石烧面
黄色花岗石荔枝面
棕色烧结砖
福建青花岗石烧面
行道树
交通绿岛

■ 细部详图四

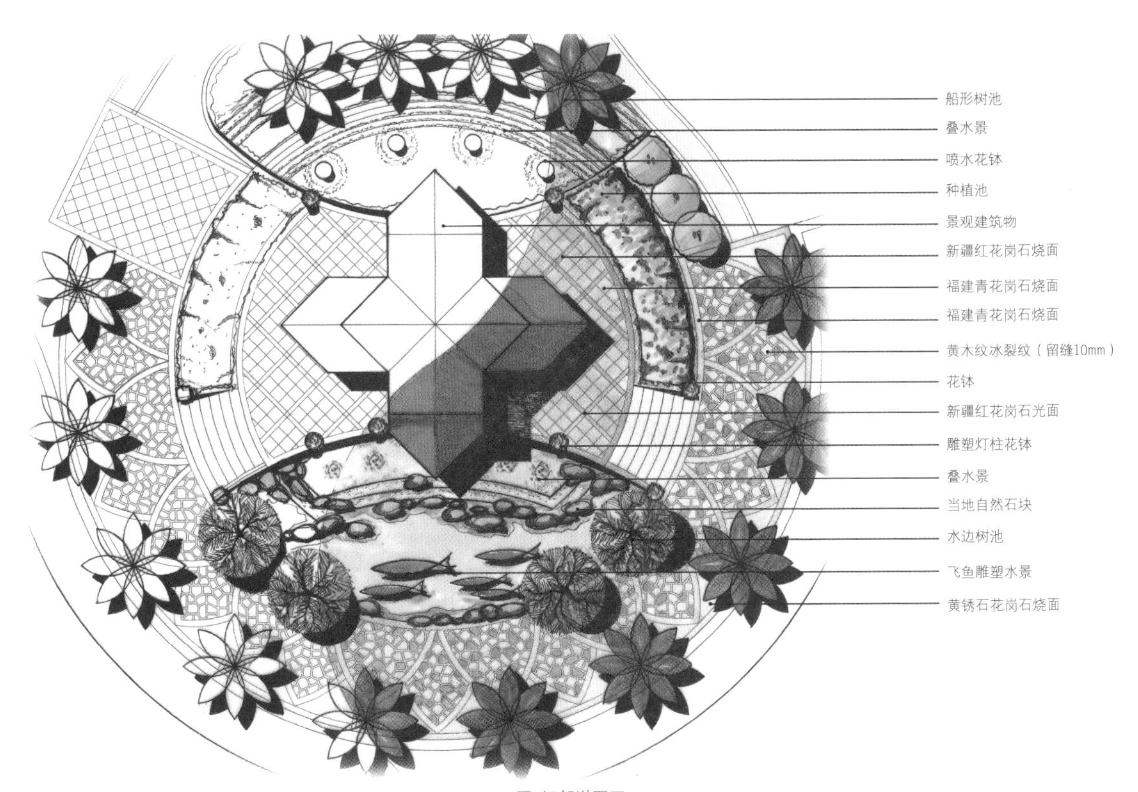
船形树池
叠水景
喷水花钵
种植池
景观建筑物
新疆红花岗石烧面
福建青花岗石烧面
福建青花岗石烧面
黄木纹冰裂纹（留缝10mm）
花钵
新疆红花岗石光面
雕塑灯柱花钵
叠水景
当地自然石块
水边树池
飞鱼雕塑水景
黄锈石花岗石烧面

■ 细部详图五

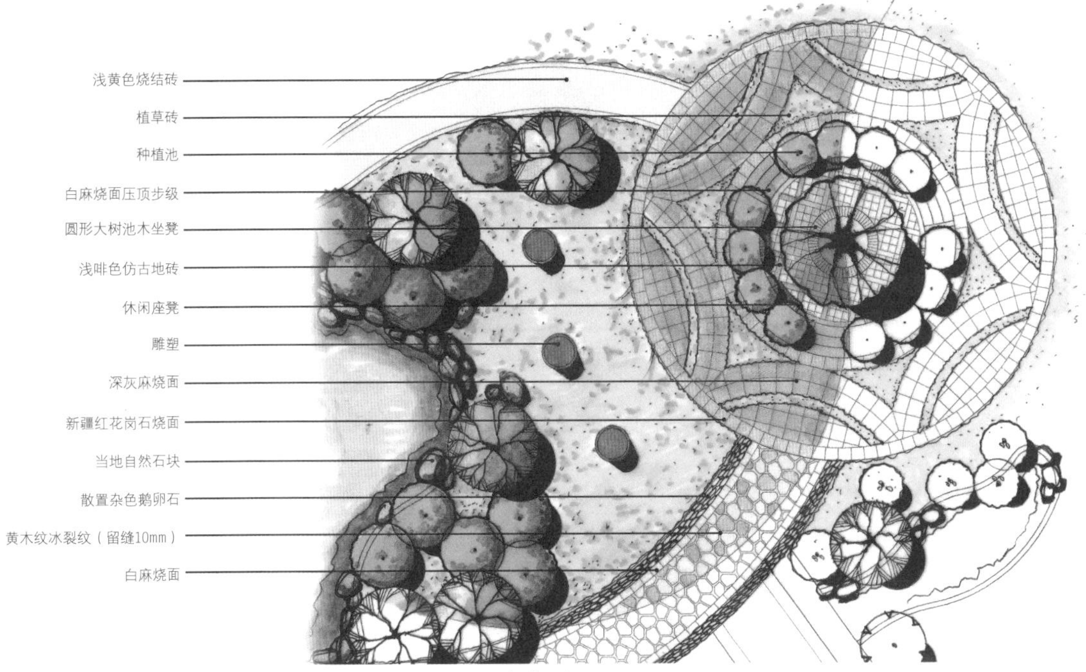
浅黄色烧结砖
植草砖
种植池
白麻烧面压顶步级
圆形大树池木坐凳
浅啡色仿古地砖
休闲座凳
雕塑
深灰麻烧面
新疆红花岗石烧面
当地自然石块
散置杂色鹅卵石
黄木纹冰裂纹（留缝10mm）
白麻烧面

■ 细部详图六

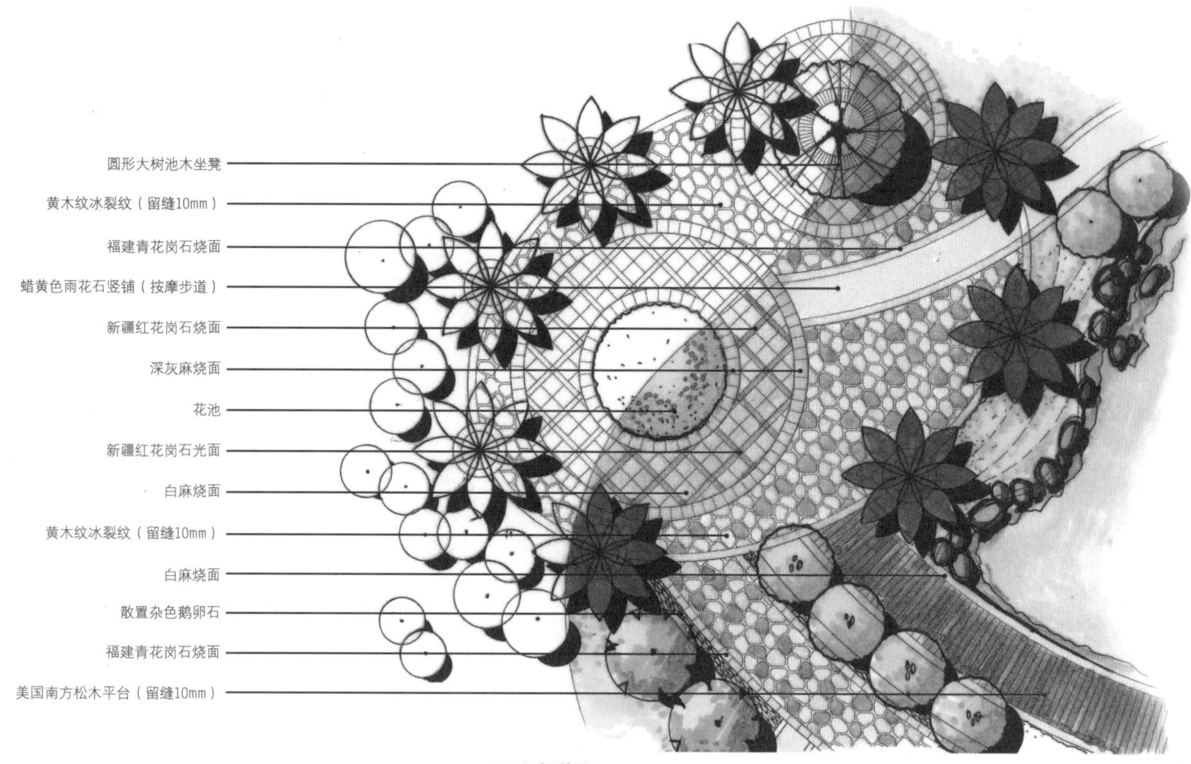
圆形大树池木坐凳
黄木纹冰裂纹（留缝10mm）
福建青花岗石烧面
蜡黄色雨花石竖铺（按摩步道）
新疆红花岗石烧面
深灰麻烧面
花池
新疆红花岗石光面
白麻烧面
黄木纹冰裂纹（留缝10mm）
白麻烧面
散置杂色鹅卵石
福建青花岗石烧面
美国南方松木平台（留缝10mm）

■ 细部详图七

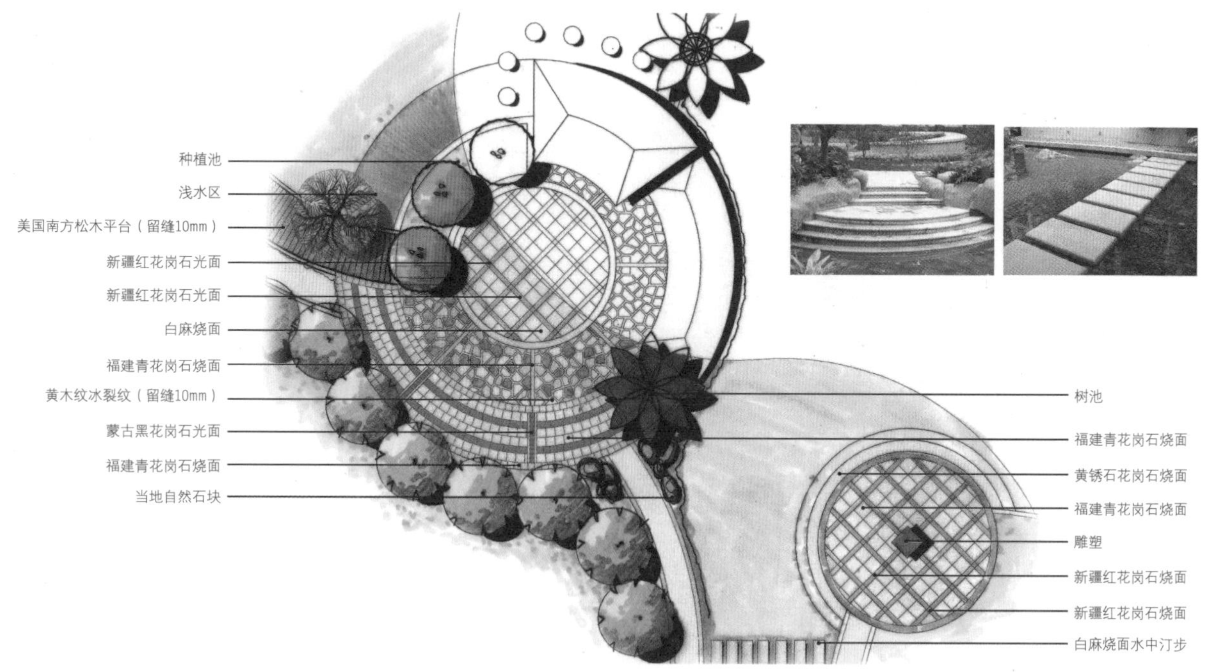
种植池
浅水区
美国南方松木平台（留缝10mm）
新疆红花岗石光面
新疆红花岗石光面
白麻烧面
福建青花岗石烧面
黄木纹冰裂纹（留缝10mm）
蒙古黑花岗石光面
福建青花岗石烧面
当地自然石块
树池
福建青花岗石烧面
黄锈石花岗石烧面
福建青花岗石烧面
雕塑
新疆红花岗石烧面
新疆红花岗石烧面
白麻烧面水中汀步

■ 细部详图八

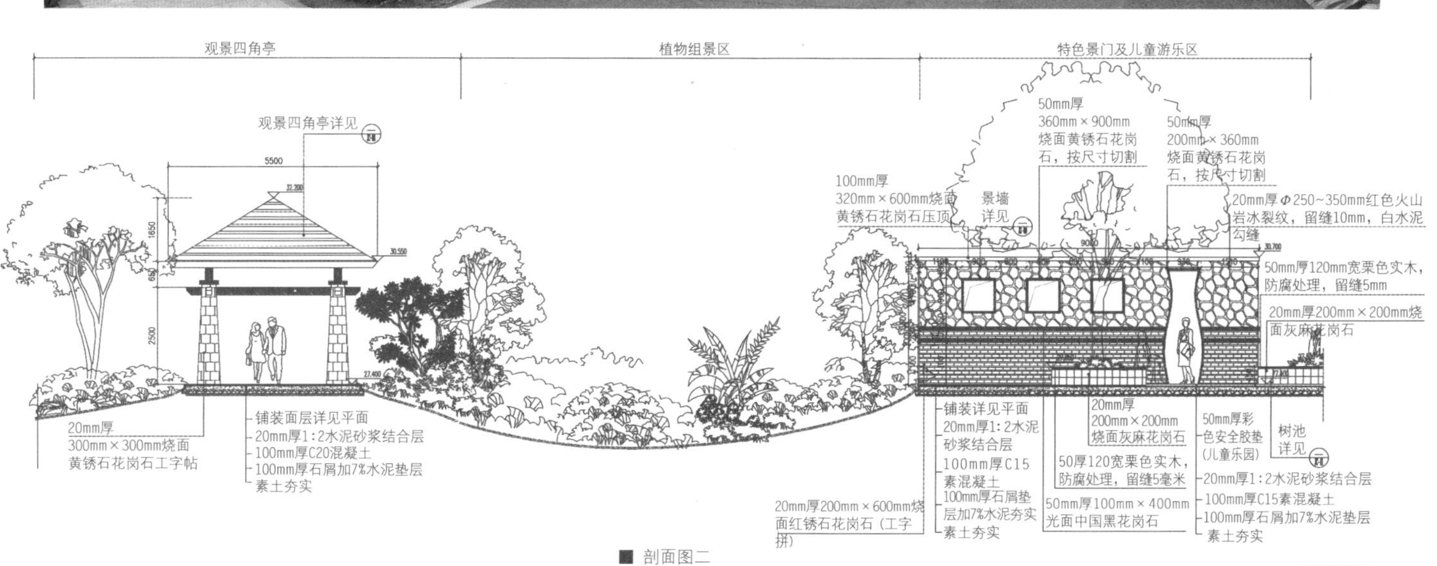
观景四角亭
植物组景区
特色景门及儿童游乐区
观景四角亭详见
5500
20mm厚
300mm×300mm烧面
黄锈石花岗石工字帖
铺装面层详见平面
20mm厚1:2水泥砂浆结合层
100mm厚C20混凝土
100mm厚石屑加7%水泥垫层
素土夯实
50mm厚
360mm×900mm
烧面黄锈石花岗
石，按尺寸切割
50mm厚
200mm×360mm
烧面黄锈石花岗
石，按尺寸切割
100mm厚
320mm×600mm烧面
黄锈石花岗石压顶
景墙
详见
20mm厚Φ250~350mm红色火山
岩冰裂纹，留缝10mm，白水泥
勾缝
50mm厚120mm宽栗色实木，
防腐处理，留缝5mm
20mm厚200mm×200mm烧
面灰麻花岗石
铺装详见平面
20mm厚1:2水泥
砂浆结合层
100mm厚C15
素混凝土
100mm厚石屑垫
层加7%水泥夯实
素土夯实
20mm厚
200mm×200mm
烧面灰麻花岗石
50厚120宽栗色实木，
防腐处理，留缝5毫米
50mm厚100mm×400mm
光面中国黑花岗石
50mm厚彩
色安全胶垫
(儿童乐园)
树池
详见
20mm厚1:2水泥砂浆结合层
100mm厚C15素混凝土
100mm厚石屑加7%水泥垫层
素土夯实
20mm厚200mm×600mm烧
面红锈石花岗石（工字
拼）

■ 剖面图二

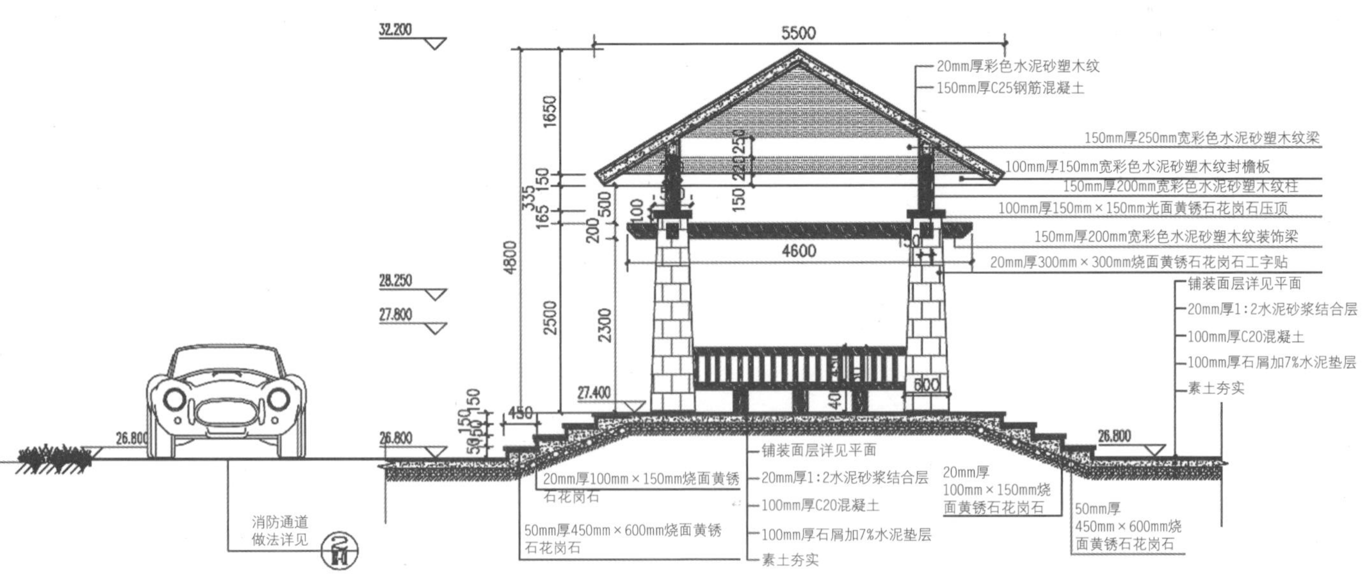

5500
20mm厚彩色水泥砂塑木纹
150mm厚C25钢筋混凝土
150mm厚250mm宽彩色水泥砂塑木纹梁
100mm厚150mm宽彩色水泥砂塑木纹封檐板
150mm厚200mm宽彩色水泥砂塑木纹柱
100mm厚150mm×150mm光面黄锈石花岗石压顶
150mm厚200mm宽彩色水泥砂塑木纹装饰梁
20mm厚300mm×300mm烧面黄锈石花岗石工字贴
铺装面层详见平面
20mm厚1:2水泥砂浆结合层
100mm厚C20混凝土
100mm厚石屑加7%水泥垫层
素土夯实
4600
32.200
28.250
27.800
27.400
26.800
铺装面层详见平面
20mm厚1:2水泥砂浆结合层
100mm厚C20混凝土
100mm厚石屑加7%水泥垫层
素土夯实
20mm厚100mm×150mm烧面黄锈石花岗石
50mm厚450mm×600mm烧面黄锈石花岗石
20mm厚100mm×150mm烧面黄锈石花岗石
50mm厚450mm×600mm烧面黄锈石花岗石
消防通道做法详见

■ 剖面图二

19
20

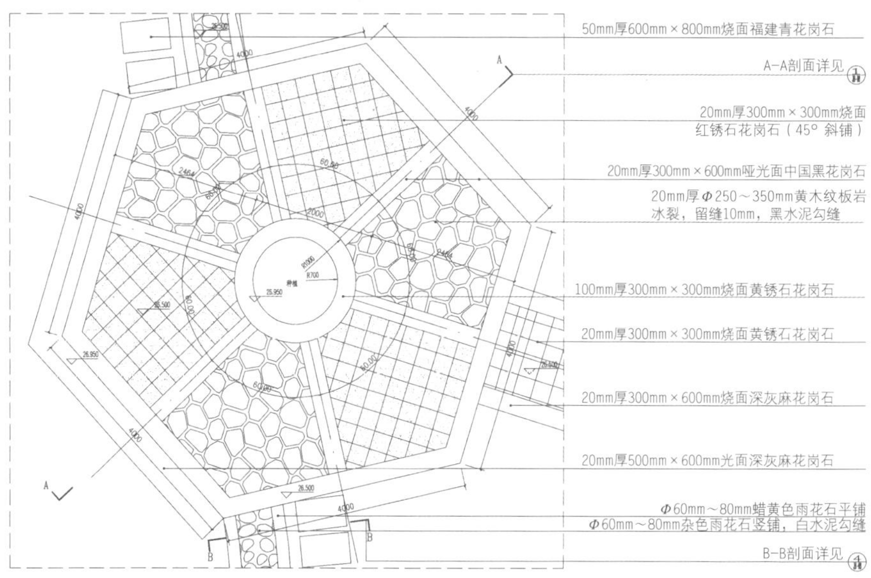
50mm厚600mm×800mm烧面福建青花岗石
A-A剖面详见
20mm厚300mm×300mm烧面
红锈石花岗石（45° 斜铺）
20mm厚300mm×600mm哑光面中国黑花岗石
20mm厚Φ250～350mm黄木纹板岩
冰裂，留缝10mm，黑水泥勾缝
100mm厚300mm×300mm烧面黄锈石花岗石
20mm厚300mm×300mm烧面黄锈石花岗石
20mm厚300mm×600mm烧面深灰麻花岗石
20mm厚500mm×600mm光面深灰麻花岗石
Φ60mm～80mm蜡黄色雨花石平铺
Φ60mm～80mm杂色雨花石竖铺，白水泥勾缝
B-B剖面详见
A
B

■ 特色铺装平面图

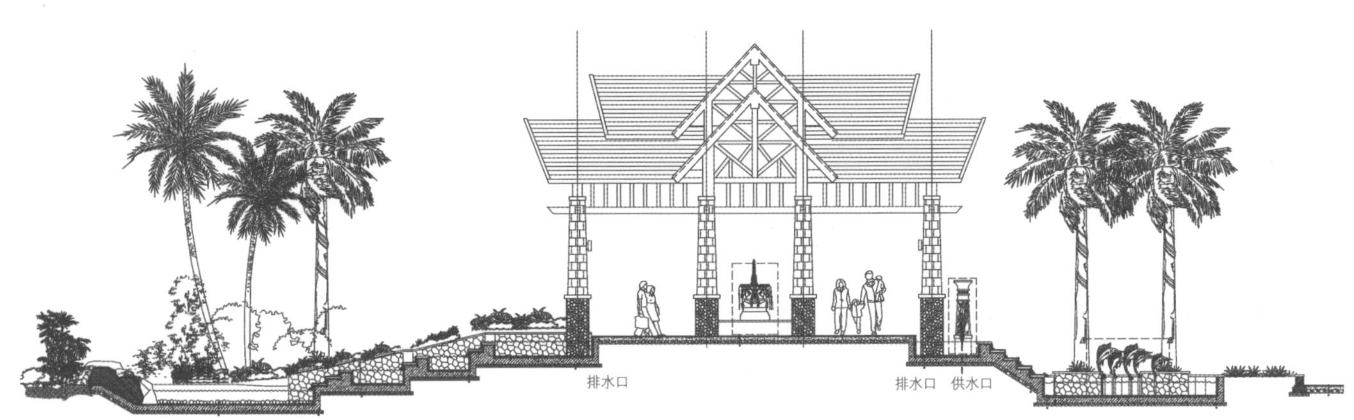
排水口
排水口
供水口

■ 特色构筑物及跌水景观区A-A剖面图

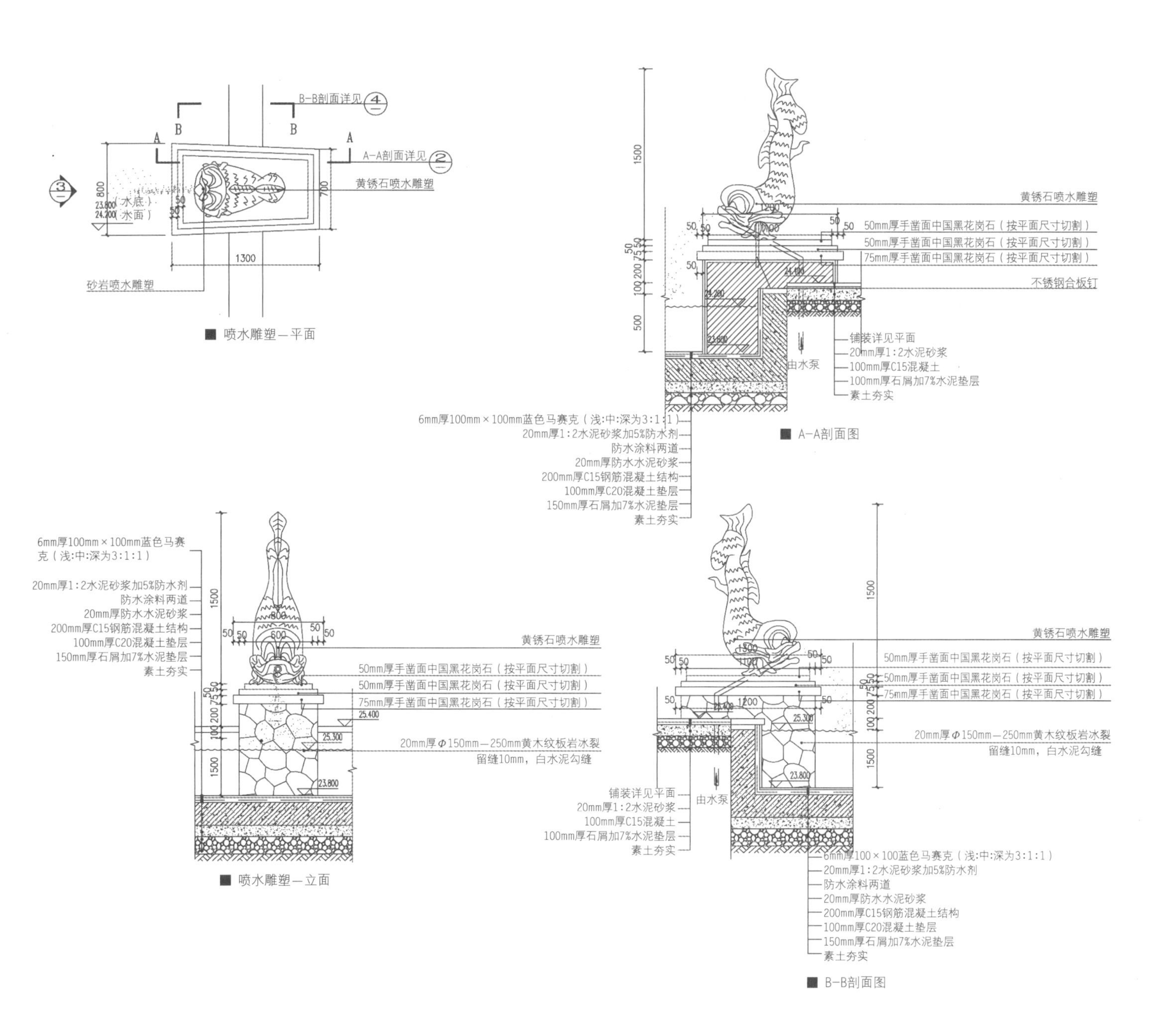
B-B剖面详见 ④
A-A剖面详见 ②
黄锈石喷水雕塑
砂岩喷水雕塑
23.800（水底）
24.200（水面）
1300
800
700
喷水雕塑—平面
黄锈石喷水雕塑
50mm厚手凿面中国黑花岗石（按平面尺寸切割）
50mm厚手凿面中国黑花岗石（按平面尺寸切割）
75mm厚手凿面中国黑花岗石（按平面尺寸切割）
不锈钢合板钉
铺装详见平面
20mm厚1:2水泥砂浆
100mm厚C15混凝土
100mm厚石屑加7%水泥垫层
素土夯实
由水泵
6mm厚100mm×100mm蓝色马赛克（浅:中:深为3:1:1）
20mm厚1:2水泥砂浆加5%防水剂
防水涂料两道
20mm厚防水水泥砂浆
200mm厚C15钢筋混凝土结构
100mm厚C20混凝土垫层
150mm厚石屑加7%水泥垫层
素土夯实
A-A剖面图
6mm厚100mm×100mm蓝色马赛克（浅:中:深为3:1:1）
20mm厚1:2水泥砂浆加5%防水剂
防水涂料两道
20mm厚防水水泥砂浆
200mm厚C15钢筋混凝土结构
100mm厚C20混凝土垫层
150mm厚石屑加7%水泥垫层
素土夯实
黄锈石喷水雕塑
50mm厚手凿面中国黑花岗石（按平面尺寸切割）
50mm厚手凿面中国黑花岗石（按平面尺寸切割）
75mm厚手凿面中国黑花岗石（按平面尺寸切割）
20mm厚Φ150mm—250mm黄木纹板岩冰裂
留缝10mm，白水泥勾缝
喷水雕塑—立面
黄锈石喷水雕塑
50mm厚手凿面中国黑花岗石（按平面尺寸切割）
50mm厚手凿面中国黑花岗石（按平面尺寸切割）
75mm厚手凿面中国黑花岗石（按平面尺寸切割）
20mm厚Φ150mm—250mm黄木纹板岩冰裂
留缝10mm，白水泥勾缝
铺装详见平面
20mm厚1:2水泥砂浆
100mm厚C15混凝土
100mm厚石屑加7%水泥垫层
素土夯实
由水泵
6mm厚100×100蓝色马赛克（浅:中:深为3:1:1）
20mm厚1:2水泥砂浆加5%防水剂
防水涂料两道
20mm厚防水水泥砂浆
200mm厚C15钢筋混凝土结构
100mm厚C20混凝土垫层
150mm厚石屑加7%水泥垫层
素土夯实
B-B剖面图

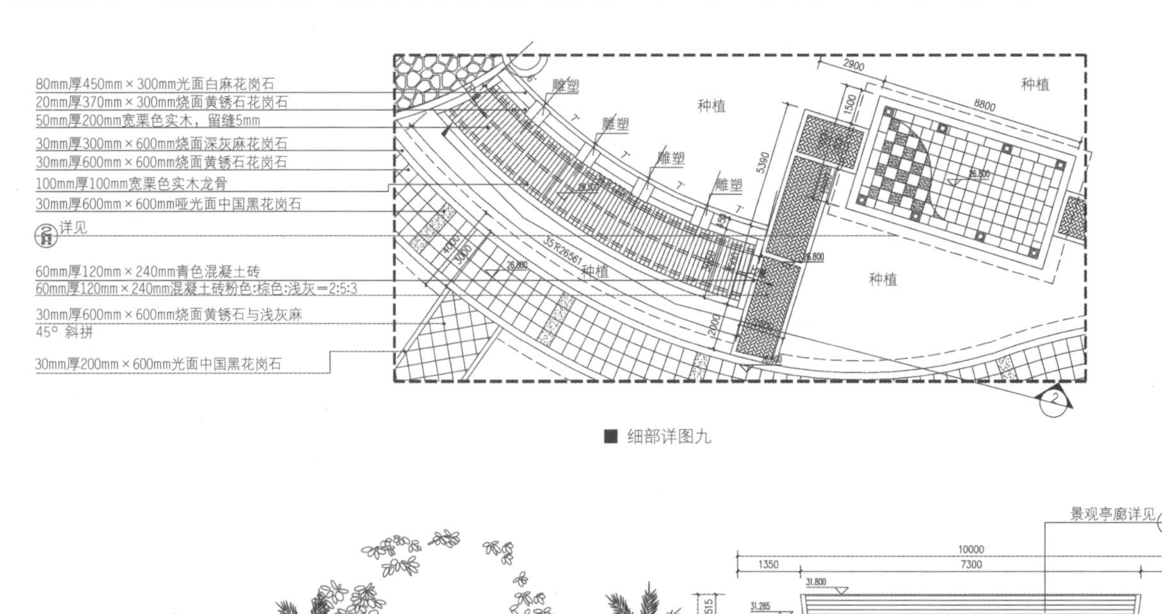

80mm厚450mm×300mm光面白麻花岗石
20mm厚370mm×300mm烧面黄锈石花岗石
50mm厚200mm宽栗色实木，留缝5mm
30mm厚300mm×600mm烧面深灰麻花岗石
30mm厚600mm×600mm烧面黄锈石花岗石
100mm厚100mm宽栗色实木龙骨
30mm厚600mm×600mm哑光面中国黑花岗石
详见
60mm厚120mm×240mm青色混凝土砖
60mm厚120mm×240mm混凝土砖粉色:棕色:浅灰=2:5:3
30mm厚600mm×600mm烧面黄锈石与浅灰麻
45° 斜拼
30mm厚200mm×600mm光面中国黑花岗石
雕塑
雕塑
雕塑
雕塑
种植
种植
种植
种植
2900
8800
1500
5390
2000
26.800

■ 细部详图九

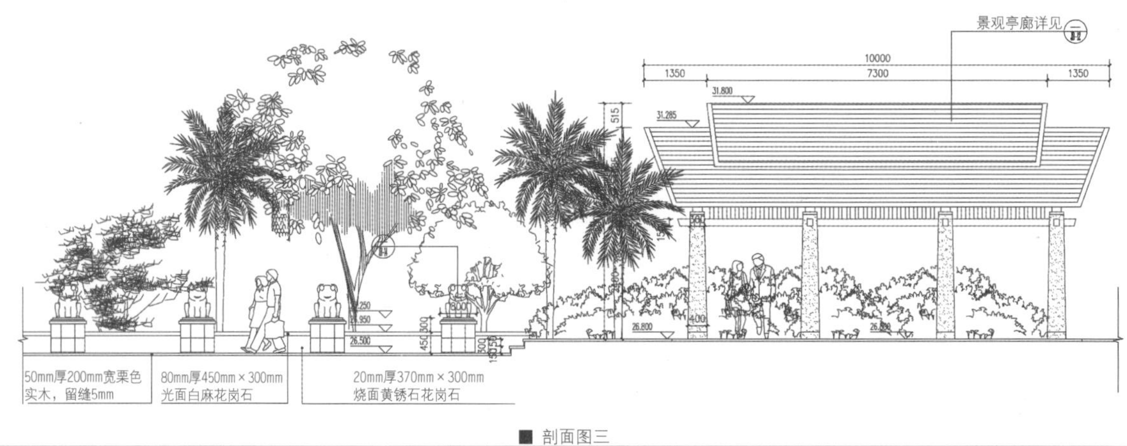

景观亭廊详见
10000
1350
7300
1350
31.800
31.285
515
26.800
26.500
450
300
400
50mm厚200mm宽栗色实木，留缝5mm
80mm厚450mm×300mm光面白麻花岗石
20mm厚370mm×300mm烧面黄锈石花岗石

■ 剖面图三

中国・清远东城御峰花园一期

景观设计: 广州市太合景观设计有限公司　摄影师: 广州市太合景观设计有限公司　客户: 清远市富城房地产开发有限公司

项目简介
Information

整体环境景观设计遵循“以人为本 师法自然”的人性化园林景观设计理念，突出“新格调引领尊贵体验”的主题，以现代简约欧式风格为蓝本，将欧式风格与现代设计手法完美融合，使景观环境与建筑自身特点浑然一体。设计师合理地组织了精致的人性化空间，将动静皆宜的景观空间融入建筑当中，充分体现了现代简约欧式风情和现代美学精神的紧密结合。在有限的空间里创造出丰富的视觉层次，用独具匠心的景观元素营造具有新格调的现代简约欧式风情园林，造就了高品质的景观环境。

东城御峰
销售中心

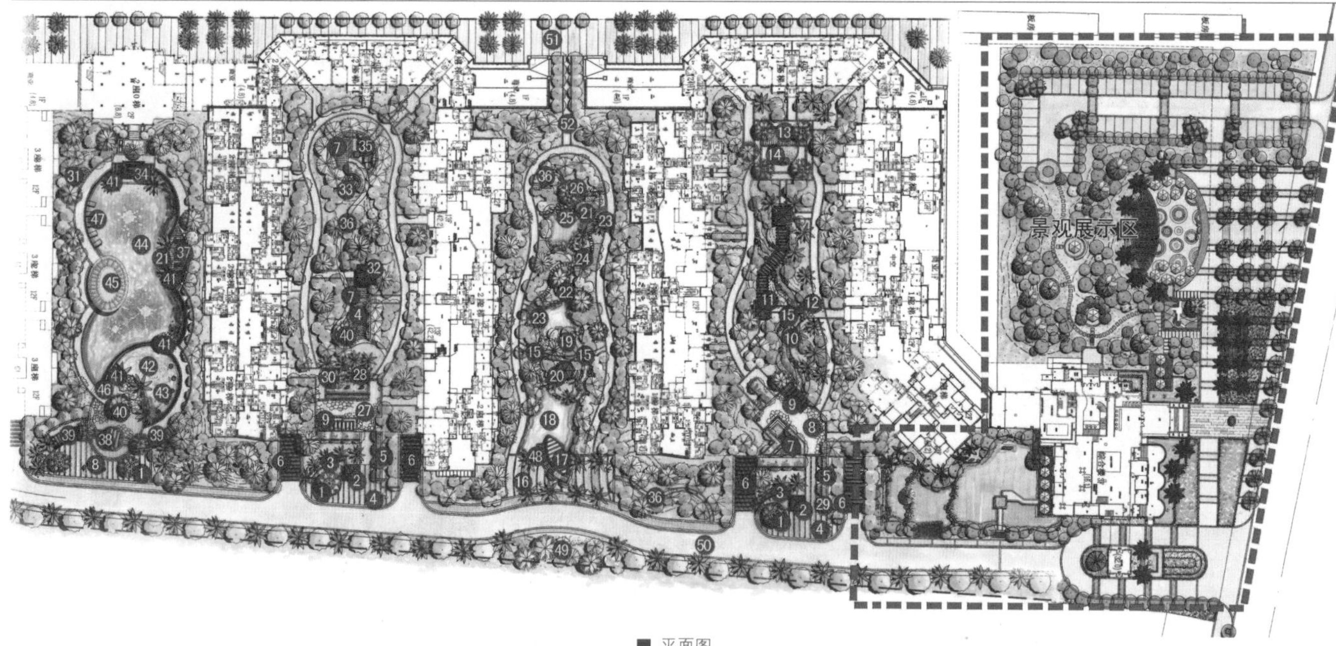
景观展示区

■ 平面图

1. 入口景观树池
2. 景观亲水亭
3. 特色涌泉
4. 特色镶嵌景石
5. 特色跌级树池
6. 车库入口花架
7. 休闲木平台与坐凳
8. 特色镶嵌雕塑
9. 景观花架
10. 绚丽花溪
11. 飘香醉蝶（亭廊组合）
12. 叠翠平台
13. 康乐园（健身平台）
14. 特色景观雕塑
15. 观景桥
16. 树阵广场
17. 观景异形亭
18. 景观湖
19. 水中绿岛
20. 情系亭
21. 亲水步级
22. 碧流涧（溪涧跌水）
23. 亲水木平台
24. 亲水汀步
25. 花语叠水（小瀑布）
26. 平台揽翠
27. 特色铺装
28. 特色水中雕塑
29. 入口景墙
30. 特色水中树池
31. 淋浴处
32. 赏心亭
33. 散置卵石
34. 特色亭廊组合
35. 儿童乐园
36. 健康步径
37. 休闲躺椅
38. 特色圆形亭钢构
39. 花语双廊
40. 主景树
41. 水边树池
42. 儿童游泳池
43. 景观喷水雕塑
44. 成人泳池
45. 特色水吧
46. 休闲太阳伞
47. 健康水疗床
48. 观景平台
49. 特色植物组景
50. 车行道
51. 商业街
52. 消防通道出入口

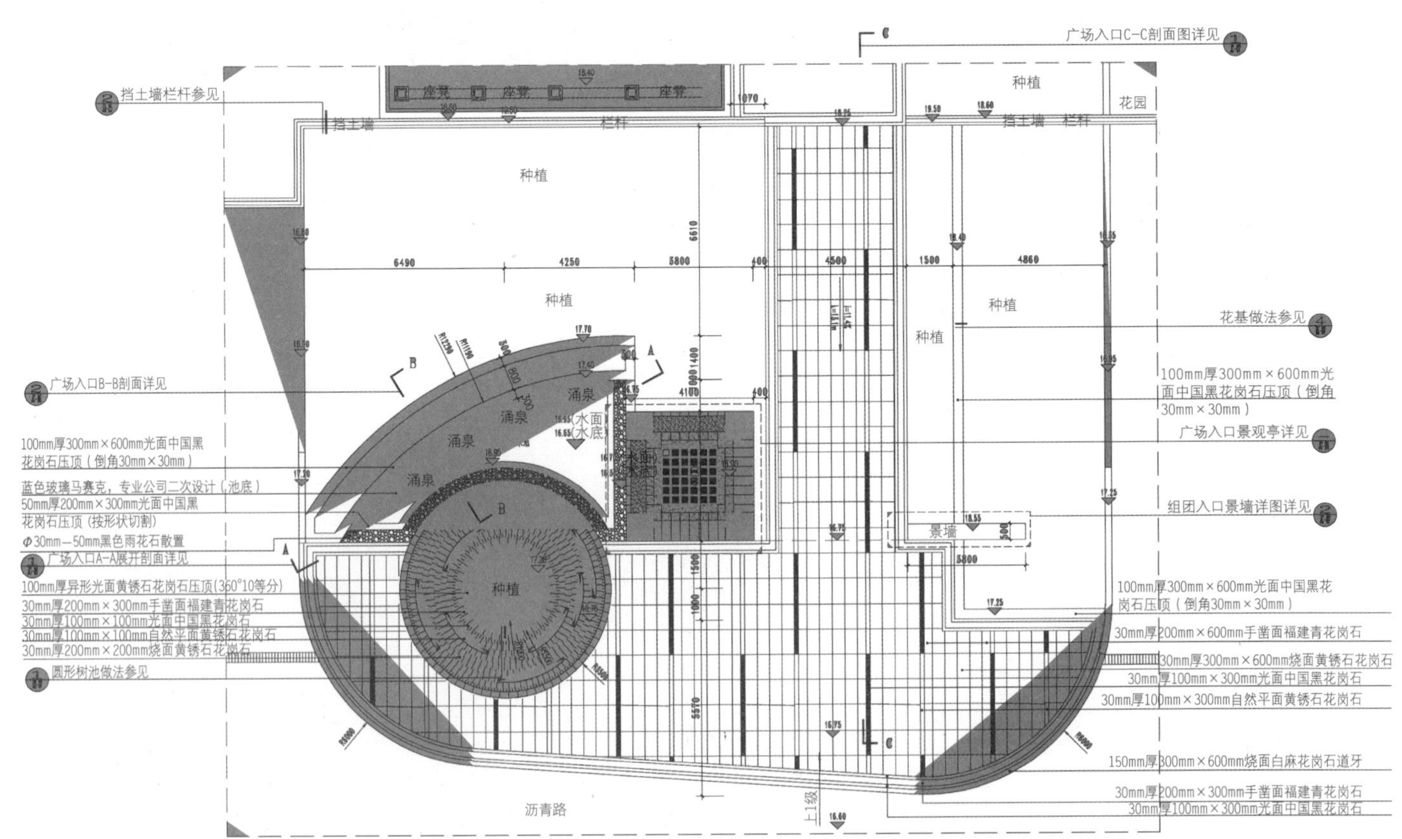

广场入口C-C剖面图详见
挡土墙栏杆参见
座凳
座凳
座凳
挡土墙
栏杆
种植
花园
挡土墙 栏杆
种植
种植
种植
种植
花基做法参见
广场入口B-B剖面详见
100mm厚300mm×600mm光面中国黑花岗石压顶（倒角30mm×30mm）
涌泉
涌泉
涌泉
涌泉
水面
水底
100mm厚300mm×600mm光面中国黑花岗石压顶（倒角30mm×30mm）
蓝色玻璃马赛克，专业公司二次设计（池底）
50mm厚200mm×300mm光面中国黑花岗石压顶（按形状切割）
Φ30mm—50mm黑色雨花石散置
广场入口A-A展开剖面详见
100mm厚异形光面黄锈石花岗石压顶(360°10等分)
30mm厚200mm×300mm手凿面福建青花岗石
30mm厚100mm×100mm光面中国黑花岗石
30mm厚100mm×100mm自然平面黄锈石花岗石
30mm厚200mm×200mm烧面黄锈石花岗石
圆形树池做法参见
种植
广场入口景观亭详见
组团入口景墙详图详见
景墙
100mm厚300mm×600mm光面中国黑花岗石压顶（倒角30mm×30mm）
30mm厚200mm×600mm手凿面福建青花岗石
30mm厚300mm×600mm烧面黄锈石花岗石
30mm厚100mm×300mm光面中国黑花岗石
30mm厚100mm×300mm自然平面黄锈石花岗石
150mm厚300mm×600mm烧面白麻花岗石道牙
30mm厚200mm×300mm手凿面福建青花岗石
30mm厚100mm×300mm光面中国黑花岗石
沥青路
上1级

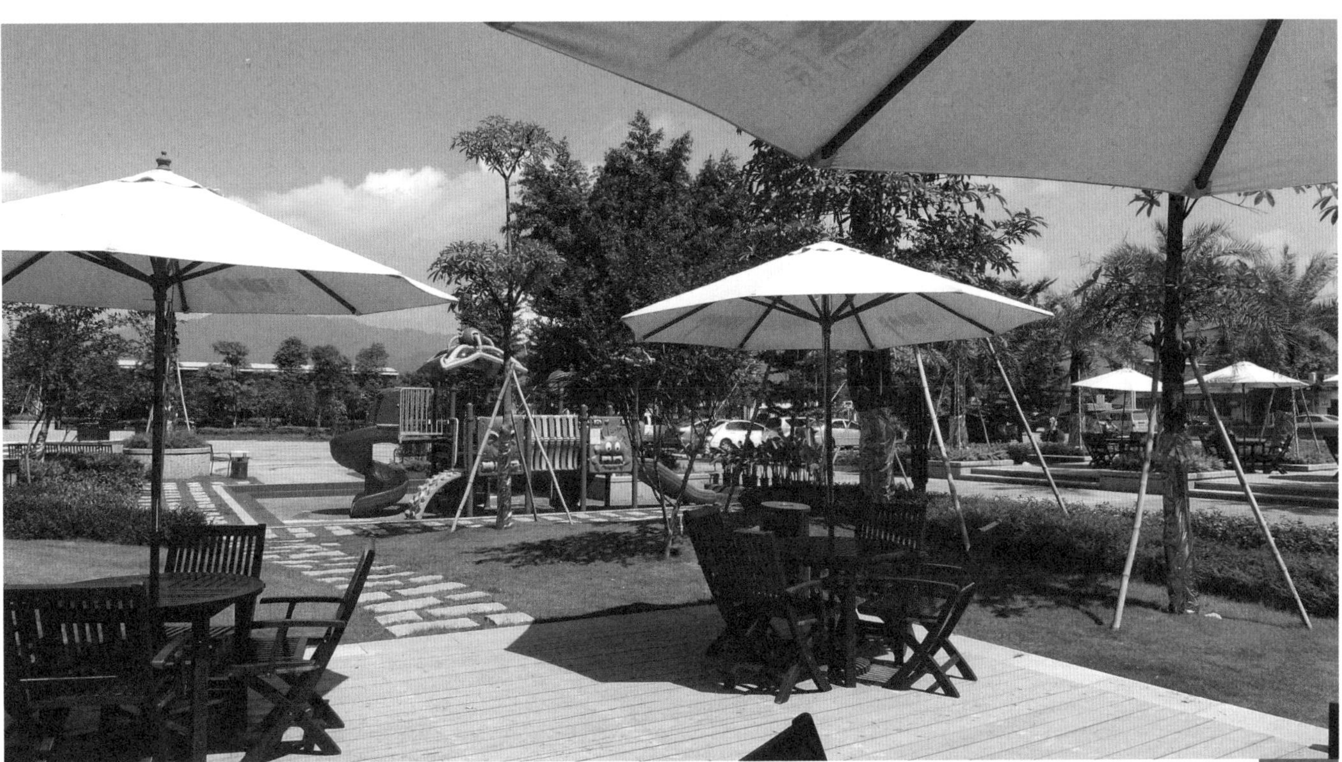

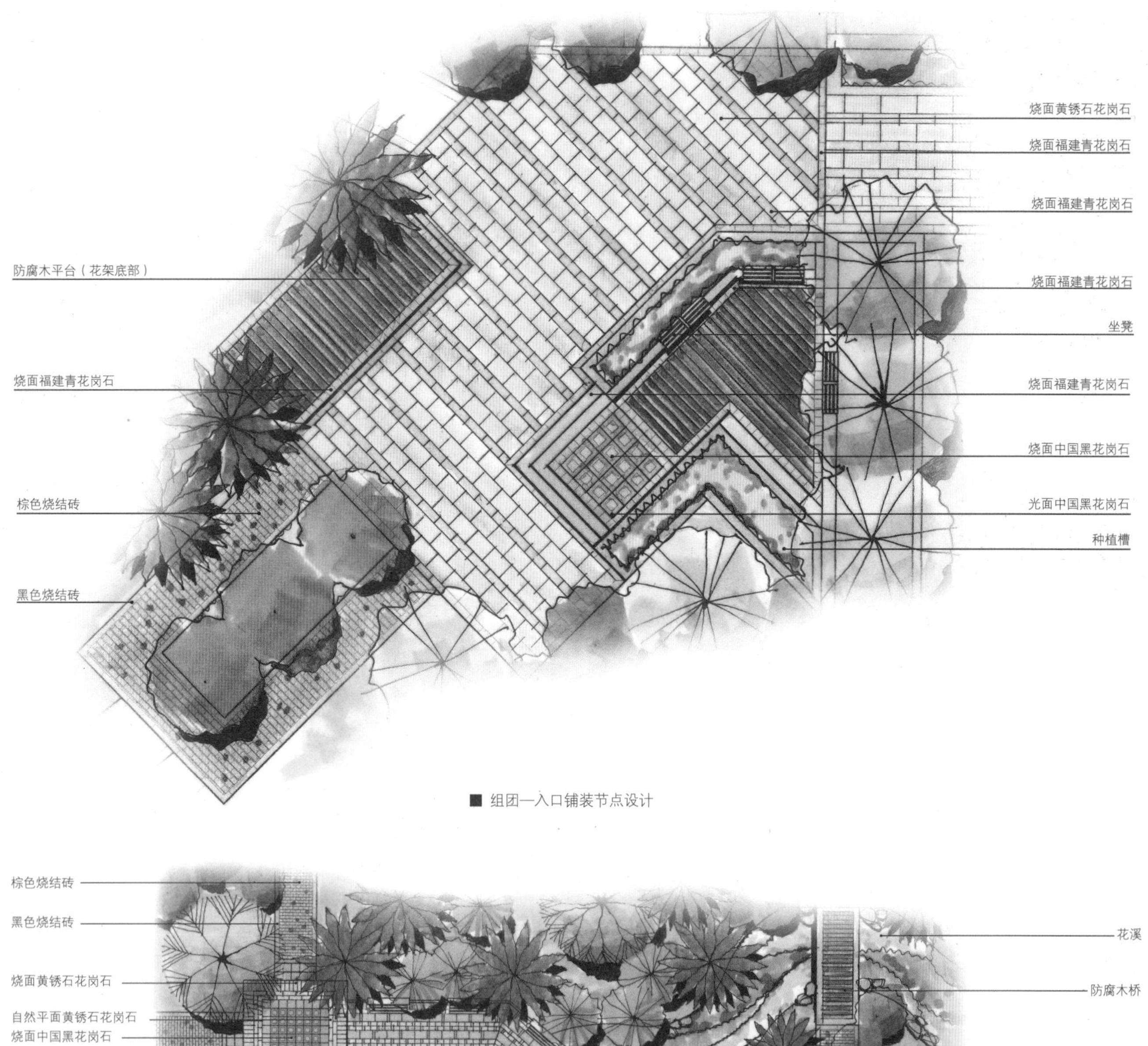

烧面黄锈石花岗石
烧面福建青花岗石
烧面福建青花岗石
防腐木平台（花架底部）
烧面福建青花岗石
坐凳
烧面福建青花岗石
烧面福建青花岗石
烧面中国黑花岗石
棕色烧结砖
光面中国黑花岗石
种植槽
黑色烧结砖

■ 组团一入口铺装节点设计

棕色烧结砖
黑色烧结砖
花溪
烧面黄锈石花岗石
防腐木桥
自然平面黄锈石花岗石
烧面中国黑花岗石
光面中国黑花岗石
景观柱
烧面黄锈石花岗石
自然平面中国黑花岗石
自然平面黄锈石花岗石
烧面中国黑花岗石
木座凳

■ 双亭及廊架铺装节点设计

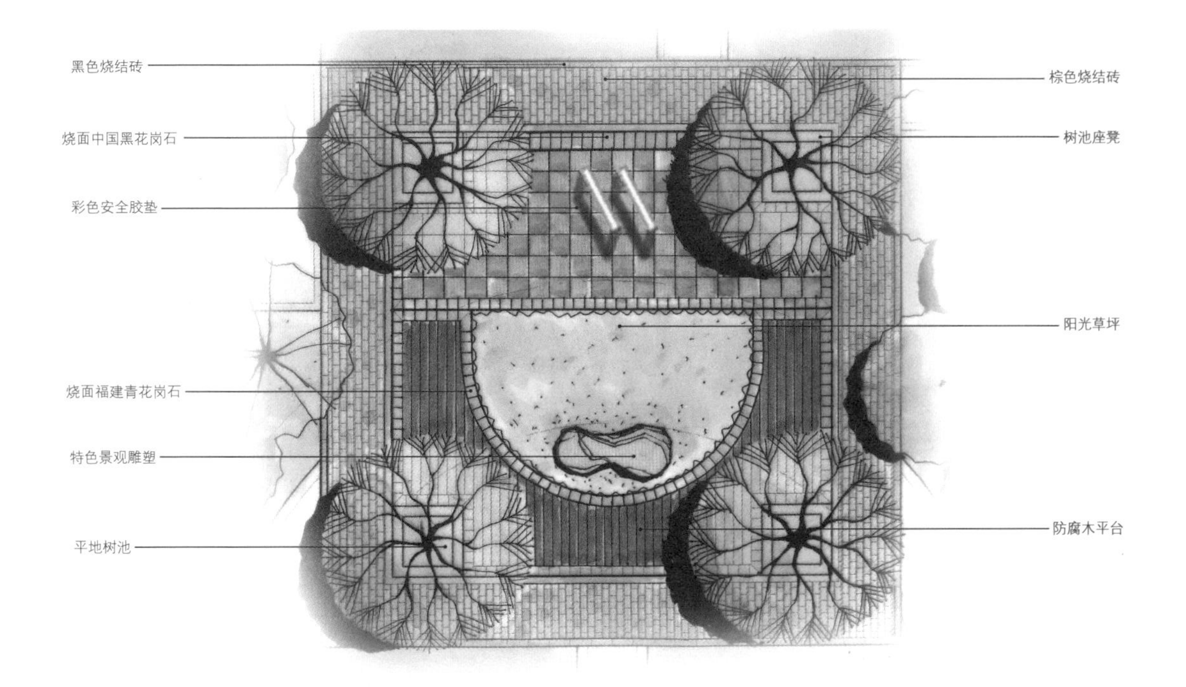
黑色烧结砖
烧面中国黑花岗石
彩色安全胶垫
烧面福建青花岗石
特色景观雕塑
平地树池
棕色烧结砖
树池座凳
阳光草坪
防腐木平台

■ 健身区铺装节点设计

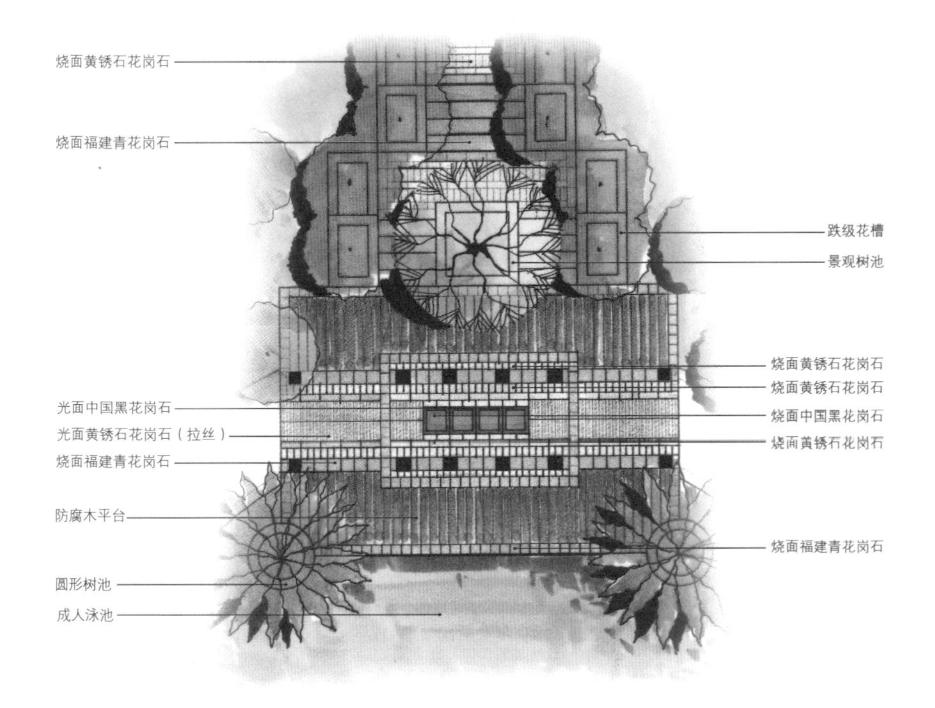
烧面黄锈石花岗石
烧面福建青花岗石
跌级花槽
景观树池
烧面黄锈石花岗石
烧面黄锈石花岗石
光面中国黑花岗石
烧面中国黑花岗石
光面黄锈石花岗石（拉丝）
烧面黄锈石花岗石
烧面福建青花岗石
防腐木平台
烧面福建青花岗石
圆形树池
成人泳池

■ 泳池区景观亭铺装节点设计

黑色烧结砖
自然平面黄锈石花岗石
烧面中国黑花岗石
光面中国黑花岗石
烧面黄锈石花岗石
嵌当地自然石块（黄蜡石）
烧面福建青花岗石
棕色烧结砖
座凳
防腐木
烧面福建青花岗石
景观大树及座凳
黑色雨花石竖铺健身步道
烧面白麻花岗石

■ 组团三内休闲平台铺装节点设计

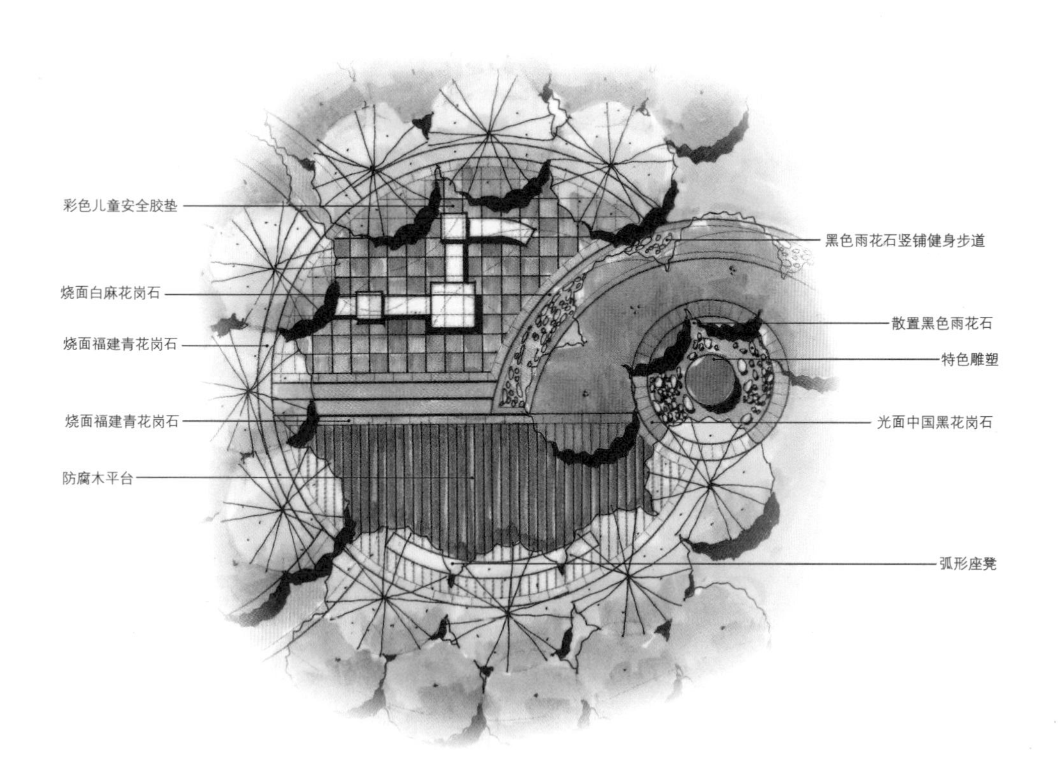
彩色儿童安全胶垫
烧面白麻花岗石
烧面福建青花岗石
烧面福建青花岗石
防腐木平台
黑色雨花石竖铺健身步道
散置黑色雨花石
特色雕塑
光面中国黑花岗石
弧形座凳

■ 儿童游乐区铺装节点设计

烧面黄锈石花岗石
烧面福建青花岗石
水中雕塑
景墙
散置黑色雨花石
自然平面黄锈石花岗石
烧面中国黑花岗石
光面中国黑花岗石
烧面福建青花岗石
防腐木平台
涌泉

■ 入口铺装节点设计

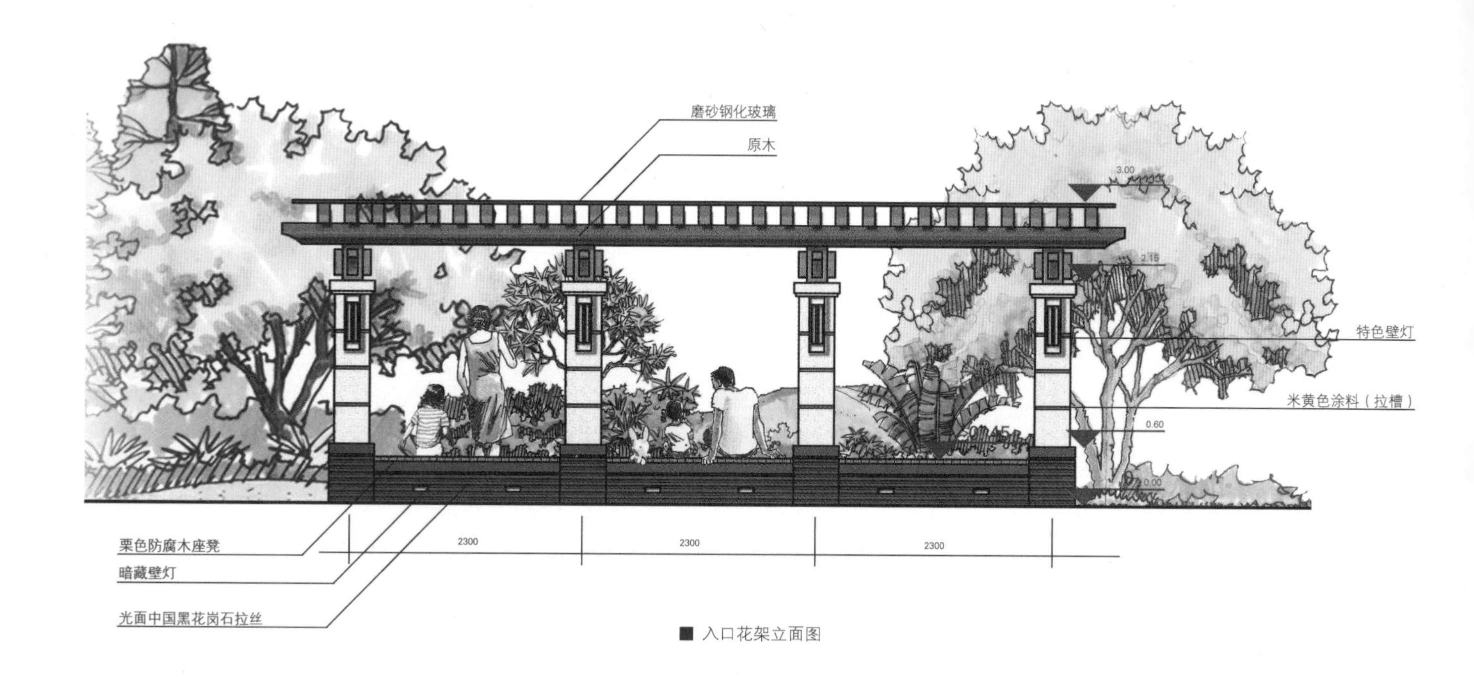
磨砂钢化玻璃
原木
3.00
2.15
特色壁灯
米黄色涂料（拉槽）
0.60
±0.00
栗色防腐木座凳
暗藏壁灯
光面中国黑花岗石拉丝
2300
2300
2300

■ 入口花架立面图

6.30
米黄色艺术涂料
深棕色西瓦
米黄色艺术涂料
磨砂钢化玻璃
栗色实木
4.40
4.10
3.60
艺术壁灯
杏黄色艺术涂料
烧面黄锈石花岗石
（拉槽）
深棕色栅栏钢构
艺术壁灯
烧面黄锈石花岗石拉槽
深棕色钢构栅栏
1.70
0.60
±0.00
烧面黄锈石花岗石工字贴
光面中国黑花岗石
成品座凳
3500
3664
2400

■ 特色亭廊组合立面图

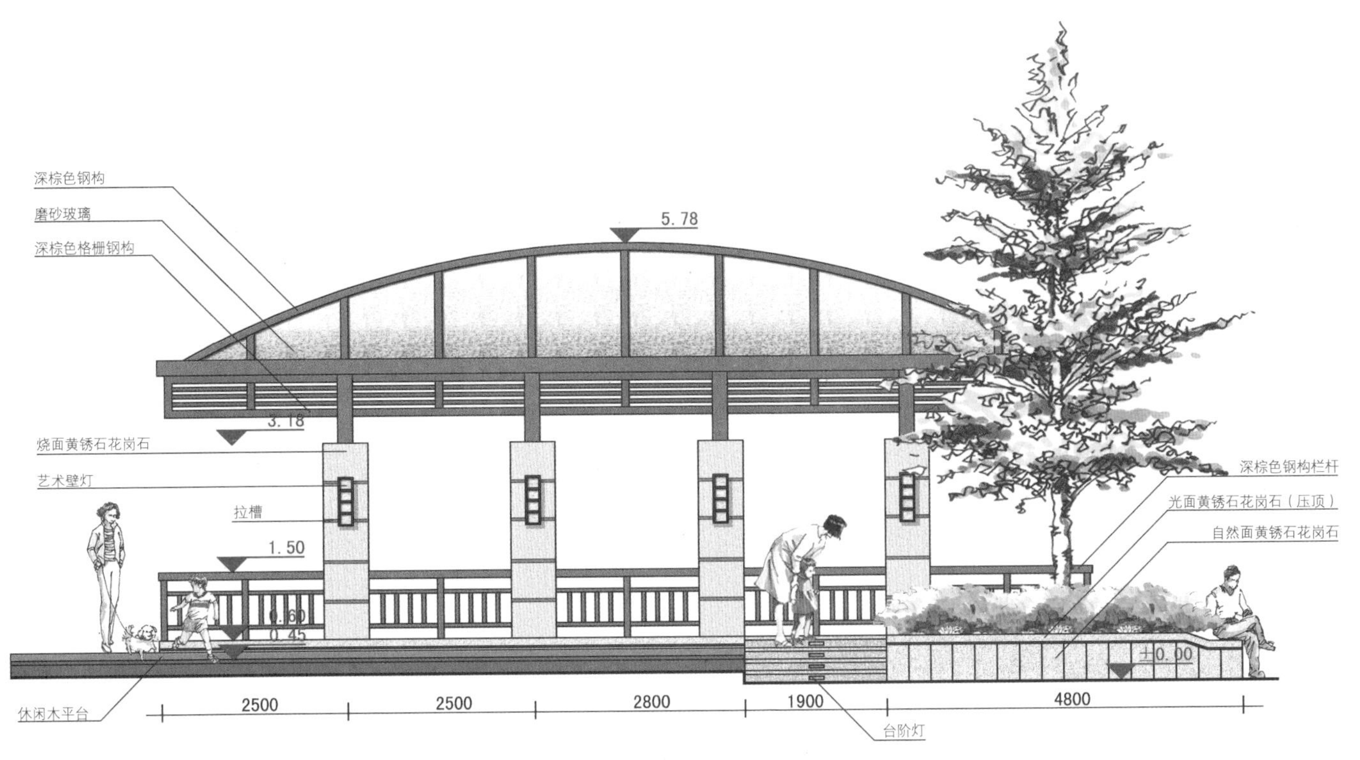

深棕色钢构
磨砂玻璃
深棕色格栅钢构
5.78
3.18
烧面黄锈石花岗石
艺术壁灯
拉槽
1.50
0.60
0.45
休闲木平台
深棕色钢构栏杆
光面黄锈石花岗石（压顶）
自然面黄锈石花岗石
±0.00
2500
2500
2800
1900
4800
台阶灯

■ 中心水景钢构玻璃异形亭立面图

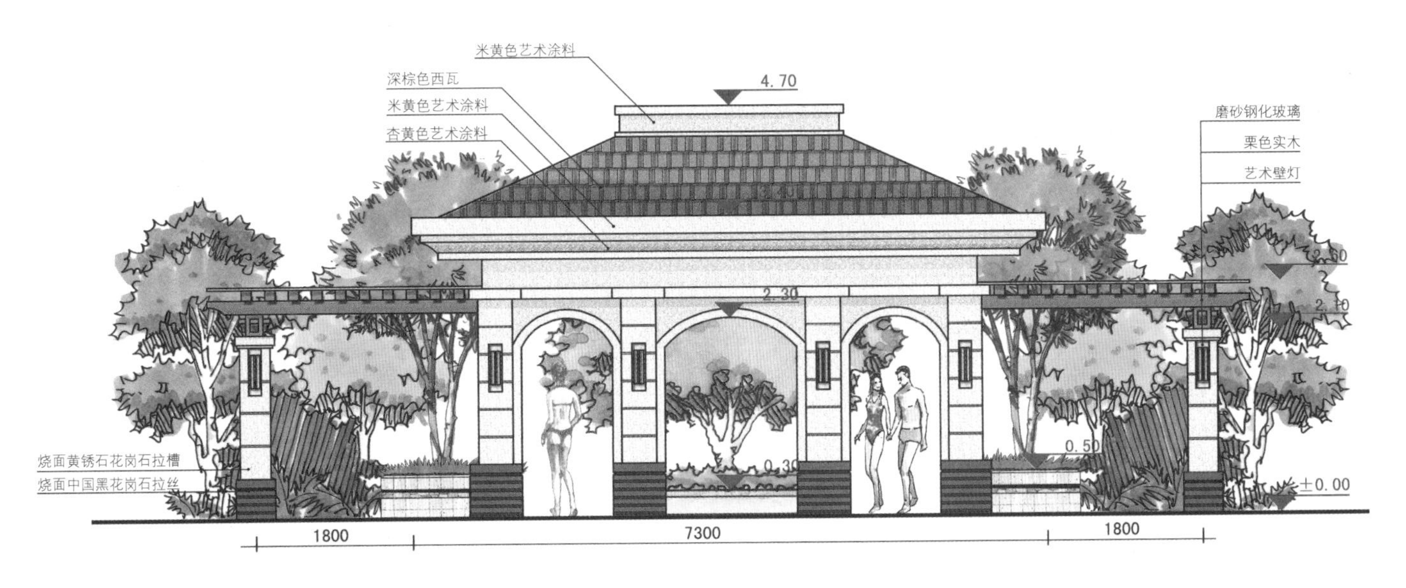

米黄色艺术涂料
深棕色西瓦
米黄色艺术涂料
杏黄色艺术涂料
4.70
磨砂钢化玻璃
栗色实木
艺术壁灯
2.30
0.50
±0.00
烧面黄锈石花岗石拉槽
烧面中国黑花岗石拉丝
1800
7300
1800

■ 游泳池区景观亭立面图

5.60
米黄色涂料
深棕色西瓦（与建筑同）
4.00
米黄色涂料
3.00
米黄色涂料
烧面黄锈石花岗石（拉槽）
0.50
烧面黄锈石花岗石
±0.00
2200
1600
2200
光面中国黑花岗石拉丝

■ 中心水景岛中亭立面图

烧面黄锈石花岗石（凹槽）
烧面黄锈石花岗石（拉槽）
深棕色格栅钢构
磨砂玻璃
磨砂玻璃
深棕色钢构
艺术壁灯
4.40
3.90
3.40
拉槽
光面黄锈石花岗石
自然面中国黑花岗石
工字混拼
0.60
0.70
±0.00
2000
3500
1000
2000
7200
2000
1000
3500
2000
烧面黄锈石花岗石
自然面黄锈石花岗石工字混拼
自然面中国黑花岗石

■ 泳池主入口管理房立面图

■ 弧形构架展开立面图 ■ 泳池主入口管理房立面图 ■ 弧形构架展开立面图

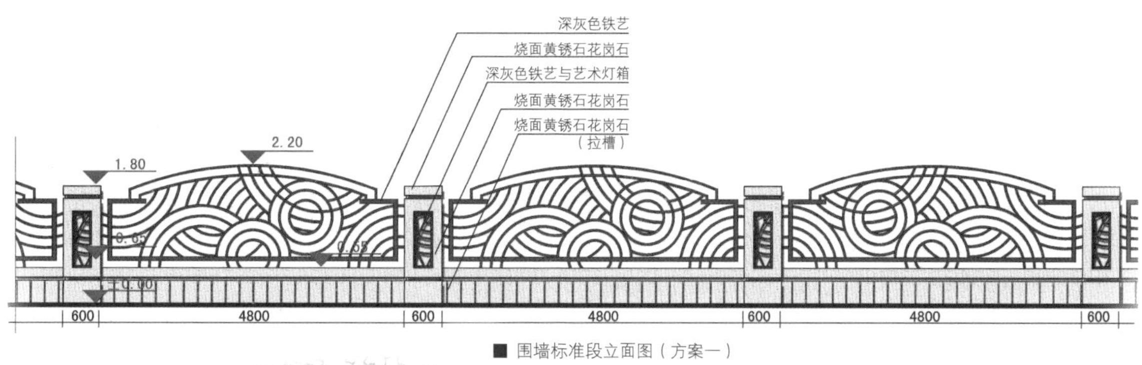

深灰色铁艺
烧面黄锈石花岗石
深灰色铁艺与艺术灯箱
烧面黄锈石花岗石
烧面黄锈石花岗石
（拉槽）
2.20
1.80
0.65
0.55
±0.00
600
4800
600
4800
600
4800
600

■ 围墙标准段立面图（方案一）

■ 围墙标准段立面图效果（方案一）

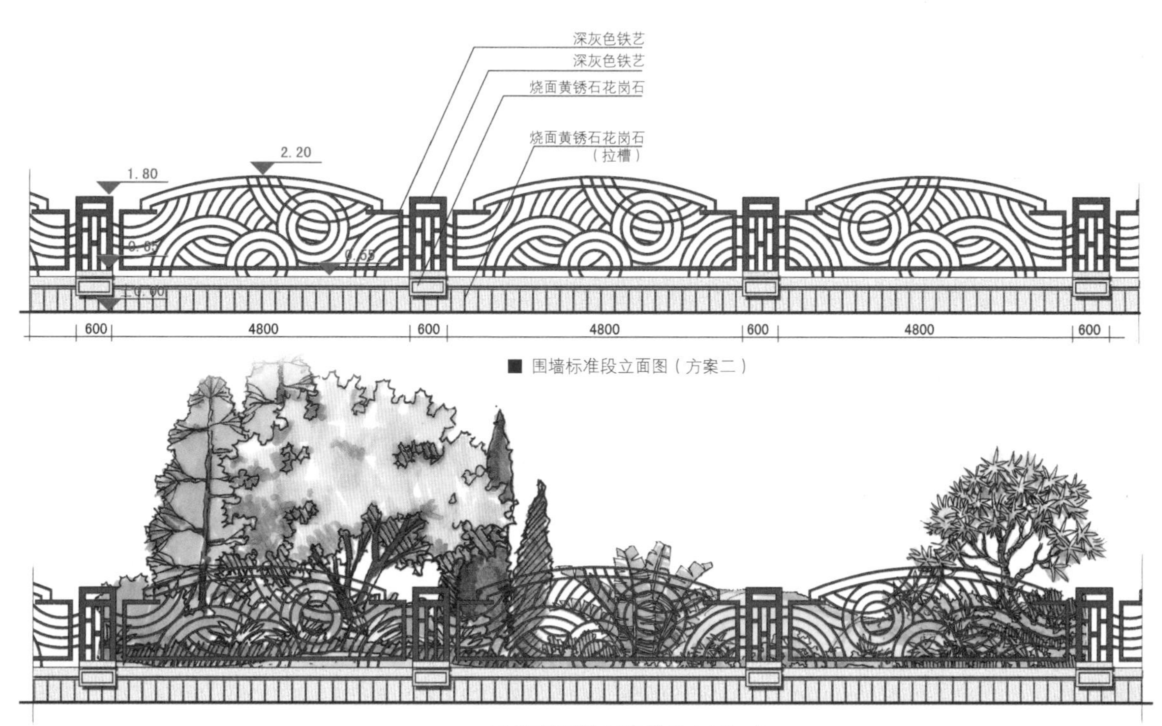

深灰色铁艺
深灰色铁艺
烧面黄锈石花岗石
烧面黄锈石花岗石
（拉槽）
2.20
1.80
0.65
0.55
±0.00
600
4800
600
4800
600
4800
600

■ 围墙标准段立面图（方案二）

■ 围墙标准段立面图效果（方案二）

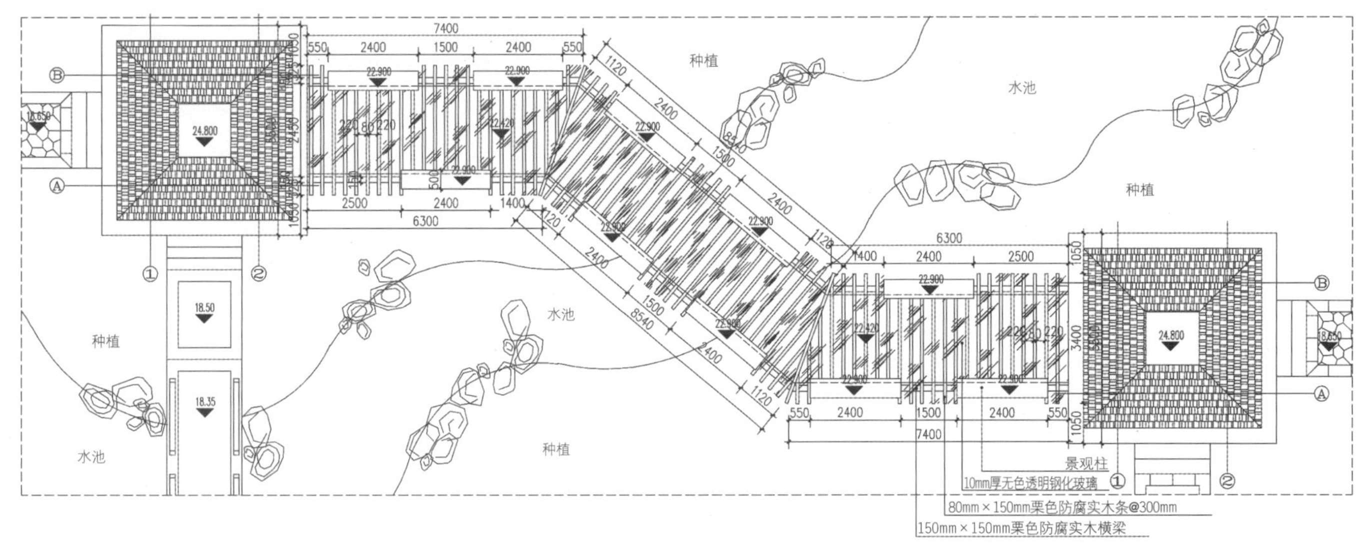
种植
水池
种植
种植
水池
水池
种植
景观柱
10mm厚无色透明钢化玻璃
80mm×150mm栗色防腐实木条@300mm
150mm×150mm栗色防腐实木横梁

■ 廊架顶平面图

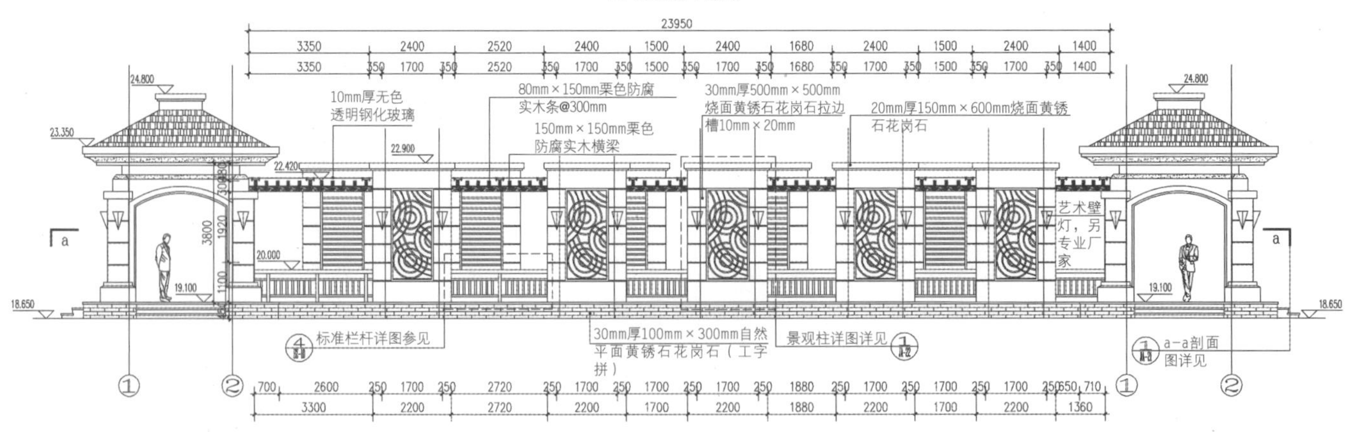
10mm厚无色透明钢化玻璃
80mm×150mm栗色防腐实木条@300mm
150mm×150mm栗色防腐实木横梁
30mm厚500mm×500mm烧面黄锈石花岗石拉边槽10mm×20mm
20mm厚150mm×600mm烧面黄锈石花岗石
艺术壁灯，另专业厂家
标准栏杆详图参见
30mm厚100mm×300mm自然平面黄锈石花岗石（工字拼）
景观柱详图详见
a–a剖面图详见

■ 廊架展开立面图

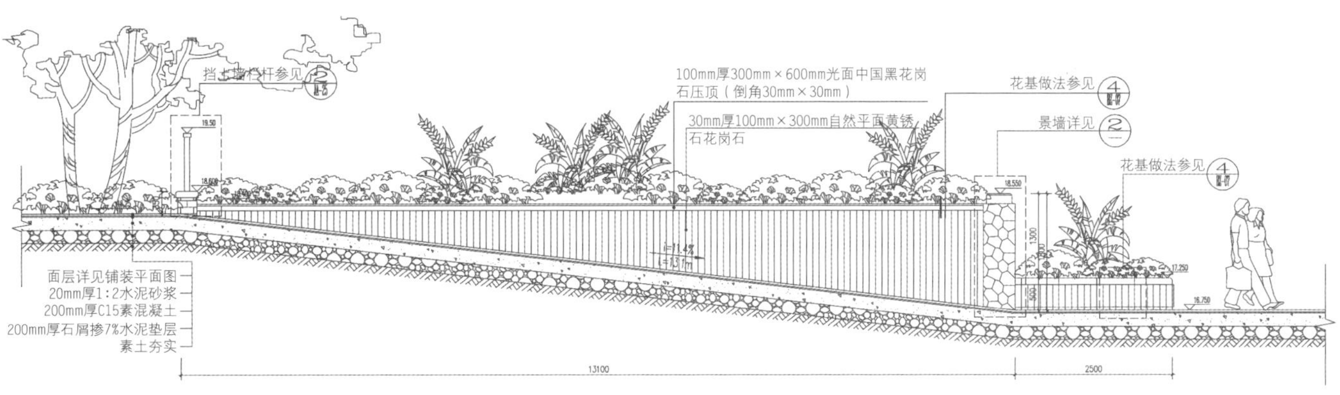
挡土墙栏杆参见
100mm厚300mm×600mm光面中国黑花岗石压顶（倒角30mm×30mm）
30mm厚100mm×300mm自然平面黄锈石花岗石
花基做法参见
景墙详见
花基做法参见
面层详见铺装平面图
20mm厚1:2水泥砂浆
200mm厚C15素混凝土
200mm厚石屑掺7%水泥垫层
素土夯实
13100
2500

■ 广场入口C—C剖面图

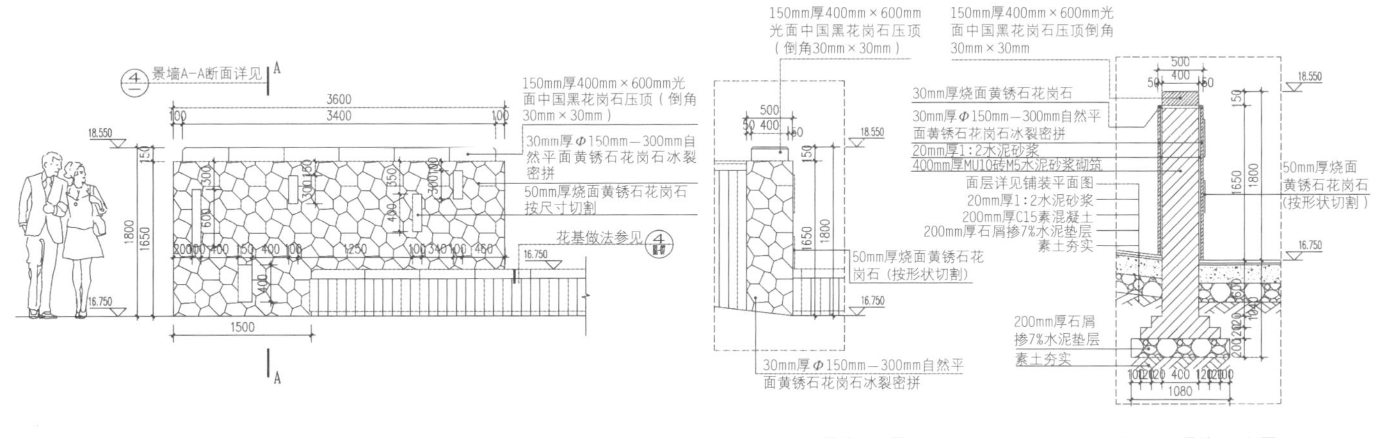
景墙A-A断面详见
3600
3400
150mm厚400mm×600mm光面中国黑花岗石压顶（倒角30mm×30mm）
30mm厚Φ150mm—300mm自然平面黄锈石花岗石冰裂密拼
50mm厚烧面黄锈石花岗石按尺寸切割
花基做法参见
18.550
16.750
1800
1650
1500
150mm厚400mm×600mm光面中国黑花岗石压顶（倒角30mm×30mm）
50mm厚烧面黄锈石花岗石（按形状切割）
30mm厚Φ150mm—300mm自然平面黄锈石花岗石冰裂密拼
150mm厚400mm×600mm光面中国黑花岗石压顶倒角30mm×30mm
30mm厚烧面黄锈石花岗石
30mm厚Φ150mm—300mm自然平面黄锈石花岗石冰裂密拼
20mm厚1:2水泥砂浆
400mm厚MU10砖M5水泥砂浆砌筑
面层详见铺装平面图
20mm厚1:2水泥砂浆
200mm厚C15素混凝土
200mm厚石屑掺7%水泥垫层
素土夯实
50mm厚烧面黄锈石花岗石（按形状切割）
200mm厚石屑掺7%水泥垫层
素土夯实
1080

■ 广场入口景墙正立面图

■ 广场入口景墙侧立面图

■ 广场入口景墙A-A断面图

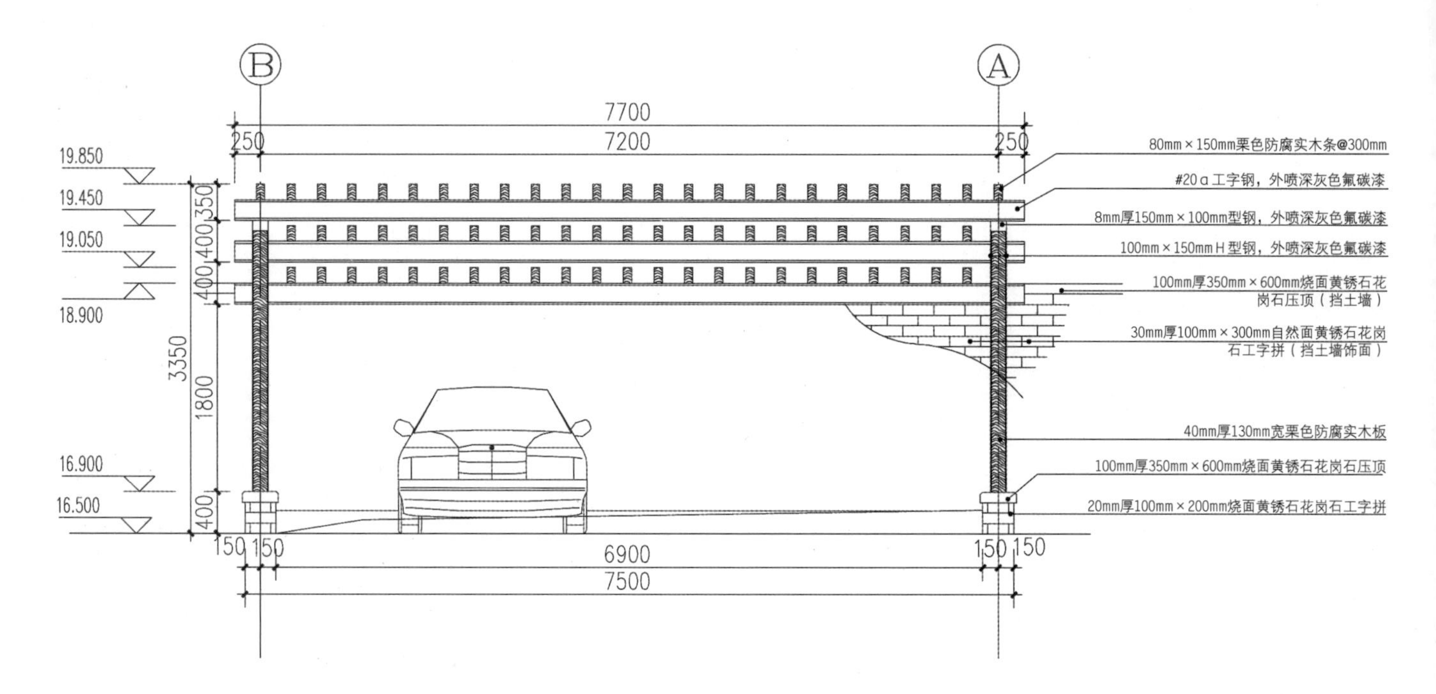

7700
250
7200
250
19.850
19.450
19.050
18.900
16.900
16.500
3350
1800
400
150
6900
7500
80mm×150mm栗色防腐实木条@300mm
#20 a 工字钢，外喷深灰色氟碳漆
8mm厚150mm×100mm型钢，外喷深灰色氟碳漆
100mm×150mm H 型钢，外喷深灰色氟碳漆
100mm厚350mm×600mm烧面黄锈石花岗石压顶（挡土墙）
30mm厚100mm×300mm自然面黄锈石花岗石工字拼（挡土墙饰面）
40mm厚130mm宽栗色防腐实木板
100mm厚350mm×600mm烧面黄锈石花岗石压顶
20mm厚100mm×200mm烧面黄锈石花岗石工字拼

■ 1座地下车库出入口（坡道一）正立面图

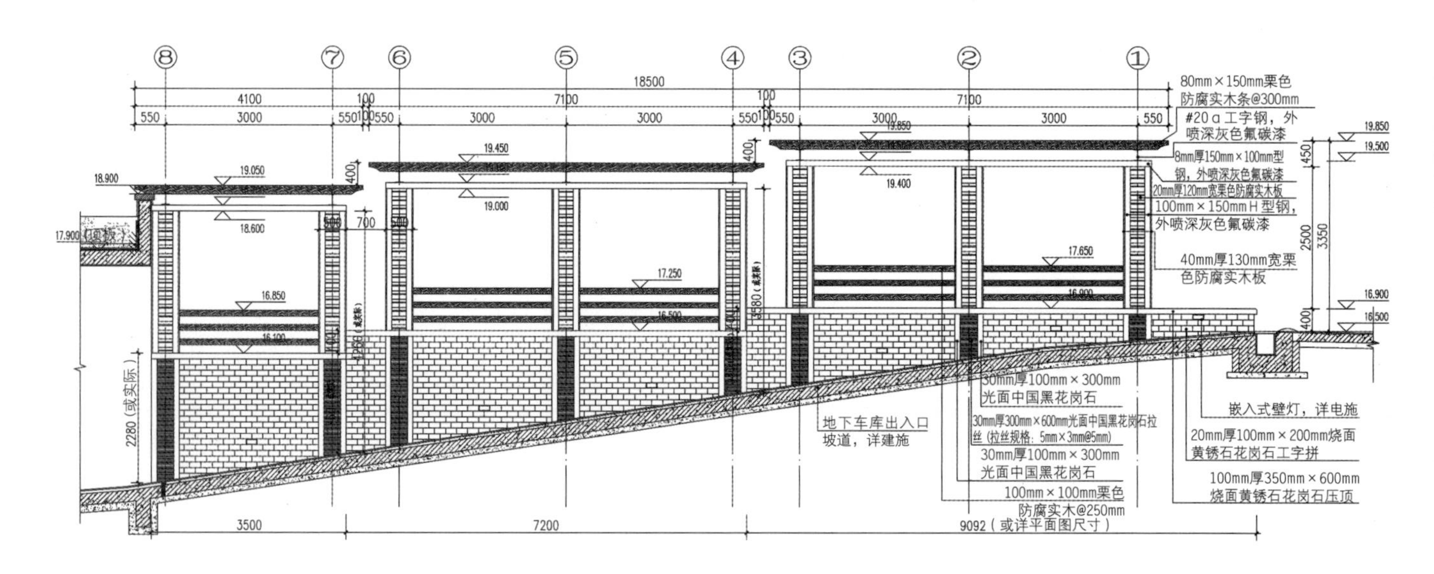

18500
4100
7100
3000
550
3500
7200
9092（或详平面图尺寸）
80mm×150mm栗色防腐实木条@300mm
#20 a 工字钢，外喷深灰色氟碳漆
8mm厚150mm×100mm型钢，外喷深灰色氟碳漆
20mm厚120mm宽栗色防腐实木板
100mm×150mm H 型钢，外喷深灰色氟碳漆
40mm厚130mm宽栗色防腐实木板
30mm厚100mm×300mm光面中国黑花岗石
30mm厚300mm×600mm光面中国黑花岗石拉丝（拉丝规格：5mm×3mm@5mm）
30mm厚100mm×300mm光面中国黑花岗石
100mm×100mm栗色防腐实木@250mm
地下车库出入口坡道，详建施
嵌入式壁灯，详电施
20mm厚100mm×200mm烧面黄锈石花岗石工字拼
100mm厚350mm×600mm烧面黄锈石花岗石压顶
17.900（顶板）
2280（或实际）

■ 1座地下车库出入口（坡道一）1—1剖面图

注：此跌级花架高差为400

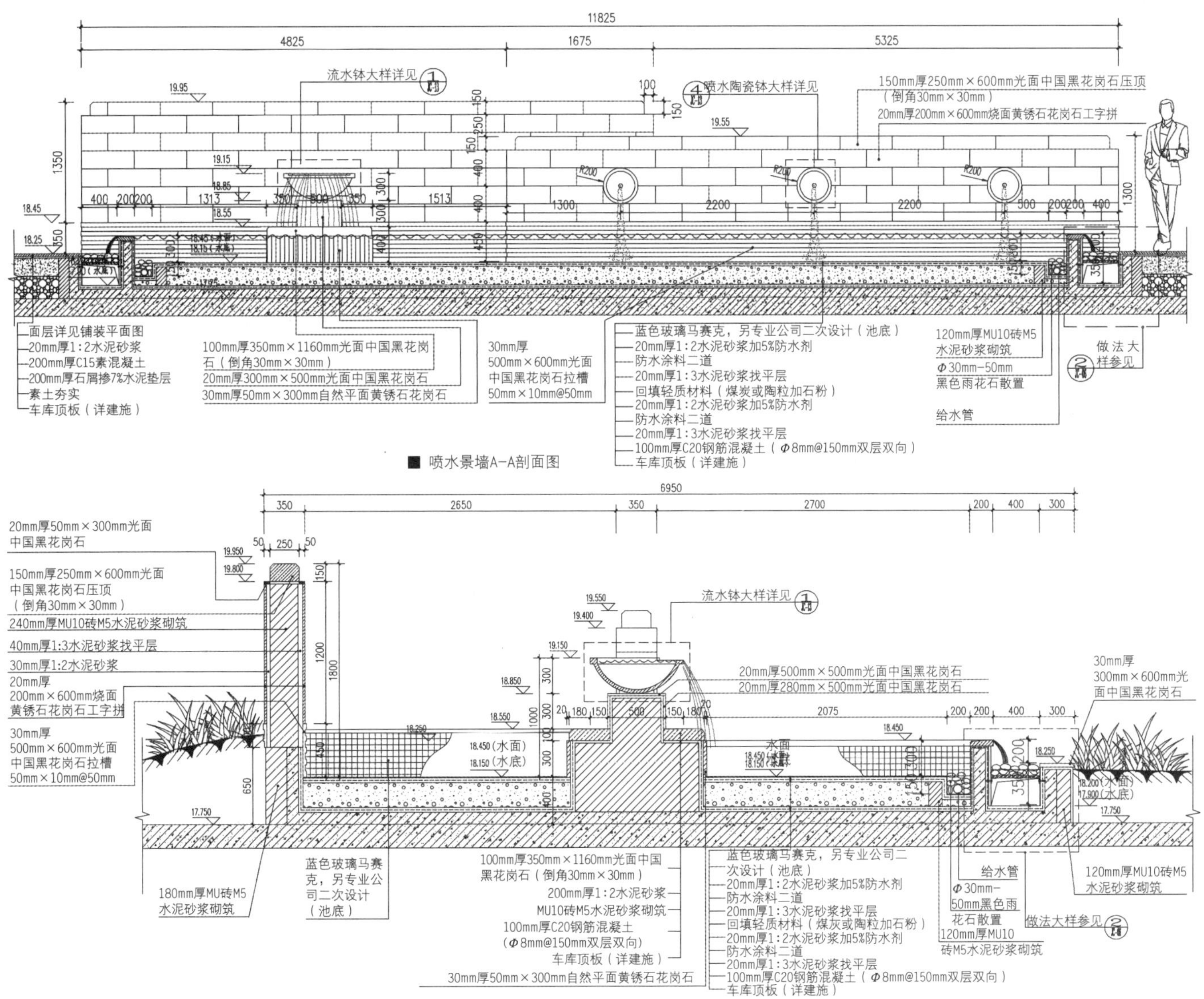

11825
4825
1675
5325
流水钵大样详见
喷水陶瓷钵大样详见
150mm厚250mm×600mm光面中国黑花岗石压顶（倒角30mm×30mm）
20mm厚200mm×600mm烧面黄锈石花岗石工字拼
19.95
19.55
19.15
18.85
18.55
18.45
18.25
1350
1300
R200
面层详见铺装平面图
20mm厚1:2水泥砂浆
200mm厚C15素混凝土
200mm厚石屑掺7%水泥垫层
素土夯实
车库顶板（详建施）
100mm厚350mm×1160mm光面中国黑花岗石（倒角30mm×30mm）
20mm厚300mm×500mm光面中国黑花岗石
30mm厚50mm×300mm自然平面黄锈石花岗石
30mm厚500mm×600mm光面中国黑花岗石拉槽50mm×10mm@50mm
蓝色玻璃马赛克，另专业公司二次设计（池底）
20mm厚1:2水泥砂浆加5%防水剂
防水涂料二道
20mm厚1:3水泥砂浆找平层
回填轻质材料（煤炭或陶粒加石粉）
20mm厚1:2水泥砂浆加5%防水剂
防水涂料二道
20mm厚1:3水泥砂浆找平层
100mm厚C20钢筋混凝土（Φ8mm@150mm双层双向）
车库顶板（详建施）
120mm厚MU10砖M5水泥砂浆砌筑
Φ30mm-50mm黑色雨花石散置
给水管
做法大样参见
6950
350
2650
350
2700
200
400
300
20mm厚50mm×300mm光面中国黑花岗石
150mm厚250mm×600mm光面中国黑花岗石压顶（倒角30mm×30mm）
240mm厚MU10砖M5水泥砂浆砌筑
40mm厚1:3水泥砂浆找平层
30mm厚1:2水泥砂浆
20mm厚200mm×600mm烧面黄锈石花岗石工字拼
30mm厚500mm×600mm光面中国黑花岗石拉槽50mm×10mm@50mm
19.950
19.800
19.550
19.400
19.150
18.850
18.550
18.250
18.450（水面）
18.150（水底）
17.750
18.200（水面）
17.900（水底）
2075
20mm厚500mm×500mm光面中国黑花岗石
20mm厚280mm×500mm光面中国黑花岗石
30mm厚300mm×600mm光面中国黑花岗石
180mm厚MU砖M5水泥砂浆砌筑
蓝色玻璃马赛克，另专业公司二次设计（池底）
100mm厚350mm×1160mm光面中国黑花岗石（倒角30mm×30mm）
200mm厚1:2水泥砂浆
MU10砖M5水泥砂浆砌筑
100mm厚C20钢筋混凝土（Φ8mm@150mm双层双向）
车库顶板（详建施）
30mm厚50mm×300mm自然平面黄锈石花岗石
蓝色玻璃马赛克，另专业公司二次设计（池底）
20mm厚1:2水泥砂浆加5%防水剂
防水涂料二道
20mm厚1:3水泥砂浆找平层
回填轻质材料（煤灰或陶粒加石粉）
20mm厚1:2水泥砂浆加5%防水剂
防水涂料二道
20mm厚1:3水泥砂浆找平层
100mm厚C20钢筋混凝土（Φ8mm@150mm双层双向）
车库顶板（详建施）
给水管
Φ30mm-50mm黑色雨花石散置
120mm厚MU10砖M5水泥砂浆砌筑
做法大样参见
120mm厚MU10砖M5水泥砂浆砌筑

■ 喷水景墙A-A剖面图

■ 喷水景墙B-B剖面图

中国·深城投光明大第

景观设计: SED 新西林景观国际　摄影师: SED 新西林景观国际　客户: 深圳市金城光明房地产有限公司

项目简介
Information

项目位于深圳新城“光明新区”的核心地带，其定位为中高端的住宅公园，产品大气、典雅，注重品质感。其周边正在新兴建设中，往后发展将成为新区的CBD黄金地段。景观设计延续建筑的新亚洲风格，主张以浓厚地域特色的传统文化为根基，融入西方色彩，并且把亚洲元素植入现代景观语系，将生态、自然、品质与风格融于一体，诠释卓越品质的泛亚文化风尚小区。

■ 平面图

图例 LEGEND

1 展示区入口广场及主题水景
2 展示区入口跌水水景
3 镜面水景及涌泉
4 主题雕塑
5 树阵林荫道
6 挑空观景平台及雕塑水景
7 泳池入口构架
8 成人泳池
9 儿童戏水池
10 瀑布跌水庭院
11 高层入口广场及水景
12 下沉庭院
13 阳光草坪及水景
14 商业广场
15 风情商业街
16 地库出入口
17 市政绿化带
18 幼儿园

■ 立面图

光明大第
Noble Palace
亚洲美学

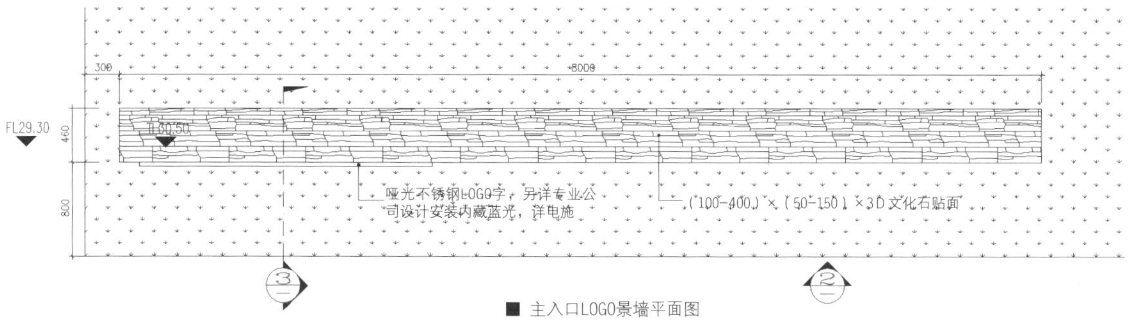

300
8000
FL29.30
460
TL30.50
800
哑光不锈钢LOGO字，另详专业公司设计安装内藏蓝光，详电施
（100-400）×（50-150）×3D 文化石贴面

■ 主入口LOGO景墙平面图

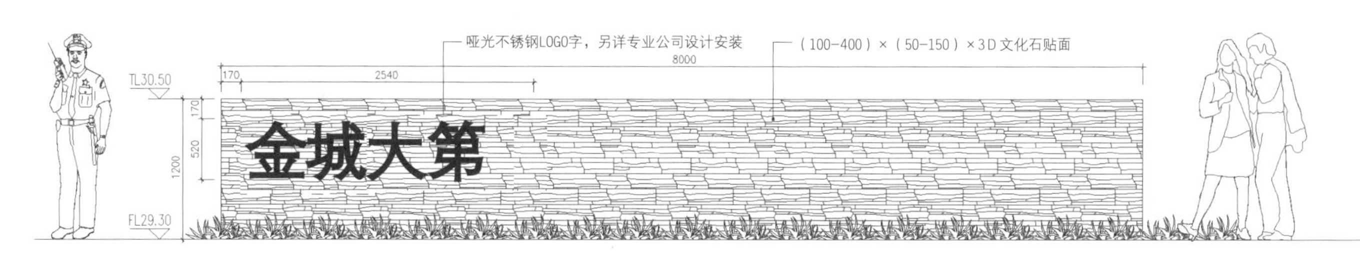

哑光不锈钢LOGO字，另详专业公司设计安装
（100-400）×（50-150）×3D 文化石贴面
8000
TL30.50
170
2540
170
520
1200
金城大第
FL29.30

■ 主入口LOGO景墙立面图

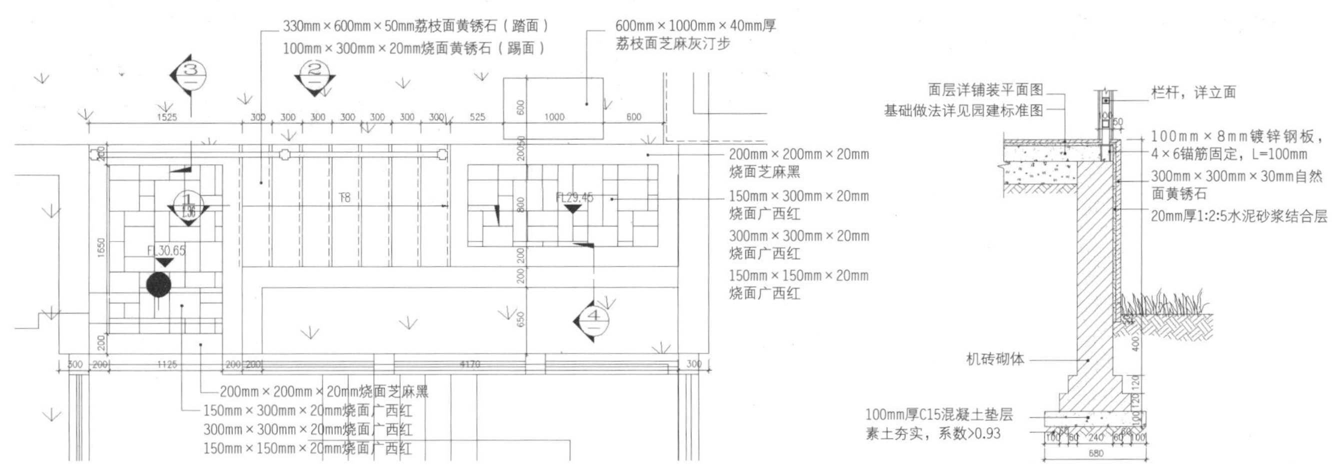

330mm×600mm×50mm荔枝面黄锈石（踏面）
100mm×300mm×20mm烧面黄锈石（踢面）
600mm×1000mm×40mm厚
荔枝面芝麻灰汀步
200mm×200mm×20mm
烧面芝麻黑
150mm×300mm×20mm
烧面广西红
300mm×300mm×20mm
烧面广西红
150mm×150mm×20mm
烧面广西红
FL30.65
FL29.45
200mm×200mm×20mm烧面芝麻黑
150mm×300mm×20mm烧面广西红
300mm×300mm×20mm烧面广西红
150mm×150mm×20mm烧面广西红
面层详铺装平面图
基础做法详见园建标准图
栏杆，详立面
100mm×8mm镀锌钢板，
4×6锚筋固定，L=100mm
300mm×300mm×30mm自然
面黄锈石
20mm厚1:2:5水泥砂浆结合层
机砖砌体
100mm厚C15混凝土垫层
素土夯实，系数>0.93

■ 人防出入口平面图

■ 剖面图一

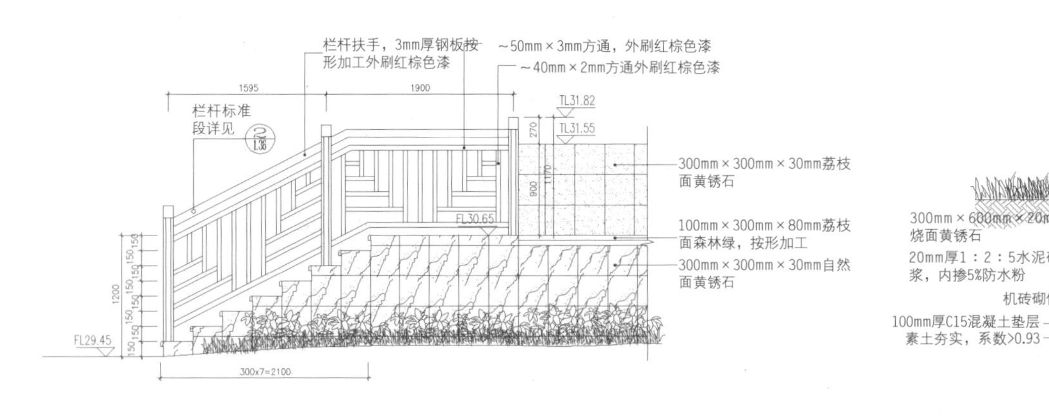

栏杆扶手，3mm厚钢板按
形加工外刷红棕色漆
～50mm×3mm方通，外刷红棕色漆
～40mm×2mm方通外刷红棕色漆
栏杆标准
段详见
TL31.82
TL31.55
FL30.65
FL29.45
300mm×300mm×30mm荔枝
面黄锈石
100mm×300mm×80mm荔枝
面森林绿，按形加工
300mm×300mm×30mm自然
面黄锈石
300x7=2100
200mm×600mm×80mm自光
面中国黑
300mm×30mm×20mm烧面
黄锈石
TL29.86
300mm×600mm×20mm
烧面黄锈石
20mm厚1：2：5水泥砂
浆，内掺5%防水粉
机砖砌体
100mm厚C15混凝土垫层
素土夯实，系数>0.93

■ 人防出入口立面图

■ 剖面图二

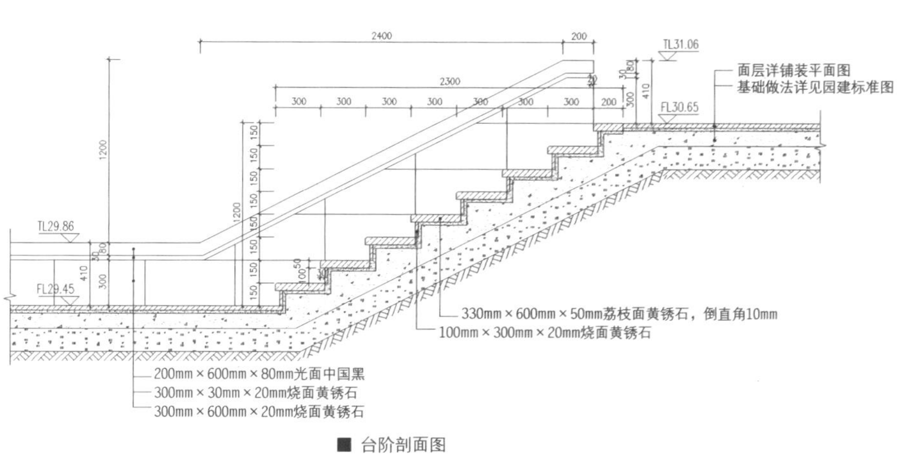

2400
200
2300
300
200
TL31.06
FL30.65
TL29.86
FL29.45
1200
410
面层详铺装平面图
基础做法详见园建标准图
330mm×600mm×50mm荔枝面黄锈石，倒直角10mm
100mm×300mm×20mm烧面黄锈石
200mm×600mm×80mm光面中国黑
300mm×30mm×20mm烧面黄锈石
300mm×600mm×20mm烧面黄锈石

■ 台阶剖面图

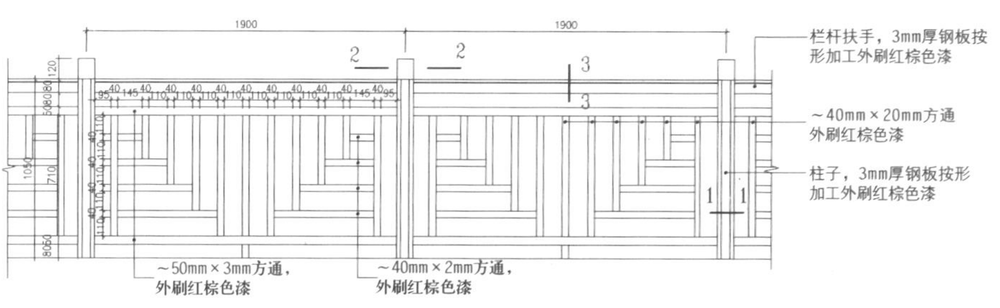

1900
1900
栏杆扶手，3mm厚钢板按形加工外刷红棕色漆
~40mm×20mm方通外刷红棕色漆
柱子，3mm厚钢板按形加工外刷红棕色漆
~50mm×3mm方通，外刷红棕色漆
~40mm×2mm方通，外刷红棕色漆

■ 栏杆标准段立面图

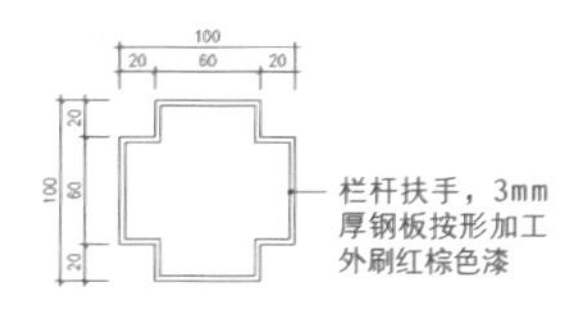

100
栏杆扶手，3mm厚钢板按形加工外刷红棕色漆

■ 1—1

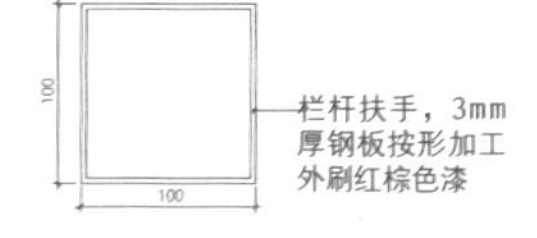

100
栏杆扶手，3mm厚钢板按形加工外刷红棕色漆

■ 2—2

栏杆扶手，3mm厚钢板按形加工外刷红棕色漆

■ 3—3

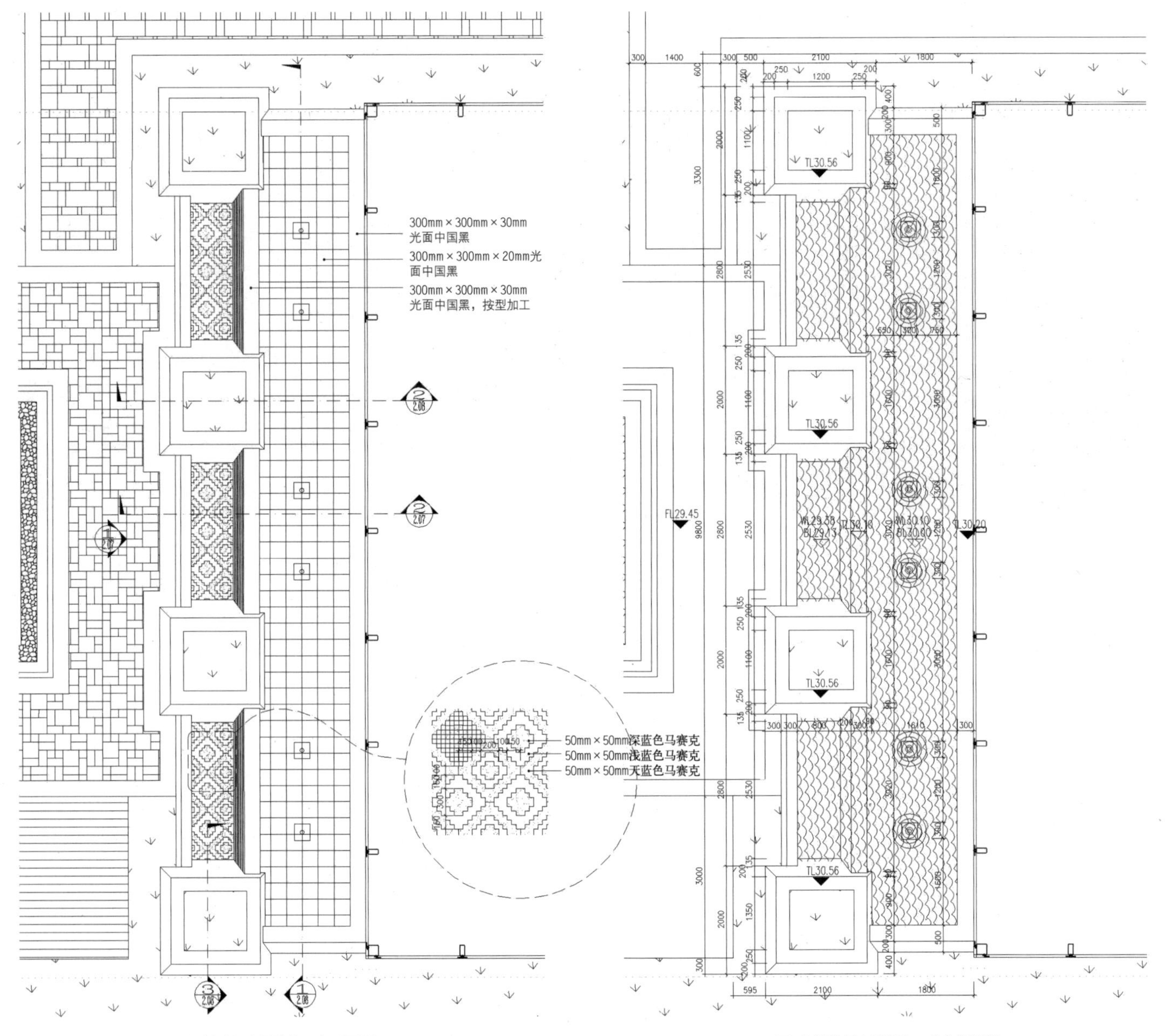
300mm × 300mm × 30mm
光面中国黑
300mm × 300mm × 20mm光
面中国黑
300mm × 300mm × 30mm
光面中国黑，按型加工
50mm × 50mm深蓝色马赛克
50mm × 50mm浅蓝色马赛克
50mm × 50mm天蓝色马赛克
TL30.56
FL29.45
TL30.20

■ 主轴跌级水景铺装、索引平面图

■ 主轴跌级水景竖向、定位平面图

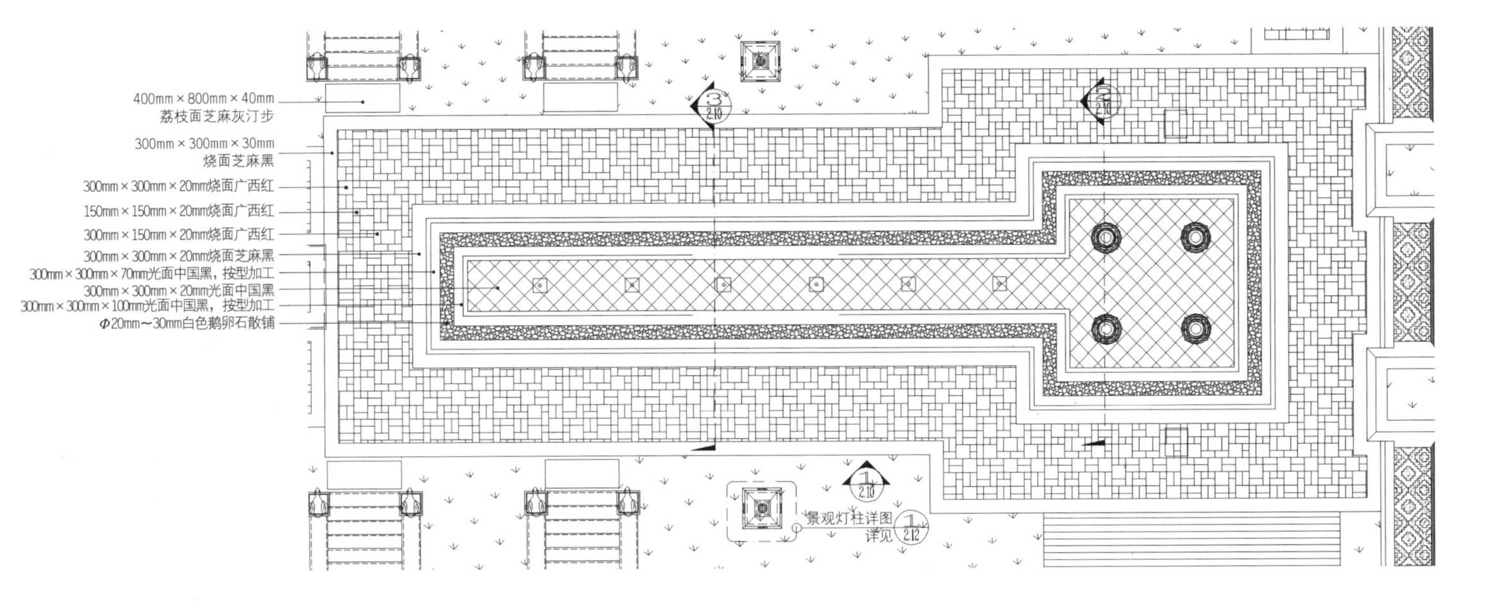
400mm × 800mm × 40mm
荔枝面芝麻灰汀步
300mm × 300mm × 30mm
烧面芝麻黑
300mm × 300mm × 20mm烧面广西红
150mm × 150mm × 20mm烧面广西红
300mm × 150mm × 20mm烧面广西红
300mm × 300mm × 20mm烧面芝麻黑
300mm × 300mm × 70mm光面中国黑，按型加工
300mm × 300mm × 20mm光面中国黑
300mm × 300mm × 100mm光面中国黑，按型加工
Φ20mm～30mm白色鹅卵石散铺
景观灯柱详图
详见

■ 主轴特色水景铺装、索引平面图

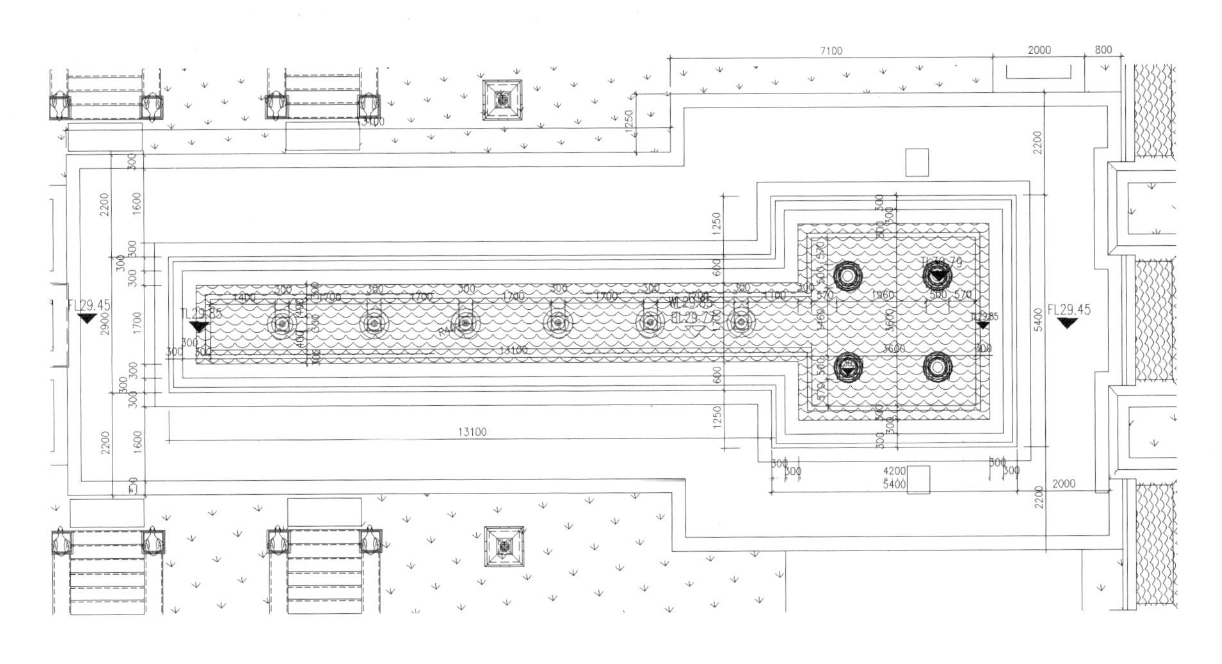
7100
2000
800
FL29.45
TL29.85
TL29.70
13100
4200
5400
5400

■ 主轴特色水景竖向、定位平面图

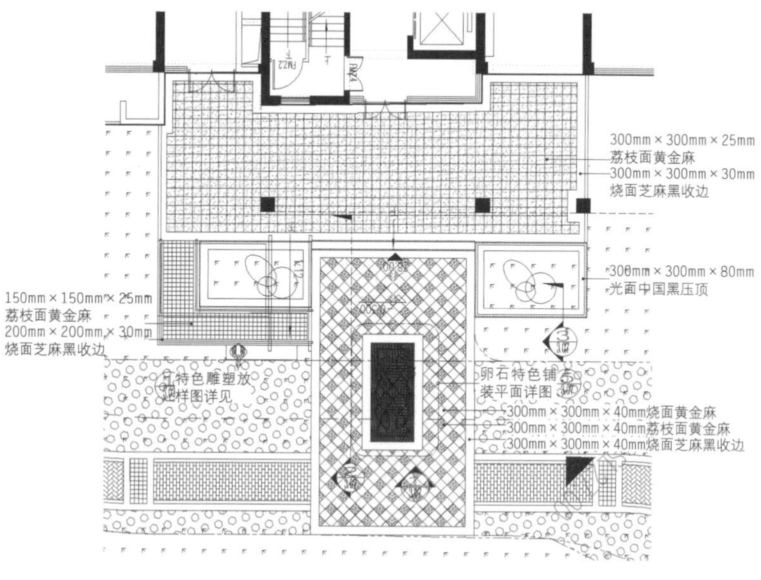
FMZ2
FMZ4
300mm × 300mm × 25mm
荔枝面黄金麻
300mm × 300mm × 30mm
烧面芝麻黑收边
300mm × 300mm × 80mm
光面中国黑压顶
150mm × 150mm × 25mm
荔枝面黄金麻
200mm × 200mm × 30mm
烧面芝麻黑收边
特色雕塑放
样图详见
卵石特色铺
装平面详图
300mm × 300mm × 40mm烧面黄金麻
300mm × 300mm × 40mm荔枝面黄金麻
300mm × 300mm × 40mm烧面芝麻黑收边

■ 标准入户平台——索引及铺装平面图

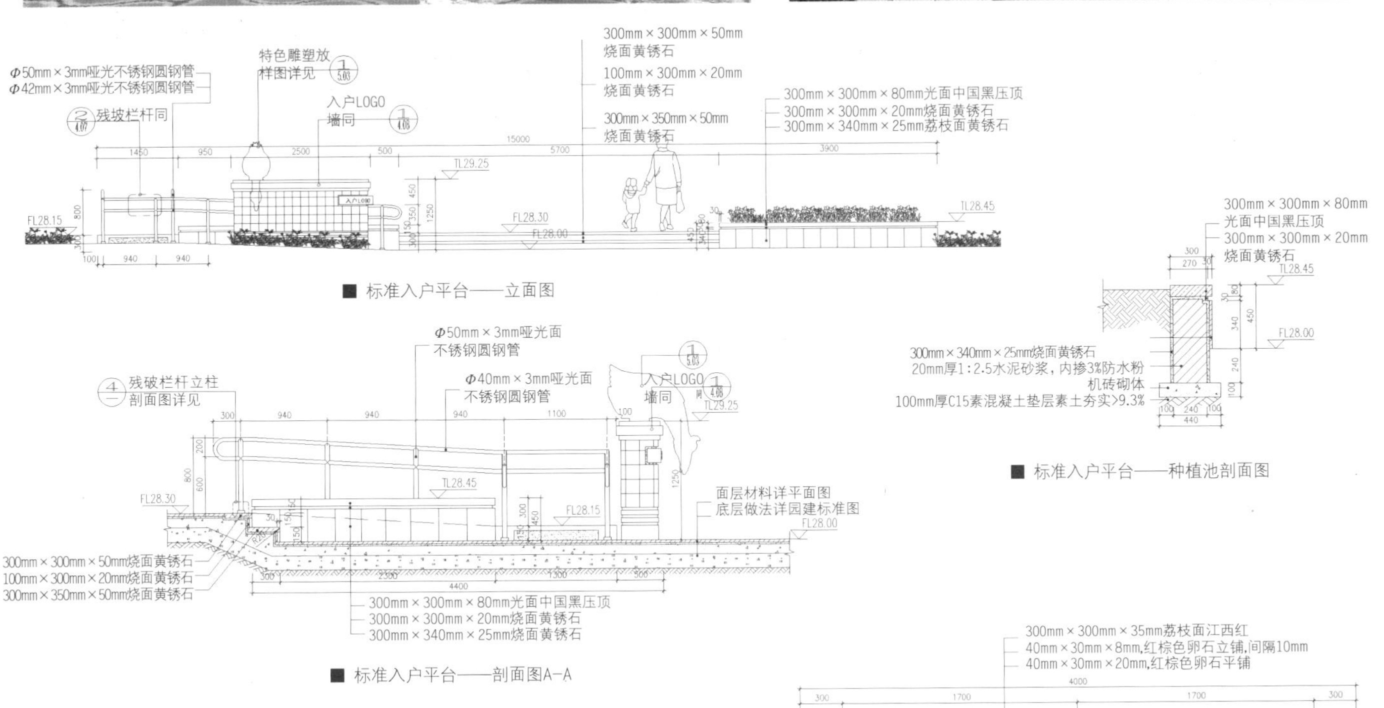

Φ50mm×3mm哑光不锈钢圆钢管
Φ42mm×3mm哑光不锈钢圆钢管
特色雕塑放样图详见
残坡栏杆同
入户LOGO墙同
300mm×300mm×50mm烧面黄锈石
100mm×300mm×20mm烧面黄锈石
300mm×350mm×50mm烧面黄锈石
300mm×300mm×80mm光面中国黑压顶
300mm×300mm×20mm烧面黄锈石
300mm×340mm×25mm荔枝面黄锈石
15000
1450
950
2500
500
5700
3900
TL29.25
FL28.15
FL28.30
FL28.00
TL28.45
940
940
300mm×300mm×80mm
光面中国黑压顶
300mm×300mm×20mm
烧面黄锈石
TL28.45
FL28.00
300mm×340mm×25mm烧面黄锈石
20mm厚1:2.5水泥砂浆，内掺3%防水粉
机砖砌体
100mm厚C15素混凝土垫层素土夯实>9.3%
Φ50mm×3mm哑光面不锈钢圆钢管
Φ40mm×3mm哑光面不锈钢圆钢管
残破栏杆立柱剖面图详见
入户LOGO墙同
FL28.30
TL28.45
FL28.15
TL29.25
FL28.00
面层材料详平面图
底层做法详园建标准图
300mm×300mm×50mm烧面黄锈石
100mm×300mm×20mm烧面黄锈石
300mm×350mm×50mm烧面黄锈石
300mm×300mm×80mm光面中国黑压顶
300mm×300mm×20mm烧面黄锈石
300mm×340mm×25mm烧面黄锈石
4400

■ 标准入户平台——立面图

■ 标准入户平台——种植池剖面图

■ 标准入户平台——剖面图A-A

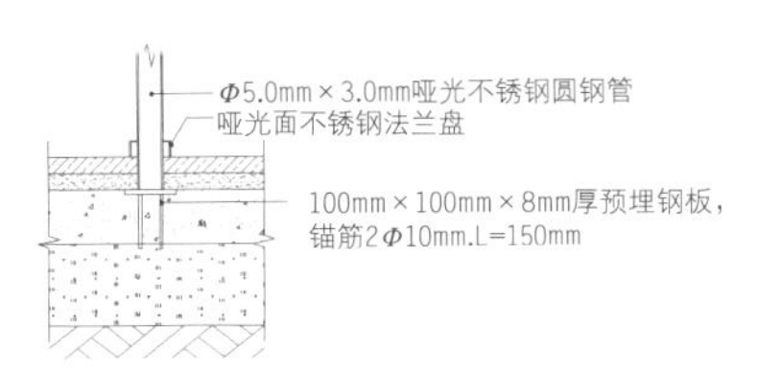

Φ5.0mm×3.0mm哑光不锈钢圆钢管
哑光面不锈钢法兰盘
100mm×100mm×8mm厚预埋钢板，
锚筋2Φ10mm.L=150mm

■ 残破栏杆立柱剖面图

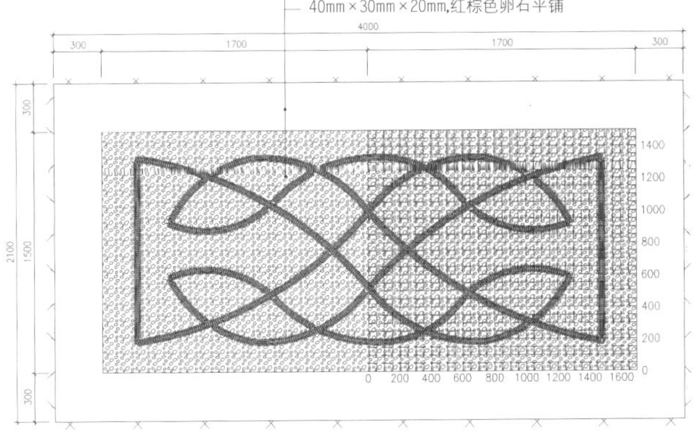

300mm×300mm×35mm荔枝面江西红
40mm×30mm×8mm,红棕色卵石立铺,间隔10mm
40mm×30mm×20mm,红棕色卵石平铺
4000
300
1700
1700
300
2100
1500

■ 卵石特色铺装平面详图

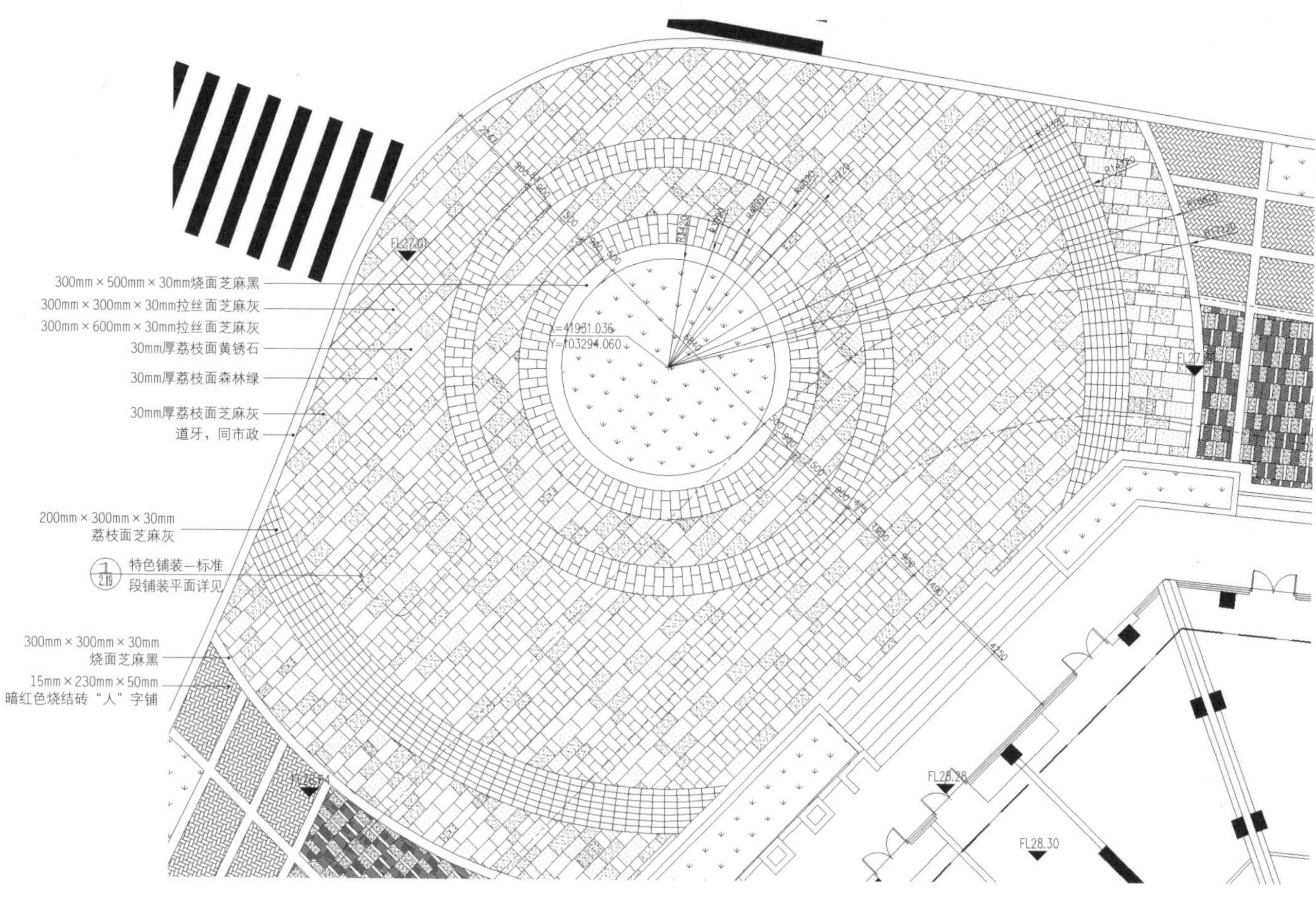

300mm × 500mm × 30mm烧面芝麻黑
300mm × 300mm × 30mm拉丝面芝麻灰
300mm × 600mm × 30mm拉丝面芝麻灰
30mm厚荔枝面黄锈石
30mm厚荔枝面森林绿
30mm厚荔枝面芝麻灰
道牙，同市政
200mm × 300mm × 30mm
荔枝面芝麻灰
特色铺装—标准
段铺装平面详见
300mm × 300mm × 30mm
烧面芝麻黑
15mm × 230mm × 50mm
暗红色烧结砖“人”字铺
X=41931.036
Y=103294.060
FL27.01
FL28.28
FL28.30

■ 商业街圆形广场平面图

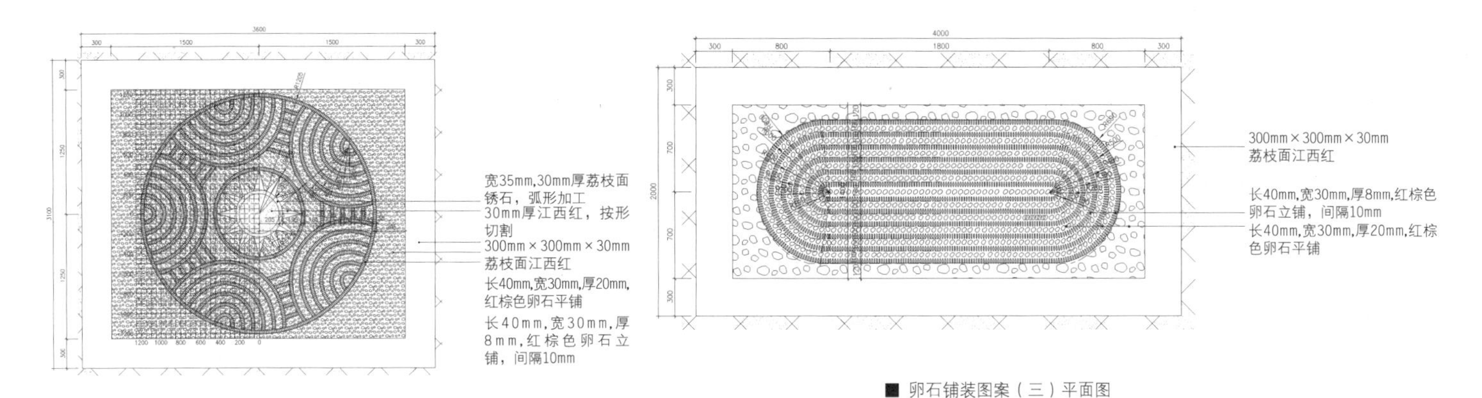

宽35mm,30mm厚荔枝面锈石，弧形加工
30mm厚江西红，按形切割
300mm×300mm×30mm荔枝面江西红
长40mm,宽30mm,厚20mm,红棕色卵石平铺
长40mm,宽30mm,厚8mm,红棕色卵石立铺，间隔10mm
300mm×300mm×30mm荔枝面江西红
长40mm,宽30mm,厚8mm,红棕色卵石立铺，间隔10mm
长40mm,宽30mm,厚20mm,红棕色卵石平铺

■ 卵石铺装图案（三）平面图

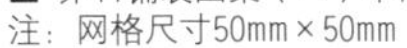

■ 卵石铺装图案（二）平面图
注：网格尺寸50mm×50mm

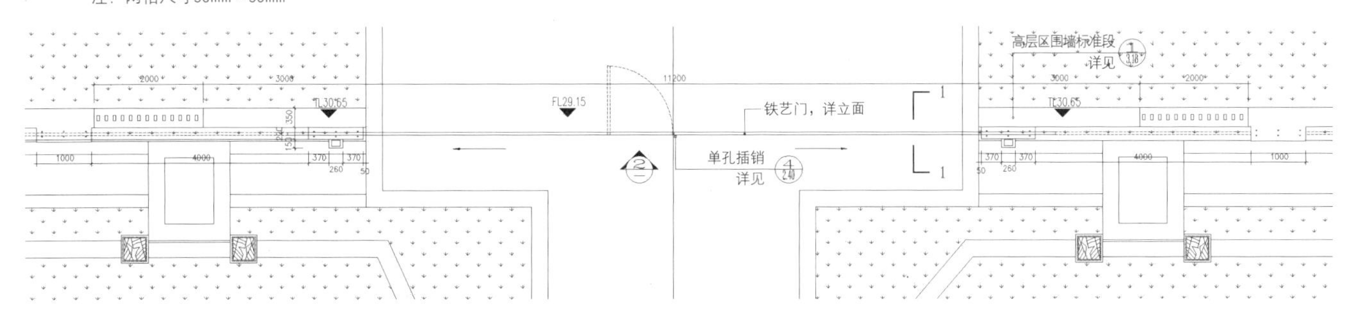

高层区围墙标准段
详见
铁艺门，详立面
单孔插销
详见
TL30.65
FL29.15
11200

■ 消防门三平面图

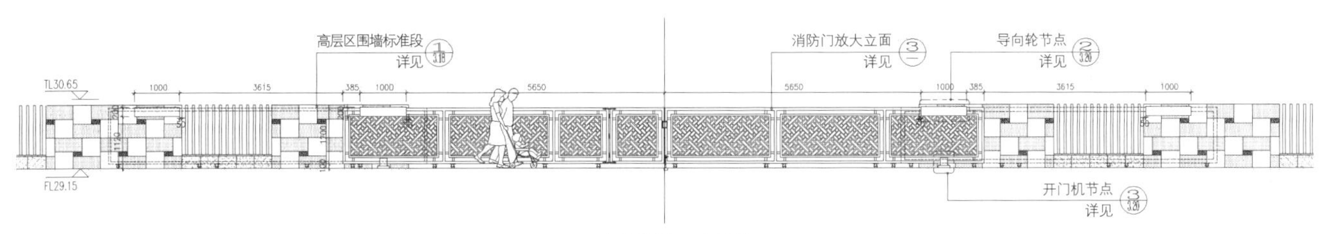

高层区围墙标准段
详见
消防门放大立面
详见
导向轮节点
详见
开门机节点
详见
TL30.65
FL29.15

■ 消防门三立面图

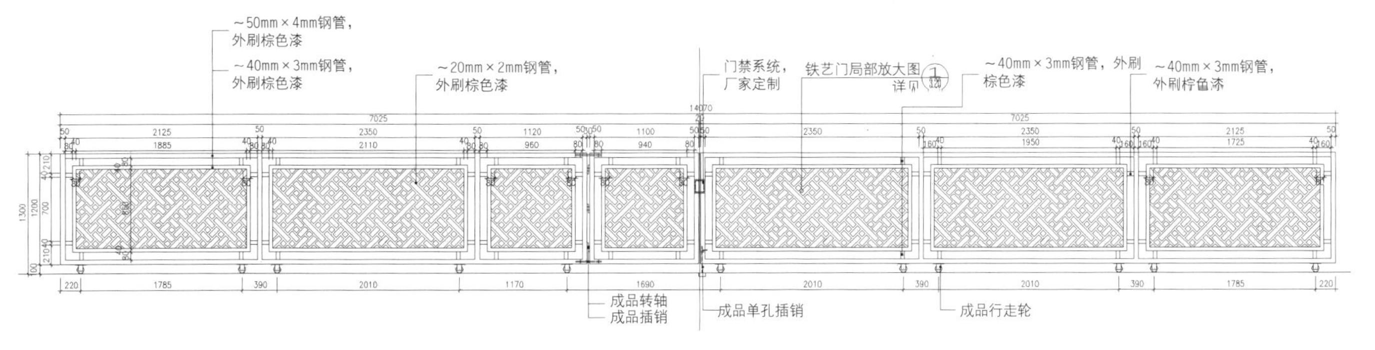

~50mm×4mm钢管，外刷棕色漆
~40mm×3mm钢管，外刷棕色漆
~20mm×2mm钢管，外刷棕色漆
门禁系统，厂家定制
铁艺门局部放大图
详见
~40mm×3mm钢管，外刷棕色漆
~40mm×3mm钢管，外刷棕色漆
成品转轴
成品插销
成品单孔插销
成品行走轮

■ 消防门放大立面图

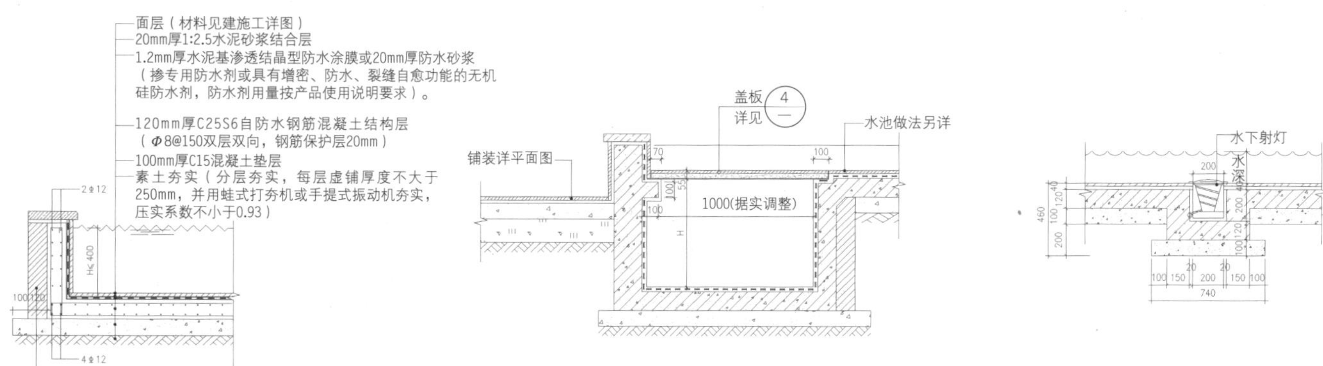

面层（材料见建施工详图）
20mm厚1:2.5水泥砂浆结合层
1.2mm厚水泥基渗透结晶型防水涂膜或20mm厚防水砂浆（掺专用防水剂或具有增密、防水、裂缝自愈功能的无机硅防水剂，防水剂用量按产品使用说明要求）。
120mm厚C25S6自防水钢筋混凝土结构层（Φ8@150双层双向，钢筋保护层20mm）
100mm厚C15混凝土垫层
素土夯实（分层夯实，每层虚铺厚度不大于250mm，并用蛙式打夯机或手提式振动机夯实，压实系数不小于0.93）
2⌀12
H≤400
100
120
4⌀12
盖板
详见
4
—
水池做法另详
铺装详平面图
70
100
1000(据实调整)
100
H
水下射灯
水深
200
460
120
100
200
40
200
120
100
20
20
100
150
200
150
100
740

■ 规则式水景结构构造做法
（结构图中配筋另有说明的以结构图为准）

■ 泵坑剖面图一

■ 水下灯位置剖面

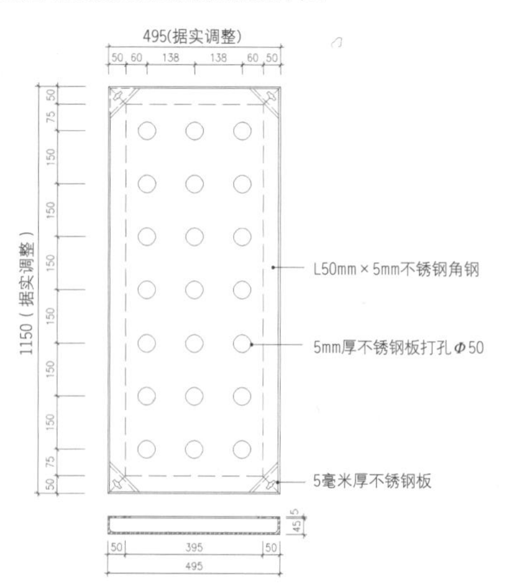

495(据实调整)
50
60
138
138
60
50
1150（据实调整）
75
150
L50mm×5mm不锈钢角钢
5mm厚不锈钢板打孔Φ50
5毫米厚不锈钢板
45
5
50
395
50
495

■ 泵坑盖板平面图

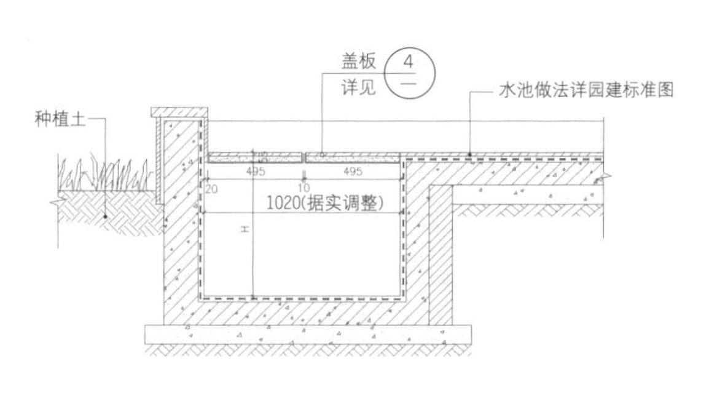

盖板
详见
4
—
水池做法详园建标准图
种植土
495
10
495
20
1020(据实调整)
H

■ 泵坑剖面图二

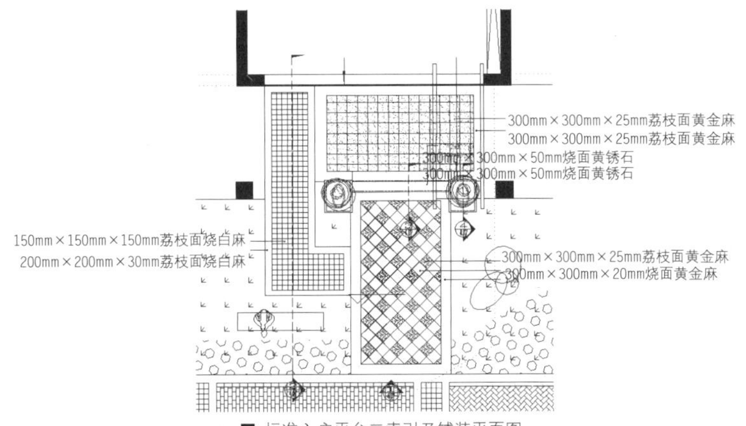
300mm×300mm×25mm荔枝面黄金麻
300mm×300mm×25mm荔枝面黄金麻
300mm×300mm×50mm烧面黄锈石
300mm×300mm×50mm烧面黄锈石
150mm×150mm×150mm荔枝面烧白麻
200mm×200mm×30mm荔枝面烧白麻
300mm×300mm×25mm荔枝面黄金麻
300mm×300mm×20mm烧面黄金麻

■ 标准入户平台二索引及铺装平面图

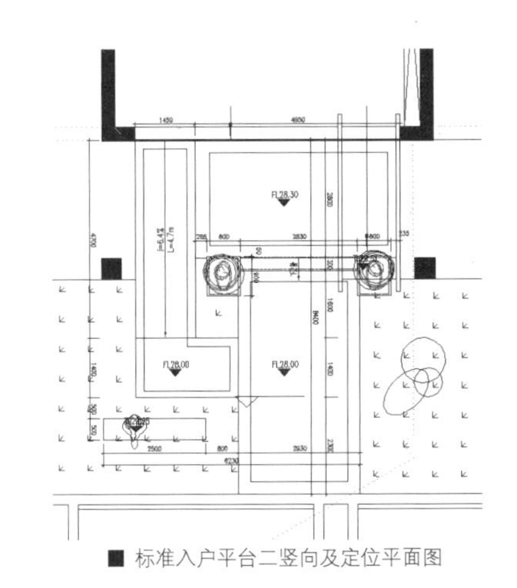

■ 标准入户平台二竖向及定位平面图

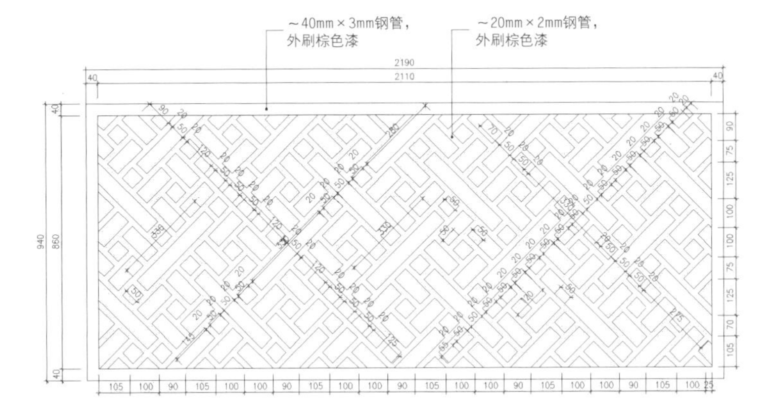
~40mm×3mm钢管，
外刷棕色漆
~20mm×2mm钢管，
外刷棕色漆
2190
2110
40
940
850

■ 铁艺门局部放大图

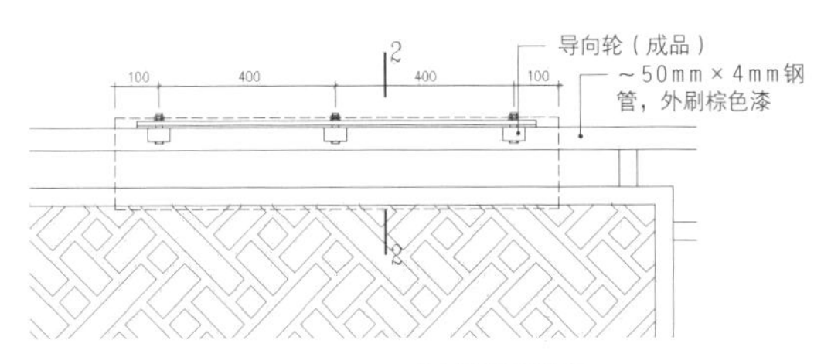
导向轮（成品）
~50mm×4mm钢
管，外刷棕色漆
100
400
400
100

■ 导向轮节点

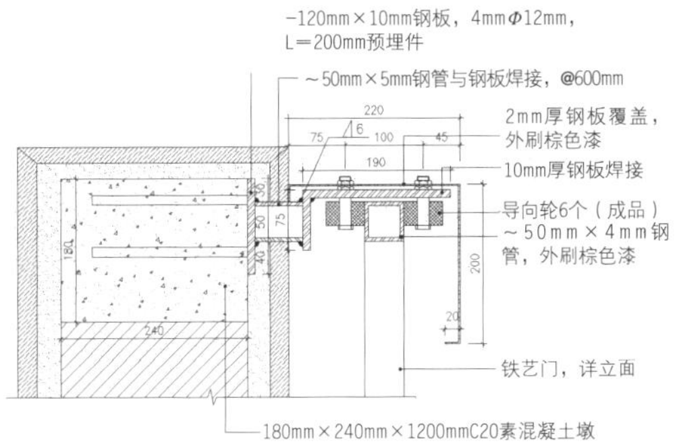
-120mm×10mm钢板，4mmΦ12mm，
L=200mm预埋件
~50mm×5mm钢管与钢板焊接，@600mm
2mm厚钢板覆盖，
外刷棕色漆
10mm厚钢板焊接
导向轮6个（成品）
~50mm×4mm钢
管，外刷棕色漆
铁艺门，详立面
180mm×240mm×1200mmC20素混凝土墩
220
190
240

■ 2—2

导向轮节点详见
TL30.65
×400mm×80mm光面黄锈石
×310mm×20mm光面黄锈石
×400mm×20mm烧面黄锈石
350mm×25mm荔枝面黄锈石
铁艺门，详立面
FL29.15
开门机节点
详见

■ 1—1

开门机（成品）
成品行走轮
~50mm×4mm钢管，外刷棕色漆
M12mm×200mm螺旋固定开门机

■ 开门机节点详图

墙体
铁艺门，详立面
~50mm×4mm钢管，外刷棕色漆
齿条
传动齿轮
开门机（成品）
M12mm×200mm
螺栓固定开门机
行走轮（成品）
钢轨

■ 3—3

中国·常州莱蒙3-A地块

景观设计: 东大景观设计　摄影师: 东大景观设计　客户: 莱蒙集团

项目简介
Information

设计公司在设计风格上延续了建筑采用的现代北美风格形式，并加以提升，营造出精致并具备鲜明地域特色的北美风格住区园林景观。在打造整体北美园林风格的同时，也充分借鉴了现代景观的设计手法，使园林景观风格与建筑元素相互呼应，体现出现代景观简洁、大方的一面。

4.85
环 府 路
5.01
环 府 路
5.30
4.85
永 胜 路

■ 平面图

❶ 主入口
❷ 市政人行道
❸ 入户特色铺装
❹ 组团机动车道
❺ 围墙范围
❻ 地库入口
❼ 公共绿地
❽ 公共庭院
❾ 私家庭院

莱蒙城
官邸
MANSION

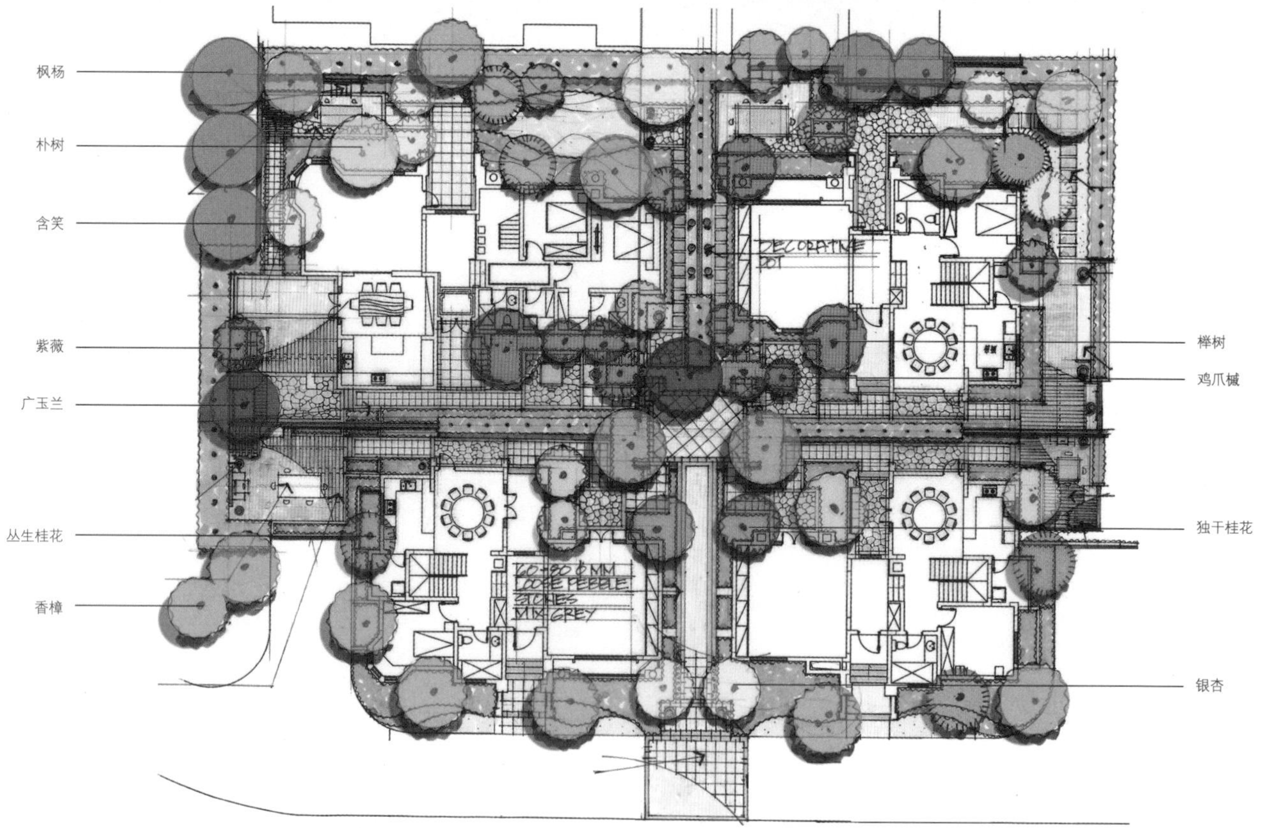
枫杨
朴树
含笑
紫薇
广玉兰
丛生桂花
香樟
榉树
鸡爪槭
独干桂花
银杏
DECORATIVE POT
LOOSE PEBBLE
STONES
MIX GREY

■ 局部平面图一

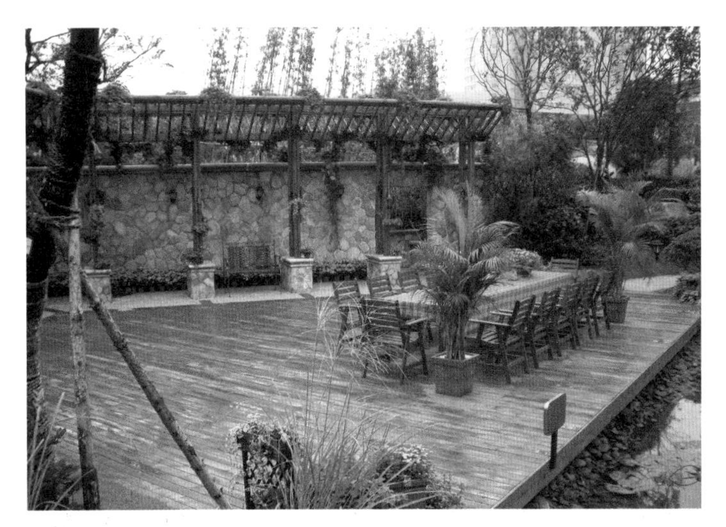

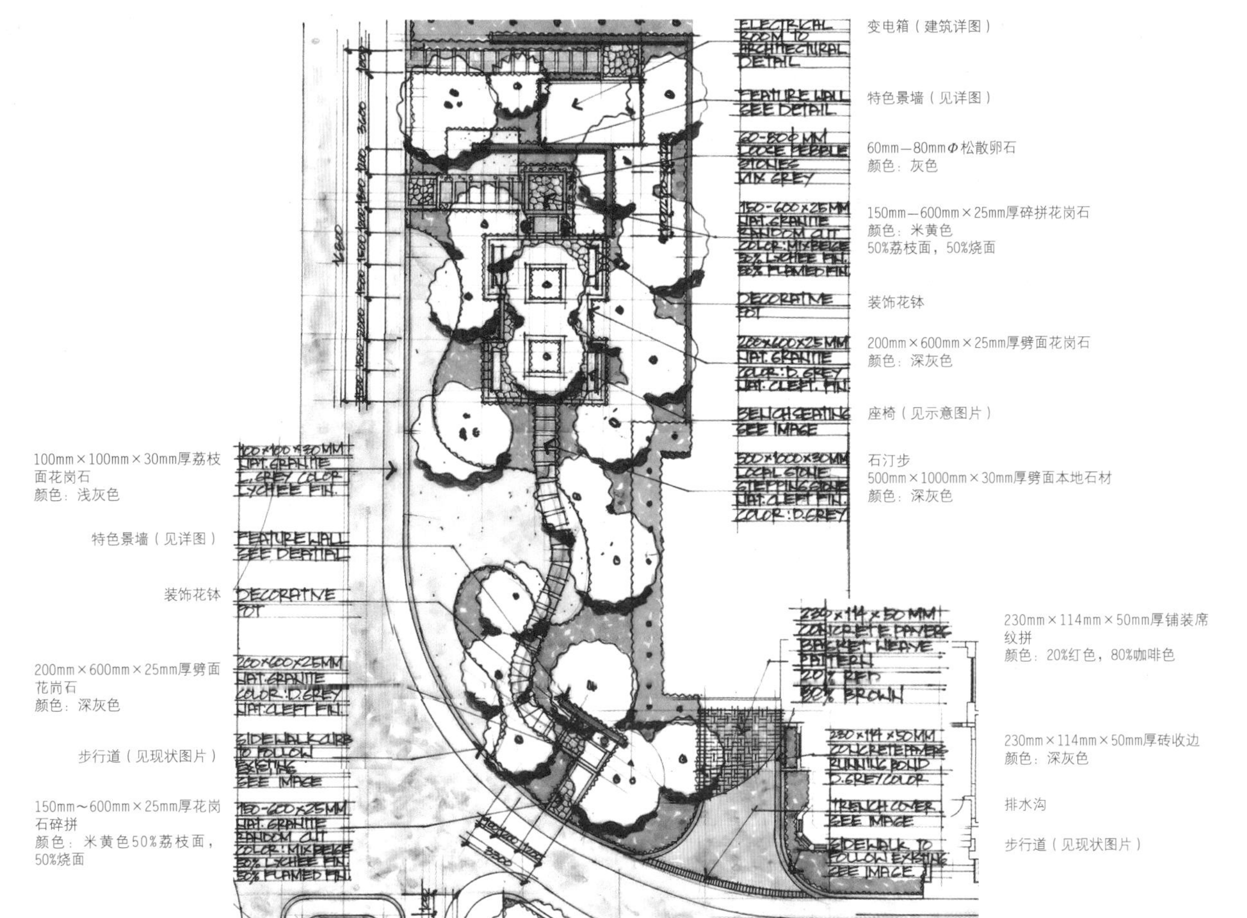
变电箱（建筑详图）
特色景墙（见详图）
60mm—80mmΦ松散卵石
颜色：灰色
150mm—600mm×25mm厚碎拼花岗石
颜色：米黄色
50%荔枝面，50%烧面
装饰花钵
200mm×600mm×25mm厚劈面花岗石
颜色：深灰色
座椅（见示意图片）
石汀步
500mm×1000mm×30mm厚劈面本地石材
颜色：深灰色
100mm×100mm×30mm厚荔枝面花岗石
颜色：浅灰色
特色景墙（见详图）
装饰花钵
200mm×600mm×25mm厚劈面花岗石
颜色：深灰色
步行道（见现状图片）
150mm～600mm×25mm厚花岗石碎拼
颜色：米黄色50%荔枝面，50%烧面
230mm×114mm×50mm厚铺装席纹拼
颜色：20%红色，80%咖啡色
230mm×114mm×50mm厚砖收边
颜色：深灰色
排水沟
步行道（见现状图片）

■ 局部平面图二

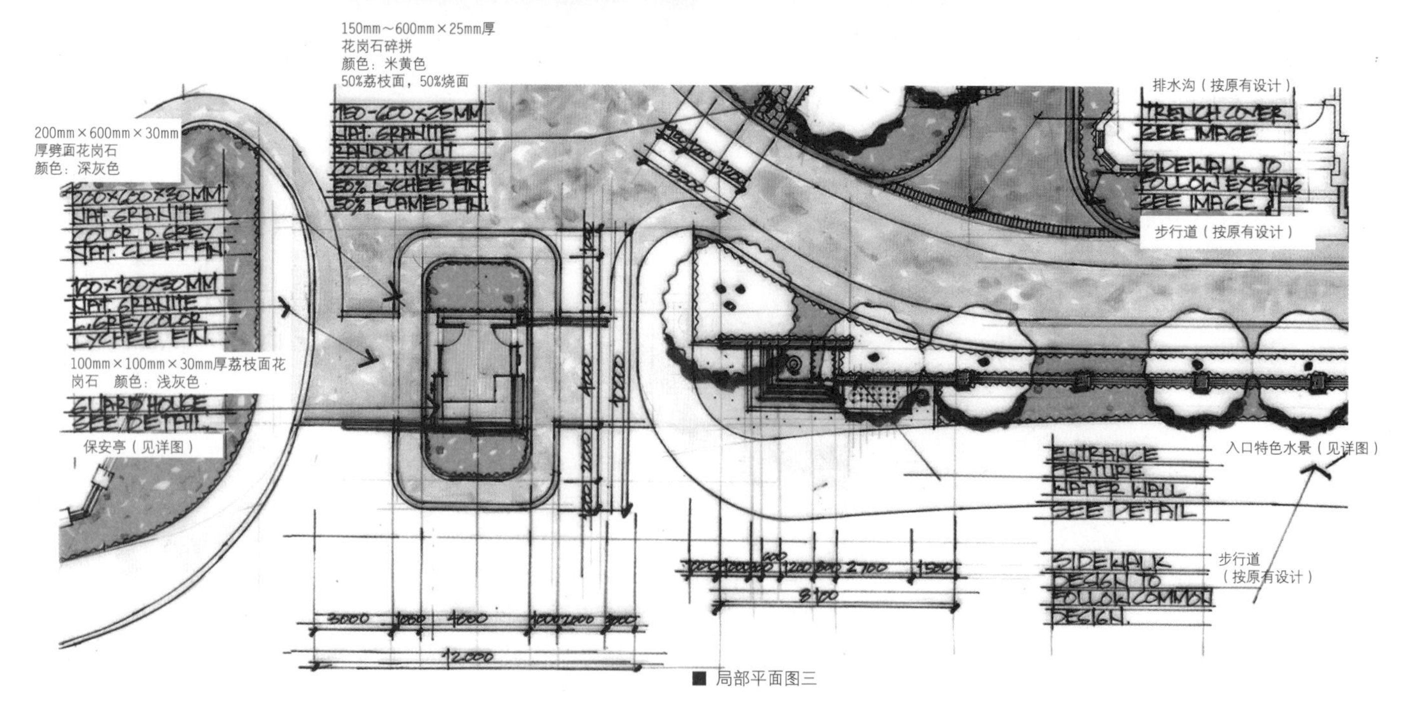

150mm～600mm×25mm厚
花岗石碎拼
颜色：米黄色
50%荔枝面，50%烧面
150-600×25MM
NAT. GRANITE
RANDOM CUT
COLOR: MIX BEIGE
50% LYCHEE FIN.
50% FLAMED FIN.
200mm×600mm×30mm
厚劈面花岗石
颜色：深灰色
200×600×30MM
NAT. GRANITE
COLOR: D. GREY
NAT. CLEFT FIN.
100×100×30MM
NAT. GRANITE
L. GREY COLOR
LYCHEE FIN.
100mm×100mm×30mm厚荔枝面花
岗石　颜色：浅灰色
GUARD HOUSE
SEE DETAIL
保安亭（见详图）
排水沟（按原有设计）
TRENCH COVER
SEE IMAGE
SIDEWALK TO
FOLLOW EXISTING
SEE IMAGE
步行道（按原有设计）
ENTRANCE
FEATURE
WATER WALL
SEE DETAIL
入口特色水景（见详图）
SIDEWALK
DESIGN TO
FOLLOW COMMON
DESIGN.
步行道
（按原有设计）
3000
4000
2000
12000
8100
2700

■ 局部平面图三

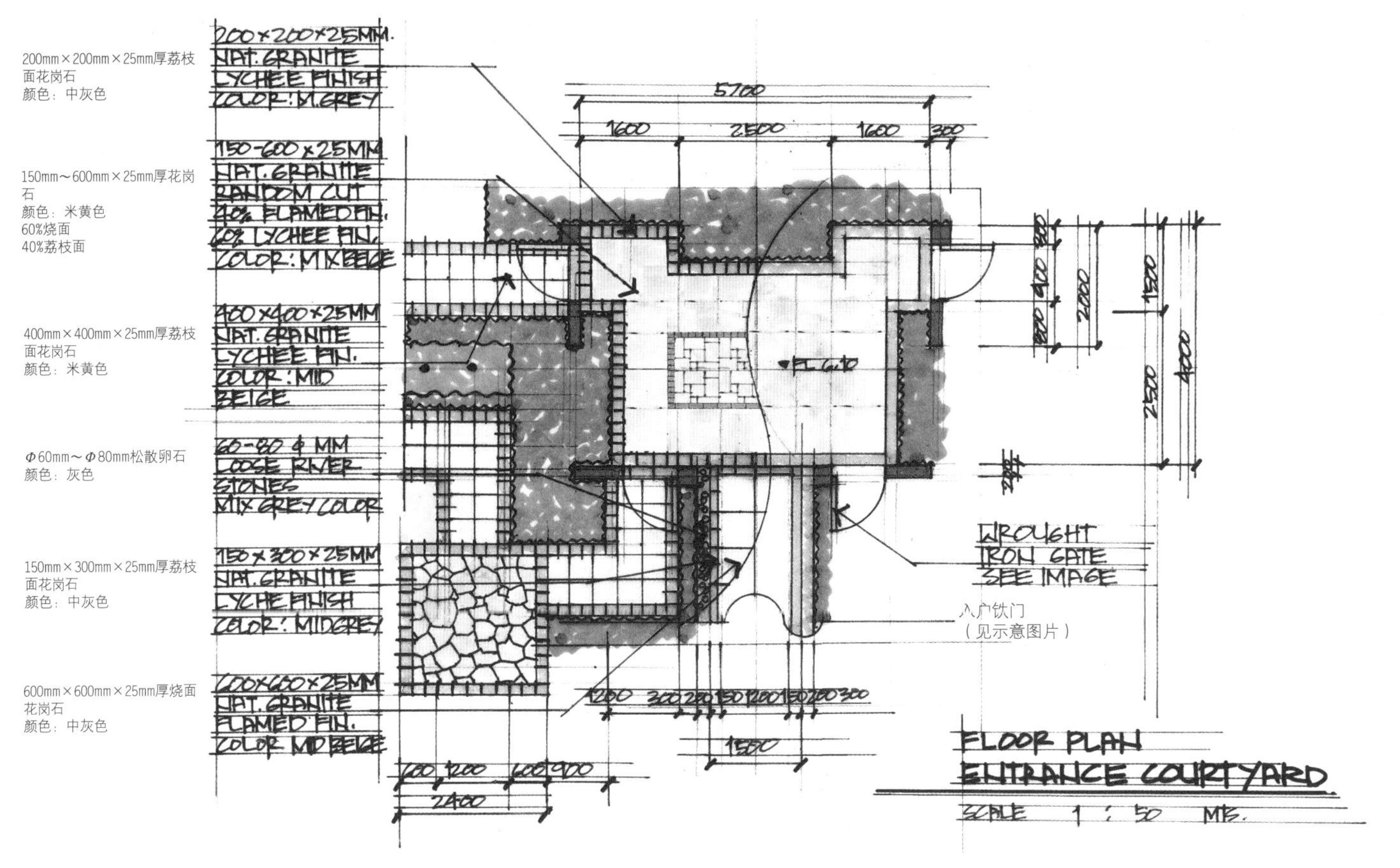
200mm×200mm×25mm厚荔枝面花岗石
颜色：中灰色
200×200×25MM.
NAT. GRANITE
LYCHEE FINISH
COLOR: M.GREY
150mm～600mm×25mm厚花岗石
颜色：米黄色
60%烧面
40%荔枝面
150-600×25MM
NAT. GRANITE
RANDOM CUT
40% FLAMED FIN.
60% LYCHEE FIN.
COLOR: MIX BEIGE
400mm×400mm×25mm厚荔枝面花岗石
颜色：米黄色
400×400×25MM
NAT. GRANITE
LYCHEE FIN.
COLOR: MID
BEIGE
Φ60mm～Φ80mm松散卵石
颜色：灰色
60-80 Φ MM
LOOSE RIVER
STONES
MIX GREY COLOR
150mm×300mm×25mm厚荔枝面花岗石
颜色：中灰色
150×300×25MM
NAT. GRANITE
LYCHE FINISH
COLOR: MIDGREY
600mm×600mm×25mm厚烧面花岗石
颜色：中灰色
600×600×25MM
NAT. GRANITE
FLAMED FIN.
COLOR MID BEIGE
5700
1600
2500
1600
300
FL 6.40
2000
1500
2500
4000
WROUGHT
IRON GATE
SEE IMAGE
入户铁门
（见示意图片）
1550
2400
FLOOR PLAN
ENTRANCE COURTYARD
SCALE 1 : 50 MTS.

■ 公共庭院平面

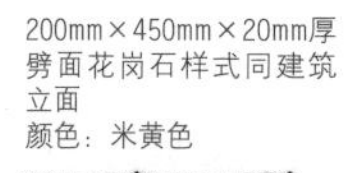
200mm×450mm×20mm厚
劈面花岗石样式同建筑
立面
颜色：米黄色

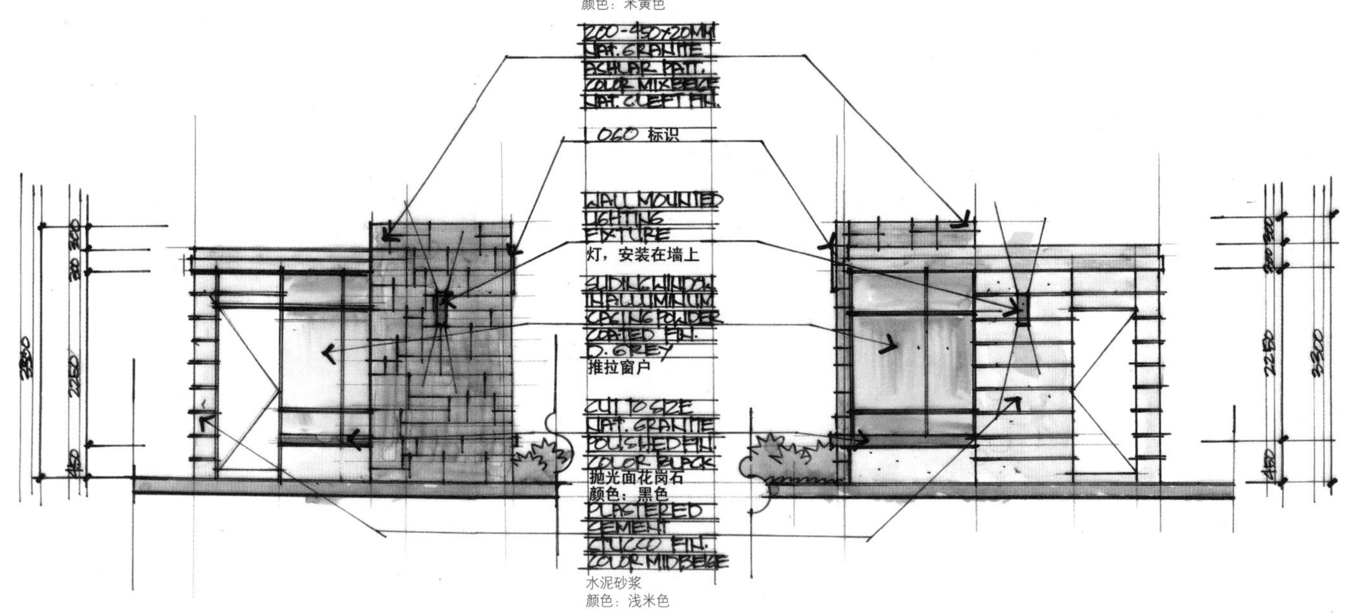
LOGO 标识
WALL MOUNTED
LIGHTING
FIXTURE
灯，安装在墙上
推拉窗户
CUT TO SIZE
NAT. GRANITE
POLISHED FIN.
COLOR BLACK
抛光面花岗石
颜色：黑色
PLASTERED
CEMENT
STUCCO FIN.
COLOR MIDBEIGE
水泥砂浆
颜色：浅米色

■ 保安亭立面图

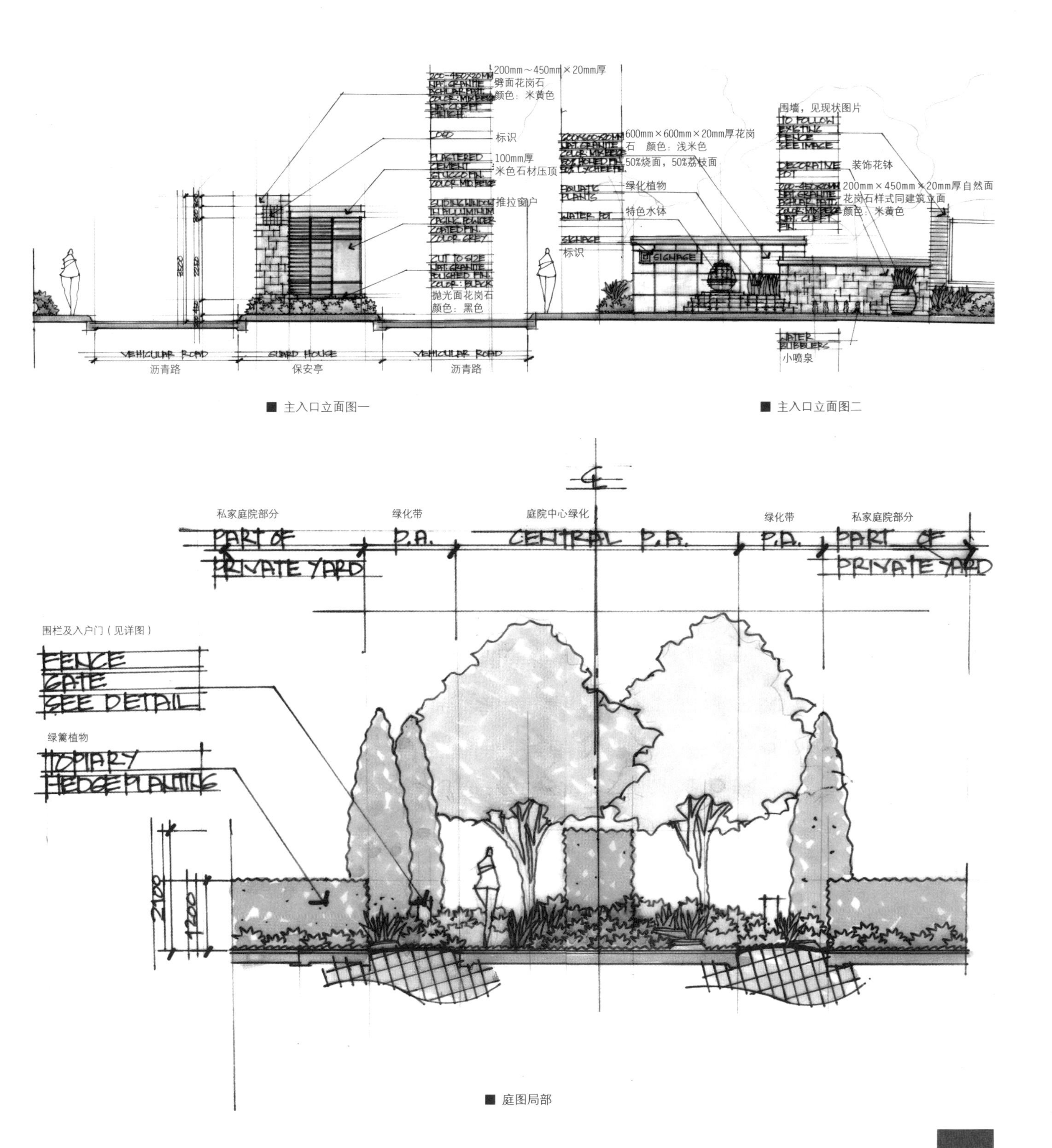
200mm～450mm×20mm厚
劈面花岗石
颜色：米黄色
标识
100mm厚
米色石材压顶
推拉窗户
抛光面花岗石
颜色：黑色
VEHICULAR ROAD
沥青路
GUARD HOUSE
保安亭
VEHICULAR ROAD
沥青路
600mm×600mm×20mm厚花岗石 颜色：浅米色
50%烧面，50%荔枝面
绿化植物
特色水钵
标识
SIGNAGE
围墙，见现状图片
TO FOLLOW EXISTING FENCE SEE IMAGE
DECORATIVE POT
装饰花钵
200mm×450mm×20mm厚自然面花岗石样式同建筑立面
颜色：米黄色
WATER BUBBLERS
小喷泉
私家庭院部分
PART OF PRIVATE YARD
绿化带
P.A.
庭院中心绿化
CENTRAL P.A.
绿化带
P.A.
私家庭院部分
PART OF PRIVATE YARD
围栏及入户门（见详图）
FENCE GATE SEE DETAIL
绿篱植物
TOPIARY HEDGE PLANTING
2100
1200

■ 主入口立面图一

■ 主入口立面图二

■ 庭图局部

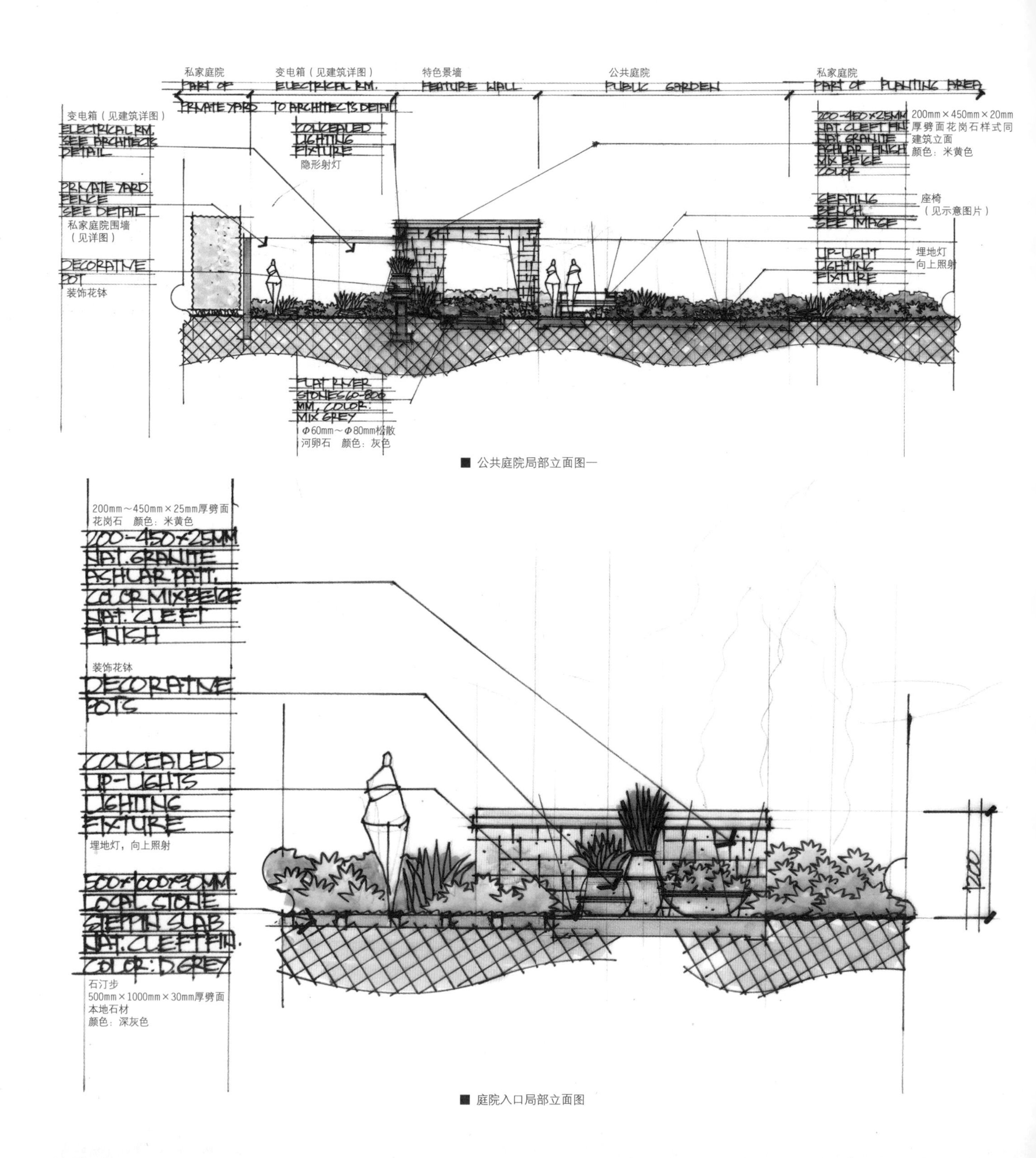

私家庭院
PART OF PRIVATE YARD
变电箱（见建筑详图）
ELECTRICAL RM. TO ARCHITECTS DETAIL
特色景墙
FEATURE WALL
公共庭院
PUBLIC GARDEN
私家庭院
PART OF PLANTING AREA
变电箱（见建筑详图）
ELECTRICAL RM. SEE ARCHITECTS DETAIL
CONCEALED LIGHTING FIXTURE
隐形射灯
PRIVATE YARD FENCE SEE DETAIL
私家庭院围墙
（见详图）
DECORATIVE POT
装饰花钵
200-450×25MM NAT. CLEFT FIN. NAT. GRANITE ASHLAR FINISH MIX BEIGE COLOR
200mm×450mm×20mm
厚劈面花岗石样式同
建筑立面
颜色：米黄色
SEATING BENCH SEE IMAGE
座椅
（见示意图片）
UP-LIGHT LIGHTING FIXTURE
埋地灯
向上照射
FLAT RIVER STONES 60-80 MM, COLOR: MIX GREY
Φ60mm～Φ80mm松散
河卵石　颜色：灰色
200mm～450mm×25mm厚劈面
花岗石　颜色：米黄色
200-450×25MM NAT. GRANITE ASHLAR PATT. COLOR MIX BEIGE NAT. CLEFT FINISH
装饰花钵
DECORATIVE POTS
CONCEALED UP-LIGHTS LIGHTING FIXTURE
埋地灯，向上照射
500×1000×30MM LOCAL STONE STEPPIN SLAB NAT. CLEFT FIN. COLOR: D. GREY
石汀步
500mm×1000mm×30mm厚劈面
本地石材
颜色：深灰色
1200

■ 公共庭院局部立面图一

■ 庭院入口局部立面图

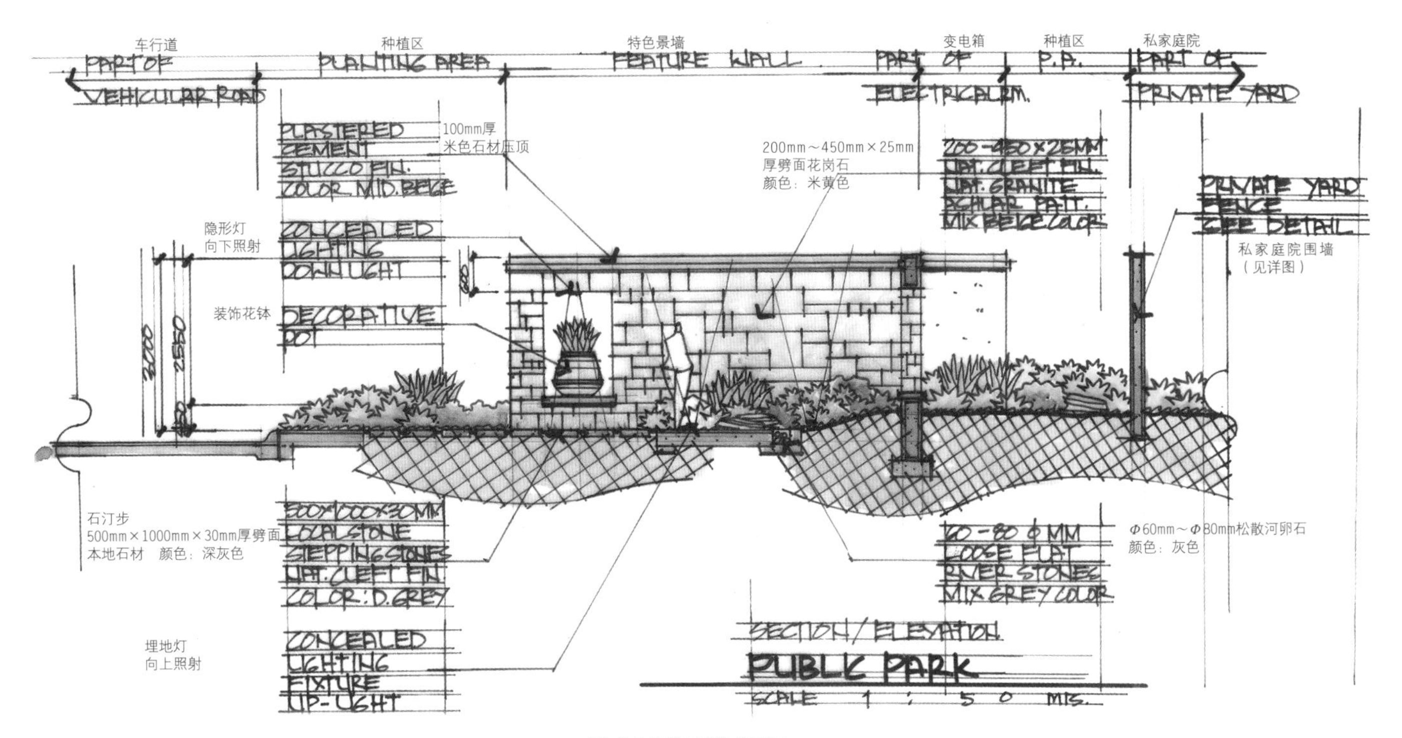
车行道
PART OF VEHICULAR ROAD
种植区
PLANTING AREA
特色景墙
FEATURE WALL
变电箱
PART OF ELECTRICAL RM.
种植区
P.P.
私家庭院
PART OF PRIVATE YARD
PLASTERED CEMENT STUCCO FIN. COLOR: MID. BEIGE
100mm厚
米色石材压顶
200mm～450mm×25mm
厚劈面花岗石
颜色：米黄色
200-450×25MM NAT. CLEFT FIN. NAT. GRANITE SCHLAR PATT. MIX BEIGE COLOR
PRIVATE YARD FENCE SEE DETAIL
私家庭院围墙
（见详图）
隐形灯
向下照射
CONCEALED LIGHTING DOWN LIGHT
装饰花钵
DECORATIVE POT
石汀步
500mm×1000mm×30mm厚劈面
本地石材　颜色：深灰色
500×1000×30MM LOCAL STONE STEPPING STONES NAT. CLEFT FIN COLOR: D. GREY
60-80 Φ MM LOOSE FLAT RIVER STONES MIX GREY COLOR
Φ60mm～Φ80mm松散河卵石
颜色：灰色
埋地灯
向上照射
CONCEALED LIGHTING FIXTURE UP-LIGHT
SECTION / ELEVATION
PUBLIC PARK
SCALE 1 : 50 MTS.

■ 公共庭院局部立面图二

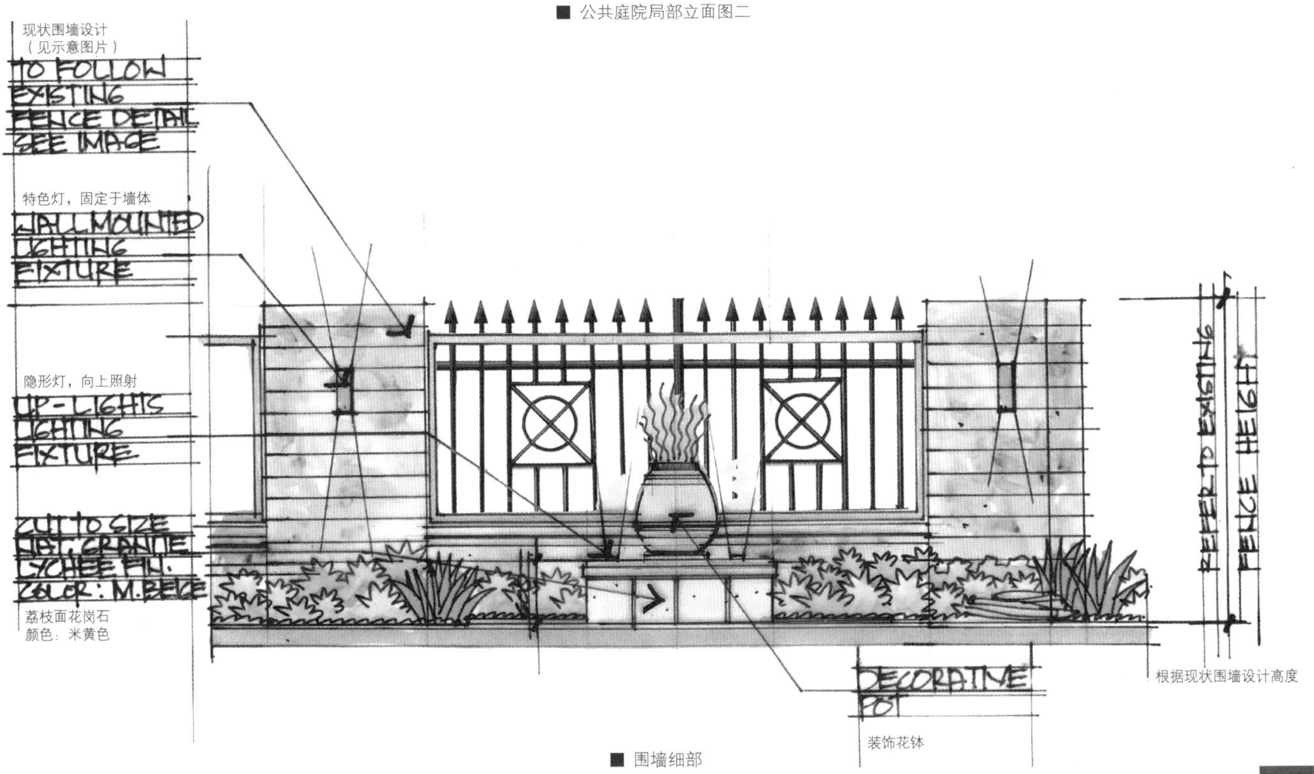
现状围墙设计
（见示意图片）
TO FOLLOW EXISTING FENCE DETAIL SEE IMAGE
特色灯，固定于墙体
WALL MOUNTED LIGHTING FIXTURE
隐形灯，向上照射
UP-LIGHTS LIGHTING FIXTURE
CUT TO SIZE NAT. GRANITE LYCHEE FIN. COLOR: M. BEIGE
荔枝面花岗石
颜色：米黄色
REFER TO EXISTING FENCE HEIGHT
根据现状围墙设计高度
DECORATIVE POT
装饰花钵

■ 围墙细部

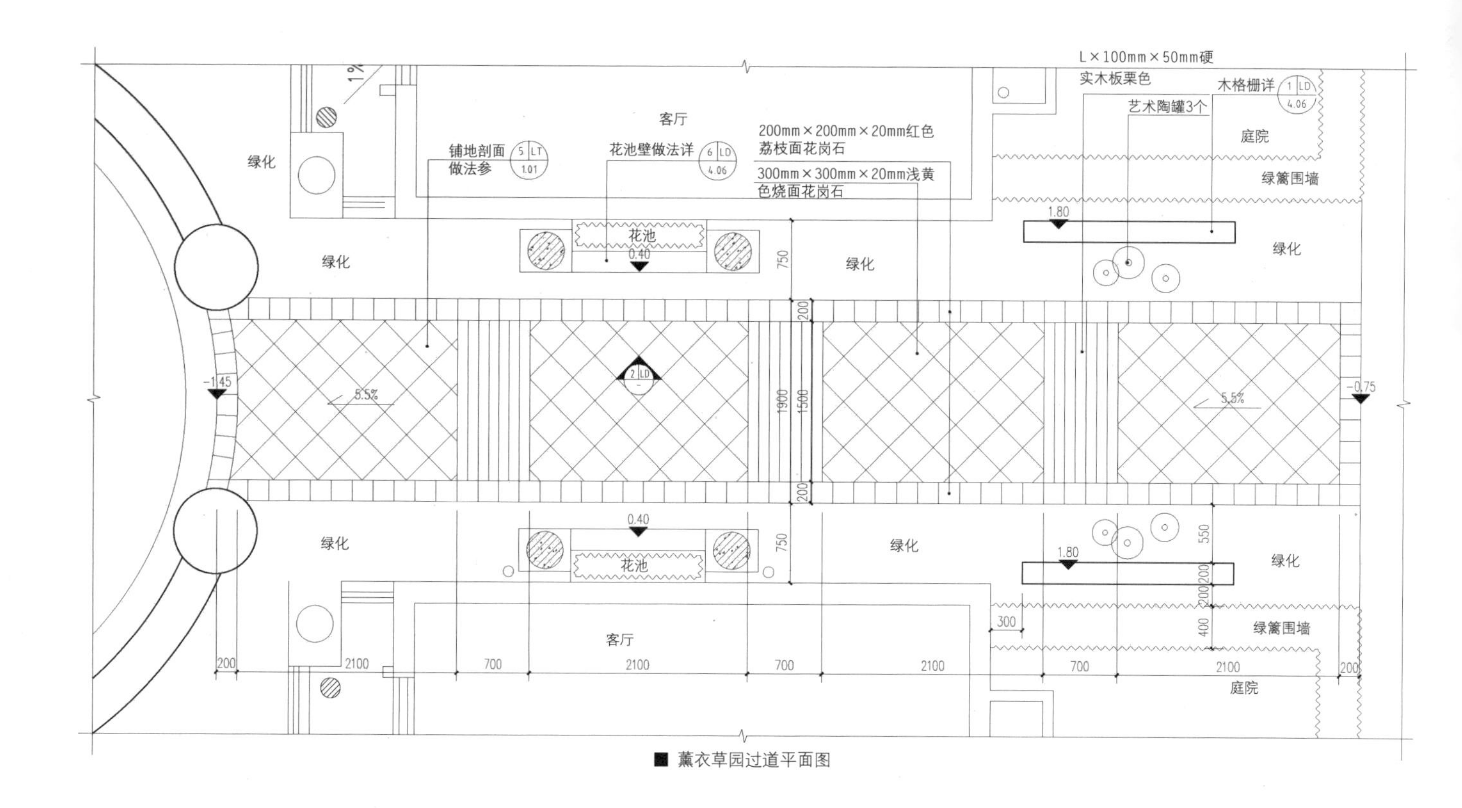
L×100mm×50mm硬
实木板栗色
木格栅详 1 LD 4.06
艺术陶罐3个
客厅
200mm×200mm×20mm红色
荔枝面花岗石
铺地剖面做法参 5 LT 1.01
花池壁做法详 6 LD 4.06
300mm×300mm×20mm浅黄
色烧面花岗石
庭院
绿化
绿篱围墙
花池
0.40
1.80
-1.45
5.5%
-0.75
750
200
1900
1500
550
300
400
700
2100
客厅
庭院
绿篱围墙

■ 薰衣草园过道平面图

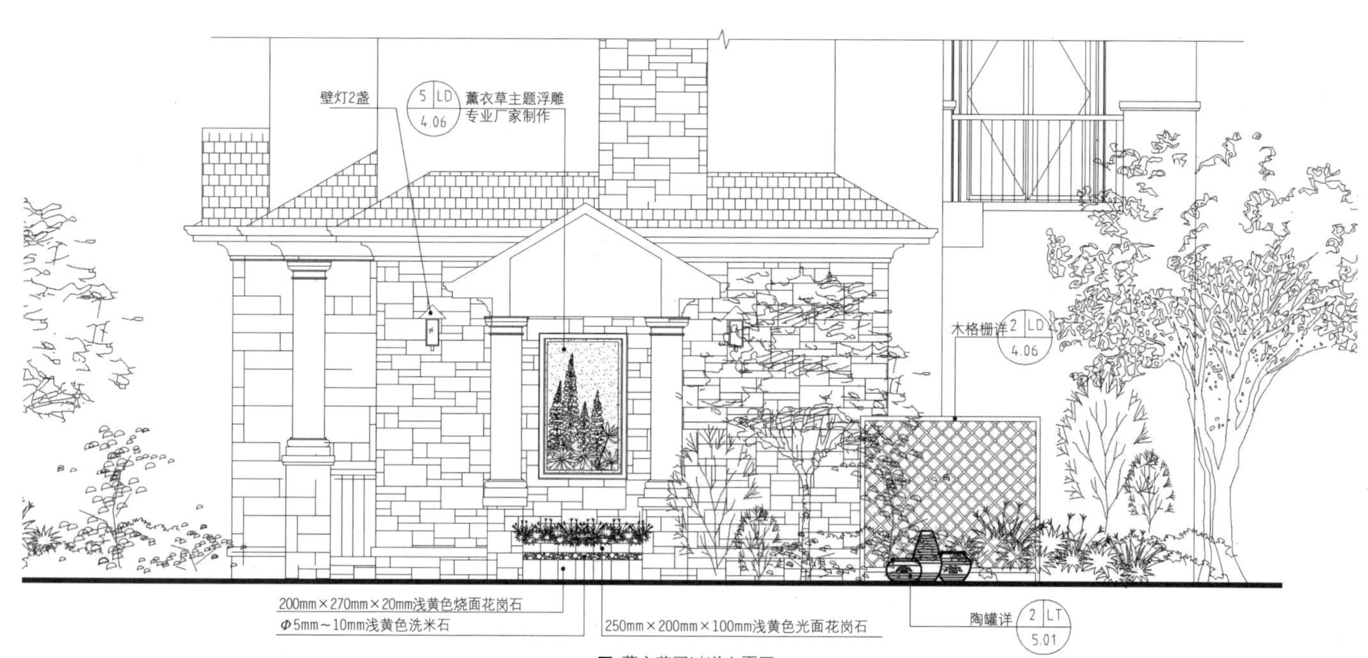
壁灯2盏
5 LD 4.06
薰衣草主题浮雕
专业厂家制作
木格栅详 2 LD 4.06
200mm×270mm×20mm浅黄色烧面花岗石
Φ5mm~10mm浅黄色洗米石
250mm×200mm×100mm浅黄色光面花岗石
陶罐详 2 LT 5.01

■ 薰衣草园过道立面图

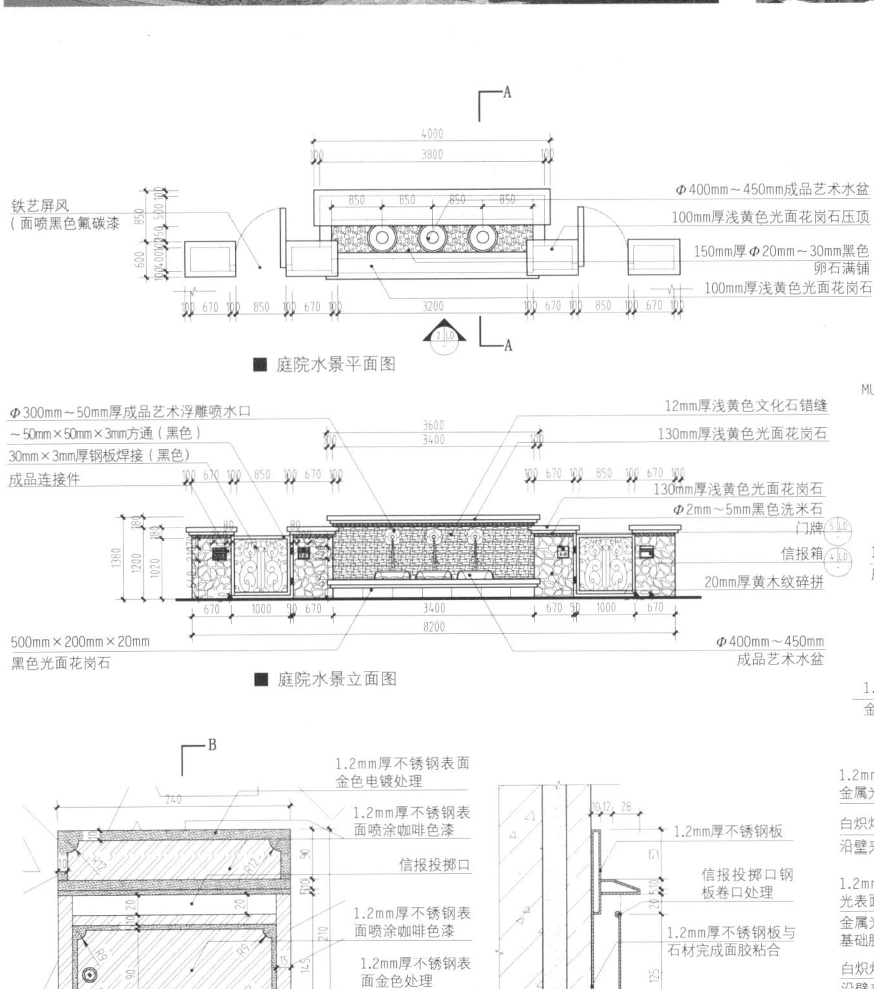

铁艺屏风
（面喷黑色氟碳漆
Φ400mm～450mm成品艺术水盆
100mm厚浅黄色光面花岗石压顶
150mm厚Φ20mm～30mm黑色
卵石满铺
100mm厚浅黄色光面花岗石
Φ300mm～50mm厚成品艺术浮雕喷水口
～50mm×50mm×3mm方通（黑色）
30mm×3mm厚钢板焊接（黑色）
成品连接件
12mm厚浅黄色文化石错缝
130mm厚浅黄色光面花岗石
130mm厚浅黄色光面花岗石
Φ2mm～5mm黑色洗米石
门牌
信报箱
20mm厚黄木纹碎拼
500mm×200mm×20mm
黑色光面花岗石
Φ400mm～450mm
成品艺术水盆
1.2mm厚不锈钢表面
金色电镀处理
1.2mm厚不锈钢表
面喷涂咖啡色漆
信报投掷口
1.2mm厚不锈钢表
面喷涂咖啡色漆
1.2mm厚不锈钢表
面金色处理
1.2mm厚不锈钢板
信报投掷口钢
板卷口处理
1.2mm厚不锈钢板与
石材完成面胶粘合

■ 庭院水景平面图

■ 庭院水景立面图

■ 信报箱立面图

■ B-B剖面图

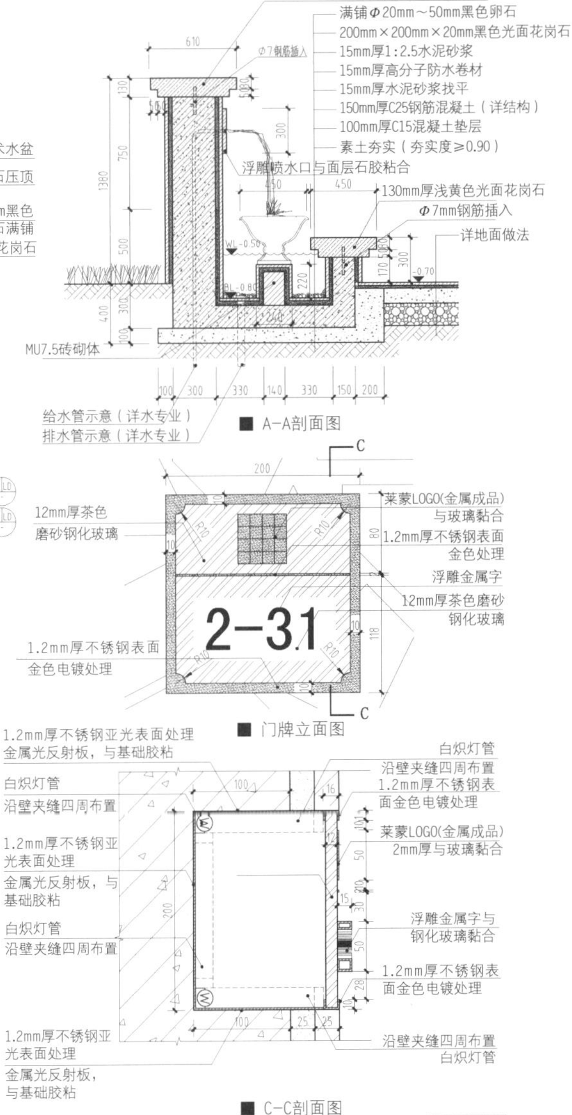

130mm厚浅黄色光面花岗石
满铺Φ20mm～50mm黑色卵石
200mm×200mm×20mm黑色光面花岗石
15mm厚1:2.5水泥砂浆
15mm厚高分子防水卷材
15mm厚水泥砂浆找平
150mm厚C25钢筋混凝土（详结构）
100mm厚C15混凝土垫层
素土夯实（夯实度≥0.90）
浮雕喷水口与面层石胶粘合
130mm厚浅黄色光面花岗石
Φ7mm钢筋插入
详地面做法
MU7.5砖砌体
给水管示意（详水专业）
排水管示意（详水专业）
12mm厚茶色
磨砂钢化玻璃
莱蒙LOGO(金属成品)
与玻璃黏合
1.2mm厚不锈钢表面
金色处理
浮雕金属字
12mm厚茶色磨砂
钢化玻璃
2-31
1.2mm厚不锈钢表面
金色电镀处理
1.2mm厚不锈钢亚光表面处理
金属光反射板，与基础胶粘
白炽灯管
沿壁夹缝四周布置
1.2mm厚不锈钢亚
光表面处理
金属光反射板，与
基础胶粘
白炽灯管
沿壁夹缝四周布置
1.2mm厚不锈钢亚
光表面处理
金属光反射板，
与基础胶粘
白炽灯管
沿壁夹缝四周布置
1.2mm厚不锈钢表
面金色电镀处理
莱蒙LOGO(金属成品)
2mm厚与玻璃黏合
浮雕金属字与
钢化玻璃黏合
1.2mm厚不锈钢表
面金色电镀处理
沿壁夹缝四周布置
白炽灯管

■ A-A剖面图

■ 门牌立面图

■ C-C剖面图

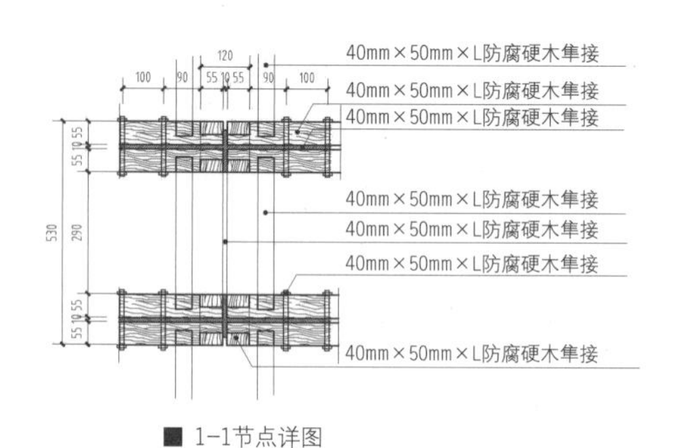

40mm×50mm×L防腐硬木隼接
40mm×50mm×L防腐硬木隼接
40mm×50mm×L防腐硬木隼接
40mm×50mm×L防腐硬木隼接
40mm×50mm×L防腐硬木隼接
40mm×50mm×L防腐硬木隼接
40mm×50mm×L防腐硬木隼接

■ 1-1节点详图

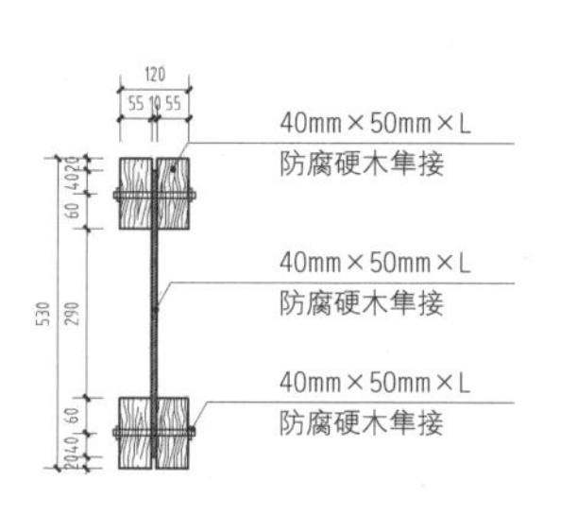

40mm×50mm×L
防腐硬木隼接
40mm×50mm×L
防腐硬木隼接
40mm×50mm×L
防腐硬木隼接

■ 2-2节点详图

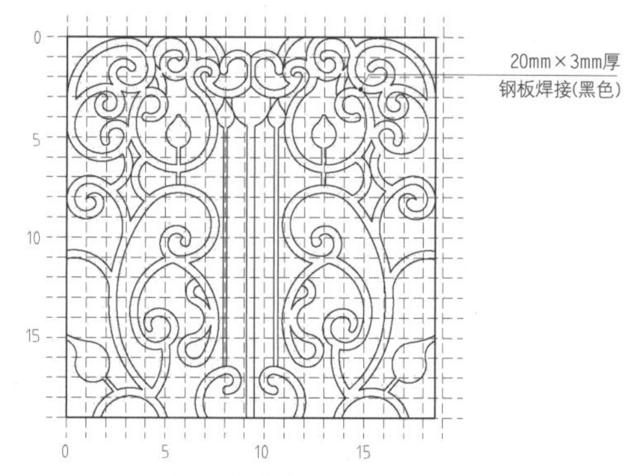

20mm×3mm厚
钢板焊接(黑色)

■ 铁艺门网格定位图　注：网格间距为50mm×50mm

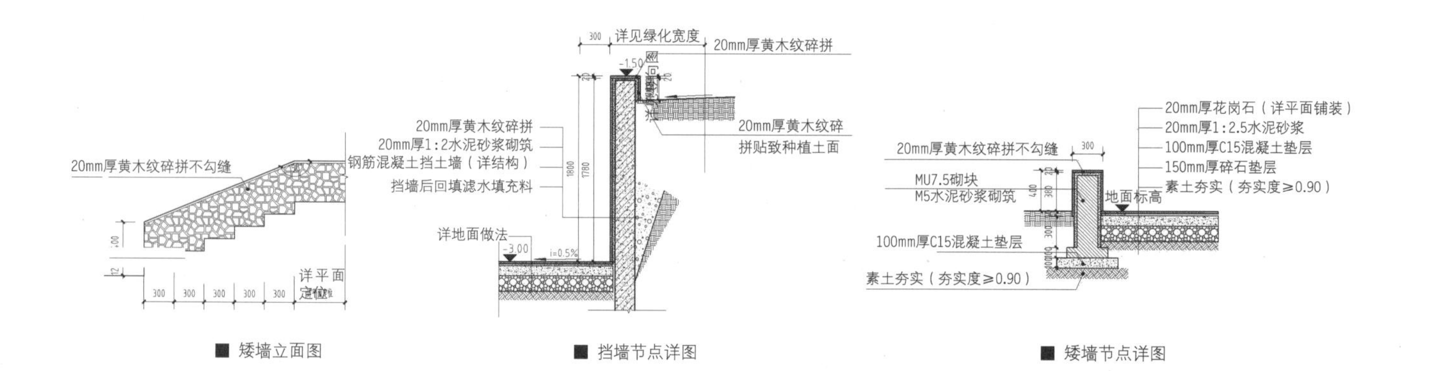

20mm厚黄木纹碎拼不勾缝
详平面定位
详见绿化宽度
20mm厚黄木纹碎拼
20mm厚黄木纹碎拼
20mm厚1:2水泥砂浆砌筑
钢筋混凝土挡土墙（详结构）
挡墙后回填滤水填充料
20mm厚黄木纹碎
拼贴致种植土面
详地面做法
20mm厚花岗石（详平面铺装）
20mm厚1:2.5水泥砂浆
100mm厚C15混凝土垫层
150mm厚碎石垫层
素土夯实（夯实度≥0.90）
20mm厚黄木纹碎拼不勾缝
MU7.5砌块
M5水泥砂浆砌筑
地面标高
100mm厚C15混凝土垫层
素土夯实（夯实度≥0.90）

■ 矮墙立面图　■ 挡墙节点详图　■ 矮墙节点详图

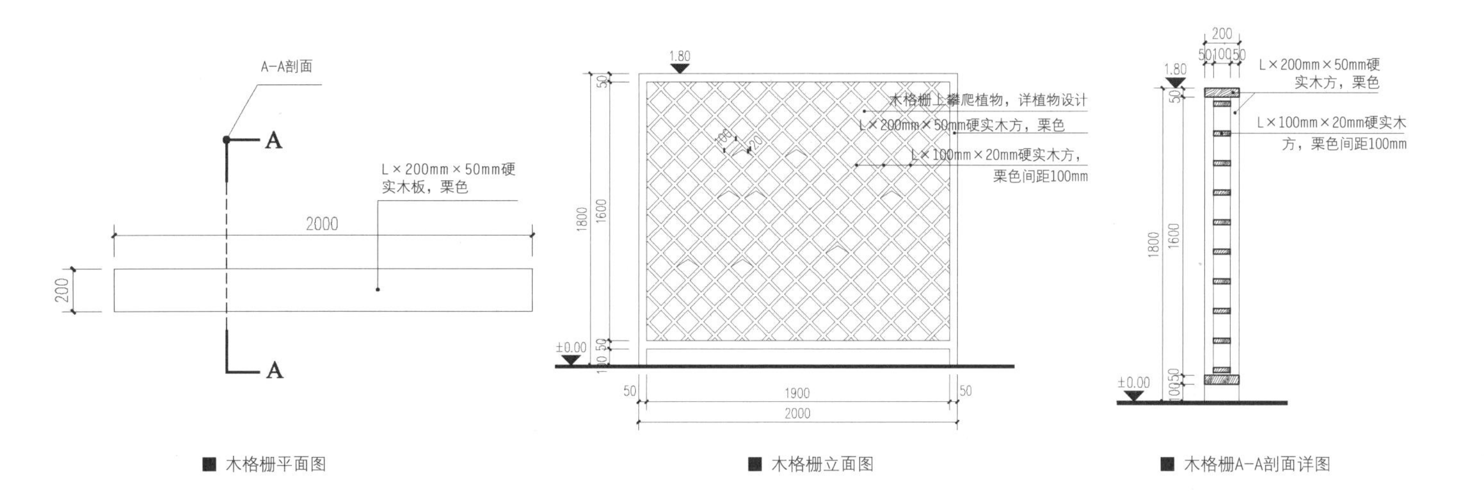

A-A剖面
A
A
L×200mm×50mm硬
实木板，栗色
2000
200
1.80
木格栅上攀爬植物，详植物设计
L×200mm×50mm硬实木方，栗色
L×100mm×20mm硬实木方，
栗色间距100mm
1800
1600
±0.00
1900
2000
L×200mm×50mm硬
实木方，栗色
L×100mm×20mm硬实木
方，栗色间距100mm

■ 木格栅平面图

■ 木格栅立面图

■ 木格栅A-A剖面详图

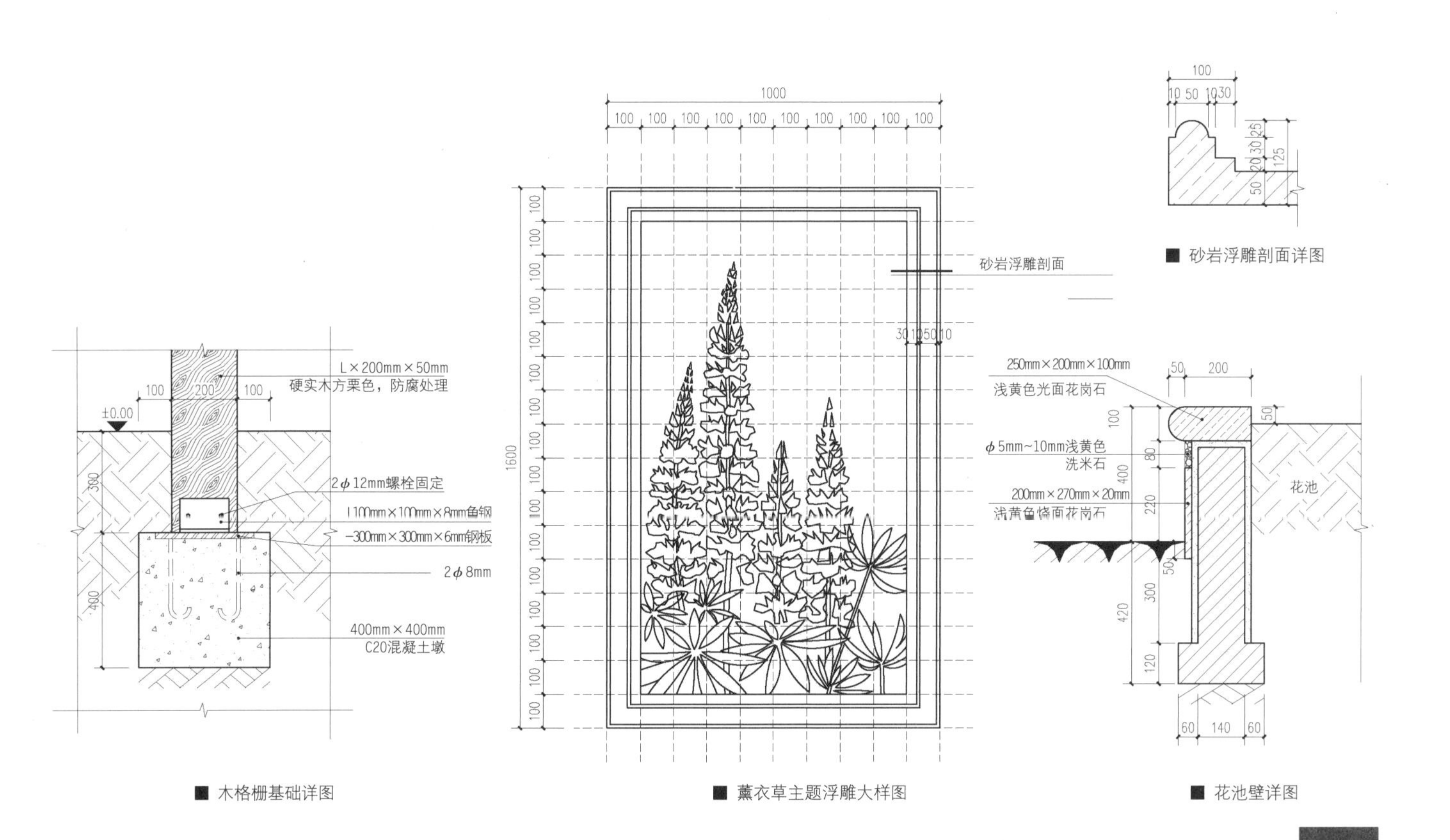

L×200mm×50mm
硬实木方栗色，防腐处理
±0.00
2φ12mm螺栓固定
2φ8mm
400mm×400mm
C20混凝土墩
1000
1600
砂岩浮雕剖面
250mm×200mm×100mm
浅黄色光面花岗石
φ5mm~10mm浅黄色
洗米石
花池

■ 砂岩浮雕剖面详图

■ 木格栅基础详图

■ 薰衣草主题浮雕大样图

■ 花池壁详图

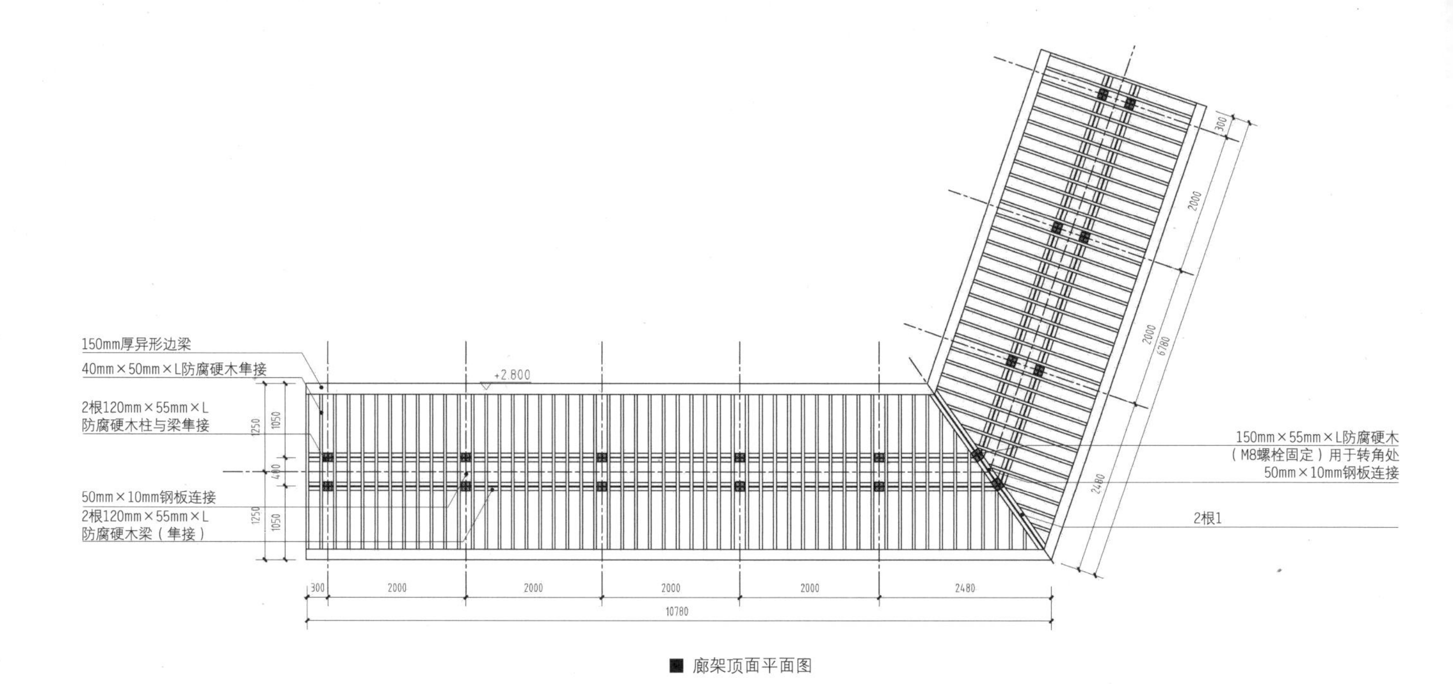
150mm厚异形边梁
40mm×50mm×L防腐硬木隼接
2根120mm×55mm×L
防腐硬木柱与梁隼接
50mm×10mm钢板连接
2根120mm×55mm×L
防腐硬木梁（隼接）
+2.800
150mm×55mm×L防腐硬木
（M8螺栓固定）用于转角处
50mm×10mm钢板连接
2根1
300
2000
2480
6780
10780
1250
1050
400

■ 廊架顶面平面图

2900
150 835 120 290 120 835 150
+2.800
R40
+2.175
960
60°
2根120mm×55mm×L防腐硬木柱
（内加10mm厚钢板）
110 270 110
+0.600
面整石
±0.000
350 350
1250 1250

■ 廊架侧立面图

2440
150mm厚异形边梁
40mm×50mm×L防腐硬木隼接
2根120mm×55mm×L防腐硬
木梁与柱隼接（立柱钢板焊接）
+2.800
+2.175
2根120mm×55mm×L防腐硬木柱
与梁隼接中间夹100mm×10mm×L
厚钢板（与梁钢板焊接）
M8螺栓固定
100mm×10mm厚T形钢
（长400mm）
+0.600
700mm×300mm×800mm
深灰色光面整石
±0.000

■ 廊架正立面图

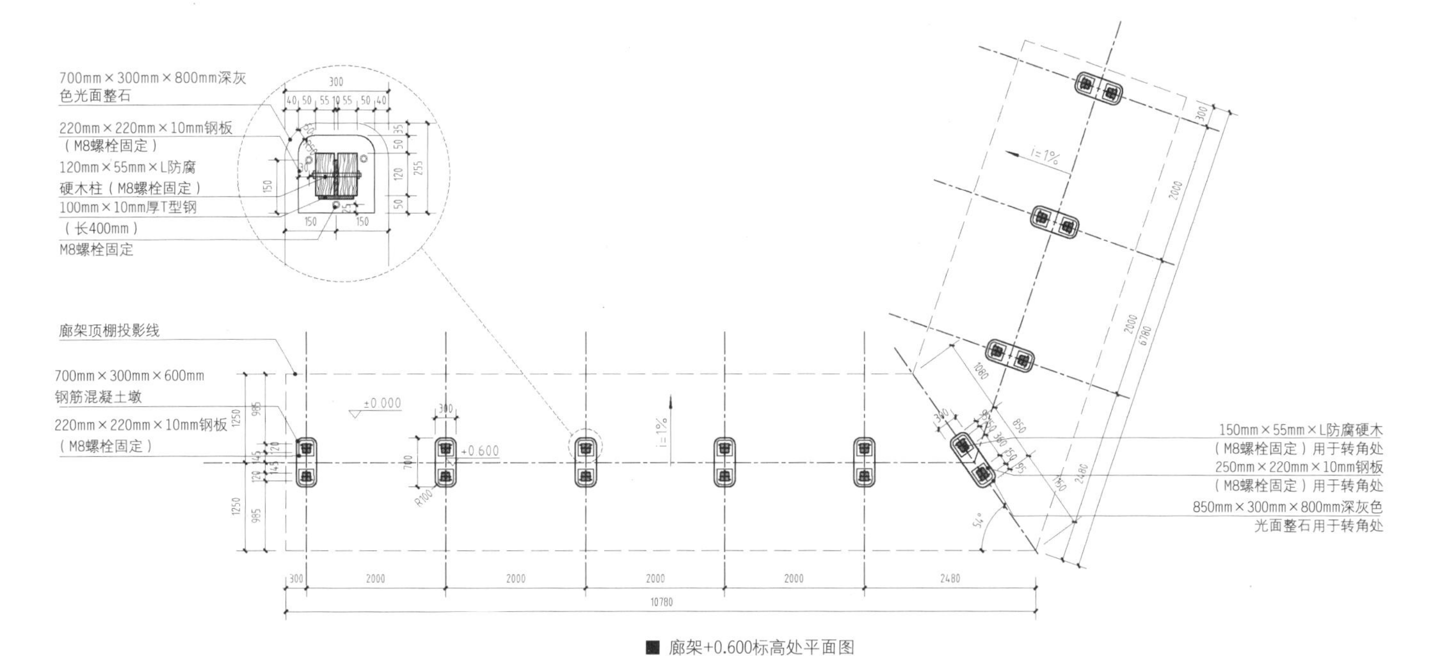
700mm×300mm×800mm深灰色光面整石
220mm×220mm×10mm钢板（M8螺栓固定）
120mm×55mm×L防腐硬木柱（M8螺栓固定）
100mm×10mm厚T型钢（长400mm）
M8螺栓固定
廊架顶棚投影线
700mm×300mm×600mm钢筋混凝土墩
220mm×220mm×10mm钢板（M8螺栓固定）
150mm×55mm×L防腐硬木（M8螺栓固定）用于转角处
250mm×220mm×10mm钢板（M8螺栓固定）用于转角处
850mm×300mm×800mm深灰色光面整石用于转角处
±0.000
+0.600
i=1%
10780

■ 廊架+0.600标高处平面图

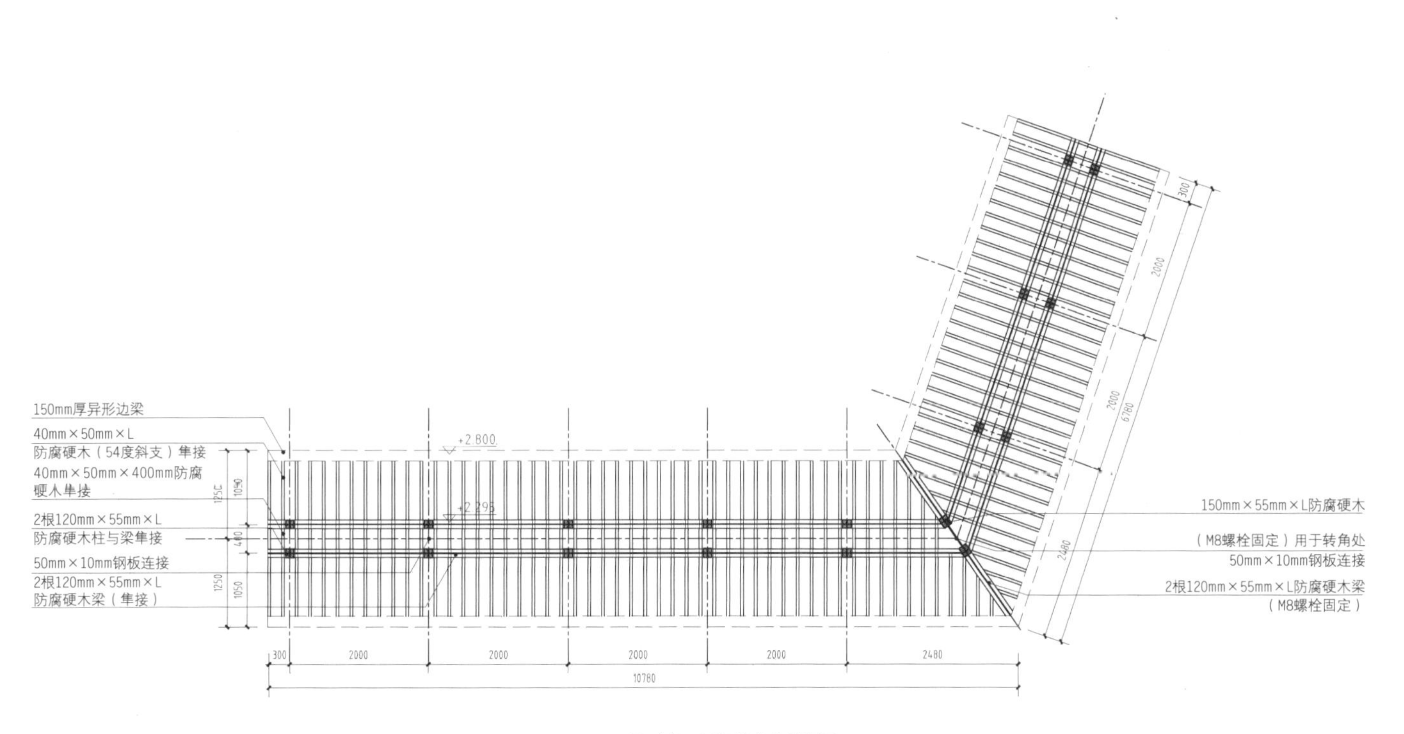
150mm厚异形边梁
40mm×50mm×L防腐硬木（54度斜支）隼接
40mm×50mm×400mm防腐硬木隼接
2根120mm×55mm×L防腐硬木柱与梁隼接
50mm×10mm钢板连接
2根120mm×55mm×L防腐硬木梁（隼接）
150mm×55mm×L防腐硬木（M8螺栓固定）用于转角处
50mm×10mm钢板连接
2根120mm×55mm×L防腐硬木梁（M8螺栓固定）
+2.800
+2.295
10780

■ 廊架+2.295标高处平面图

中国·惠州中信凯旋城

景观设计: SED 新西林景观国际　摄影师: SED新西林景观国际、中信集团　客户: 中信集团

项目简介
Information

惠州市位于广东省东南部，是粤东的一座历史名城，有着独特的地理位置和优美的自然环境。项目位于惠州中心体育场，拥有较宽的市政绿化，提升小区整体品质的同时也为小区提供一个良好的绿色屏障。依据其建筑产品风格——西班牙风格，景观设计承袭南加州风情的热烈奔放，倾力打造高端小镇度假情怀，将奢华会所、人文生活乐园、野趣大方的生态自然尽收其中，彰显艺术细节之美。

■ 平面图

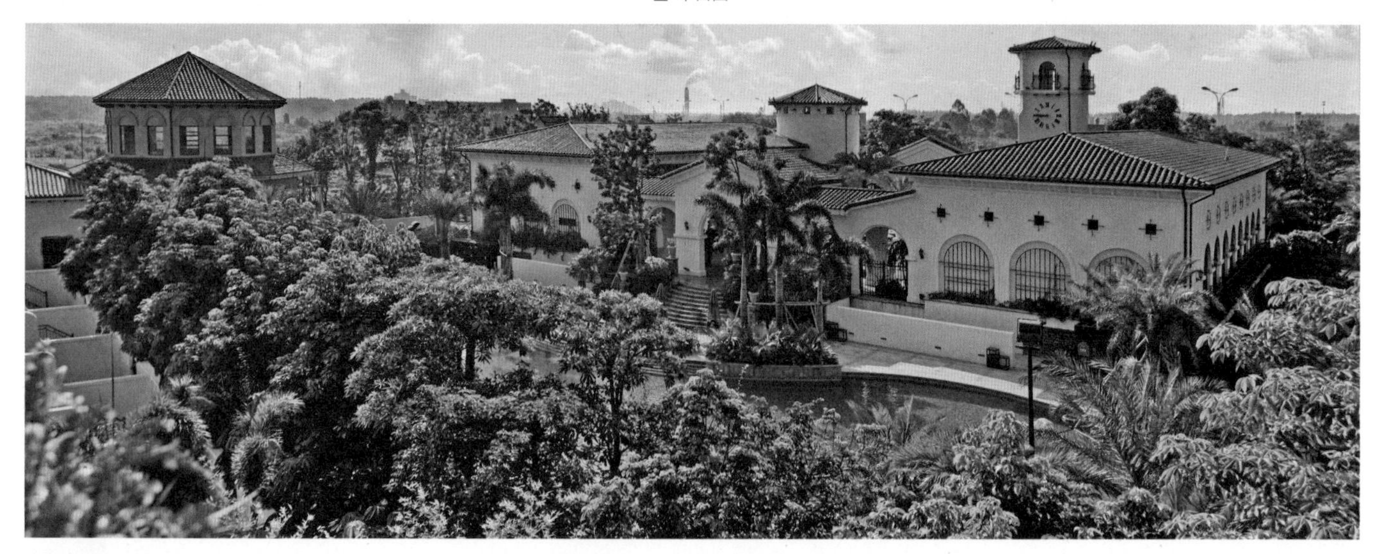

SECTION THRU 'A-A'
SCALE

■ A-A剖面图

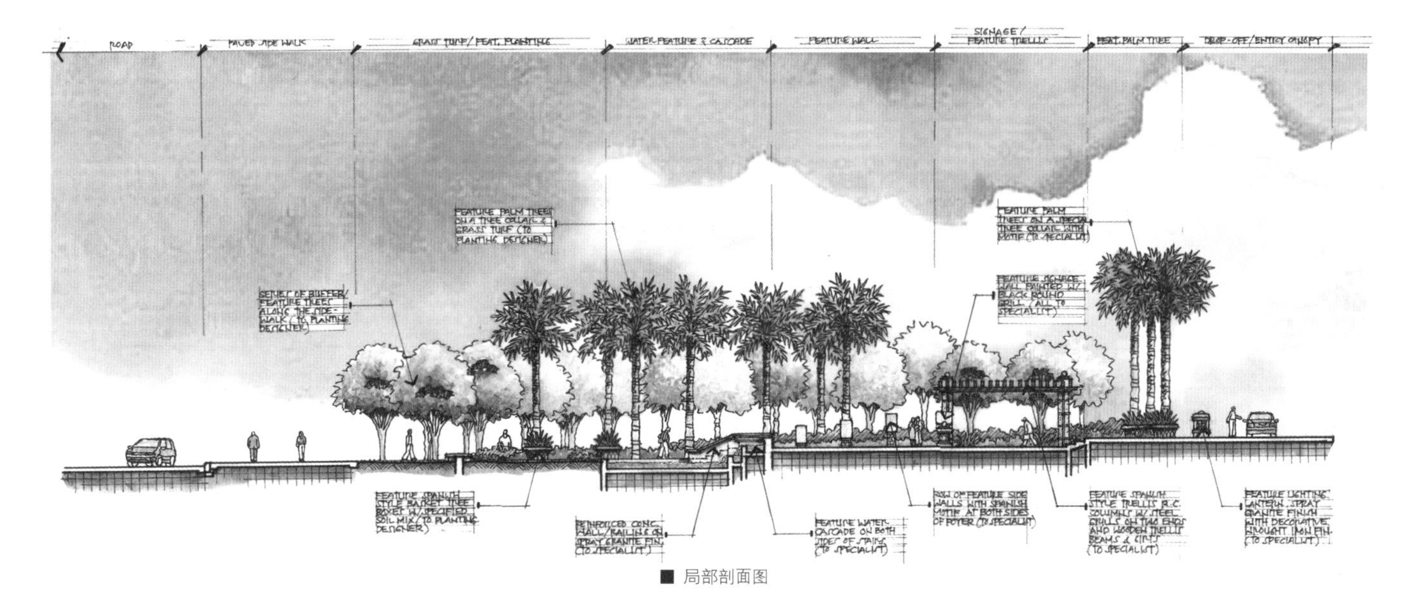

ROAD
PAVED SIDE WALK
GRASS TURF / FEAT. PLANTING
WATER FEATURE & CASCADE
FEATURE WALL
SIGNAGE / FEATURE TRELLIS
FEAT. PALM TREE
DROP-OFF / ENTRY CANOPY
FEATURE PALM TREES ON A TREE GRATE & GRASS TURF (TO PLANTING DESIGNER)
SERIES OF BUFFER / FEATURE TREES ALONG THE SIDE-WALK (TO PLANTING DESIGNER)
FEATURE PALM TREES ON A SPECIAL TREE GRATE WITH MOTIF (TO SPECIALIST)
FEATURE SIGNAGE WALL PAINTED W/ BLACK ROUND GRILL (ALL TO SPECIALIST)
FEATURE SPANISH STYLE BASKET TREE BOXES W/ SPECIFIED SOIL MIX (TO PLANTING DESIGNER)
REINFORCED CONC. WALL / RAILING ON SPRAY GRANITE FIN. (TO SPECIALIST)
FEATURE WATER CASCADE ON BOTH SIDES OF STAIRS (TO SPECIALIST)
ROW OF FEATURE SIDE WALLS WITH SPANISH MOTIF AT BOTH SIDES OF FOYER (TO SPECIALIST)
FEATURE SPANISH STYLE TRELLIS R.C. COLUMNS W/ STEEL GRILLS ON TWO ENDS AND WOODEN TRELLIS BEAMS & GIRTS (TO SPECIALIST)
FEATURE LIGHTING LANTERN, SPRAY GRANITE FINISH WITH DECORATIVE WROUGHT IRON FIN. (TO SPECIALIST)

■ 局部剖面图

ZHONGXIN
MARKET

■ 立面图一

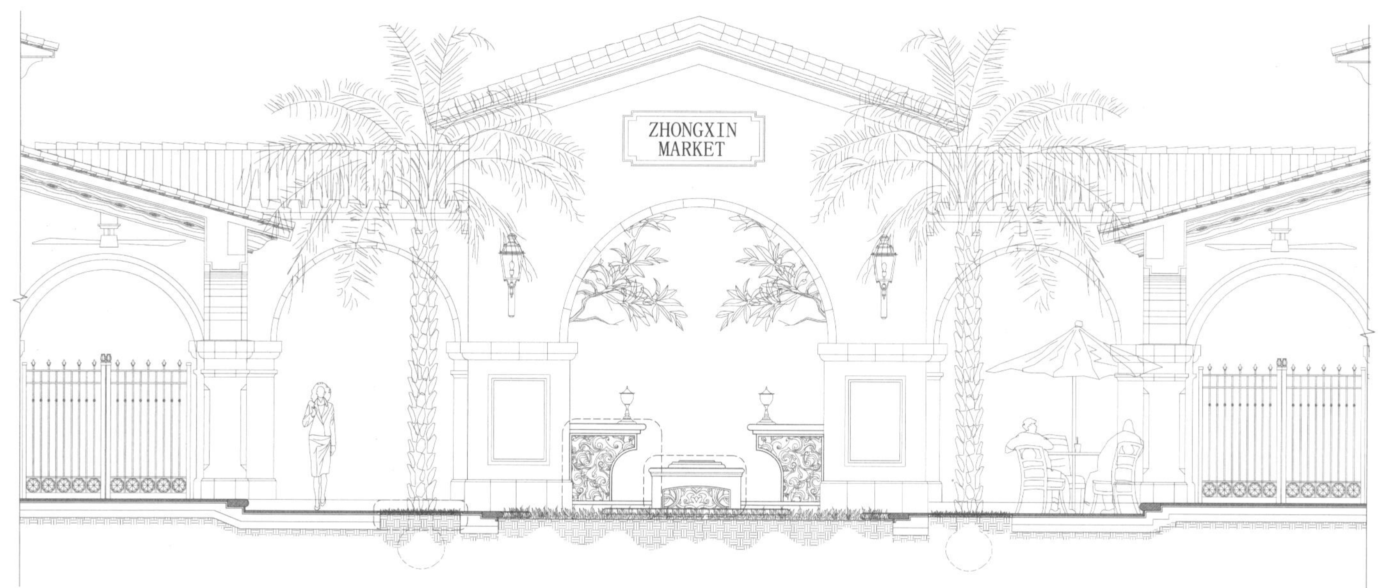
ZHONGXIN
MARKET

■ 立面图二

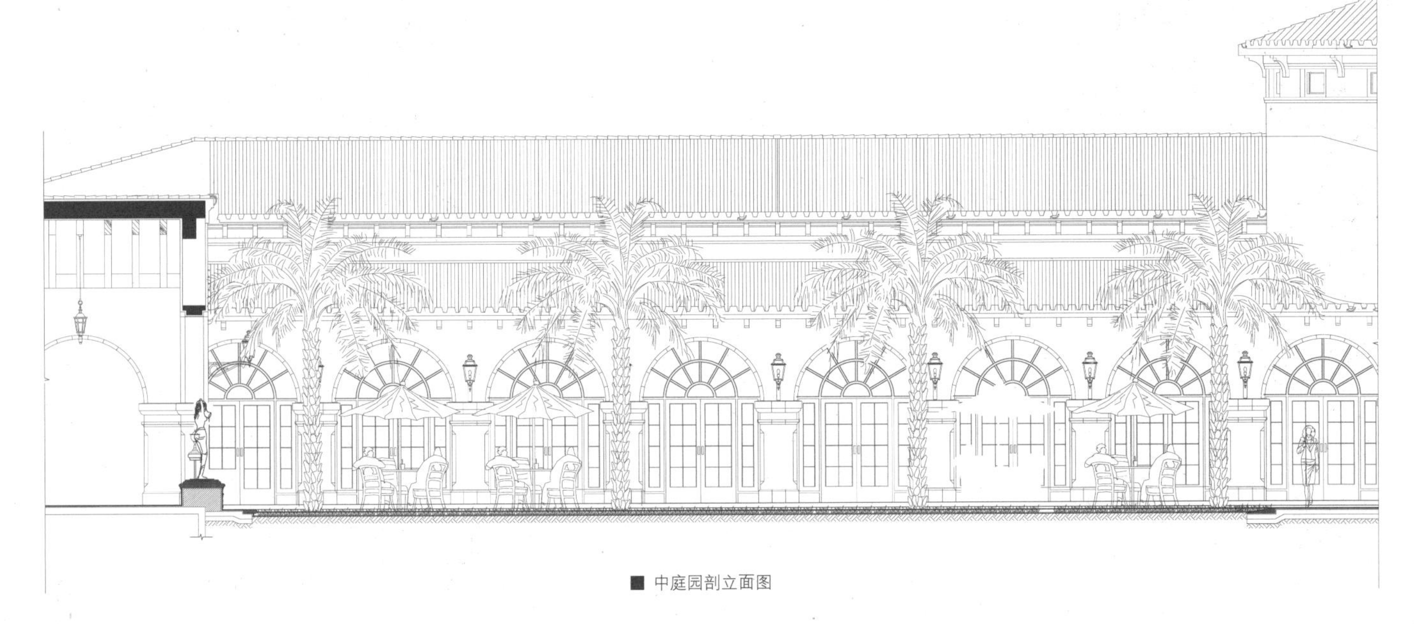

■ 中庭园剖立面图

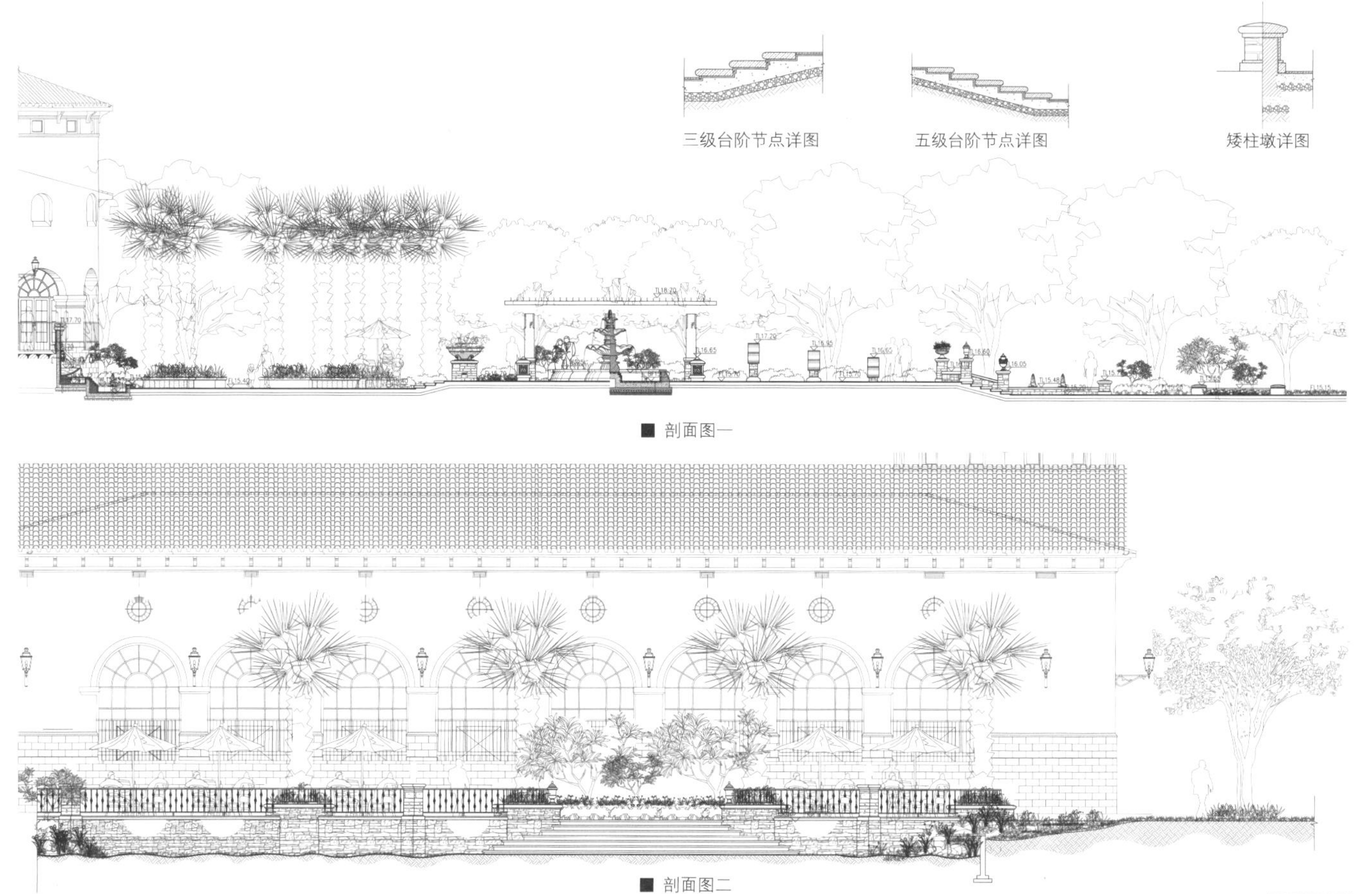
三级台阶节点详图
五级台阶节点详图
矮柱墩详图

■ 剖面图一

■ 剖面图二

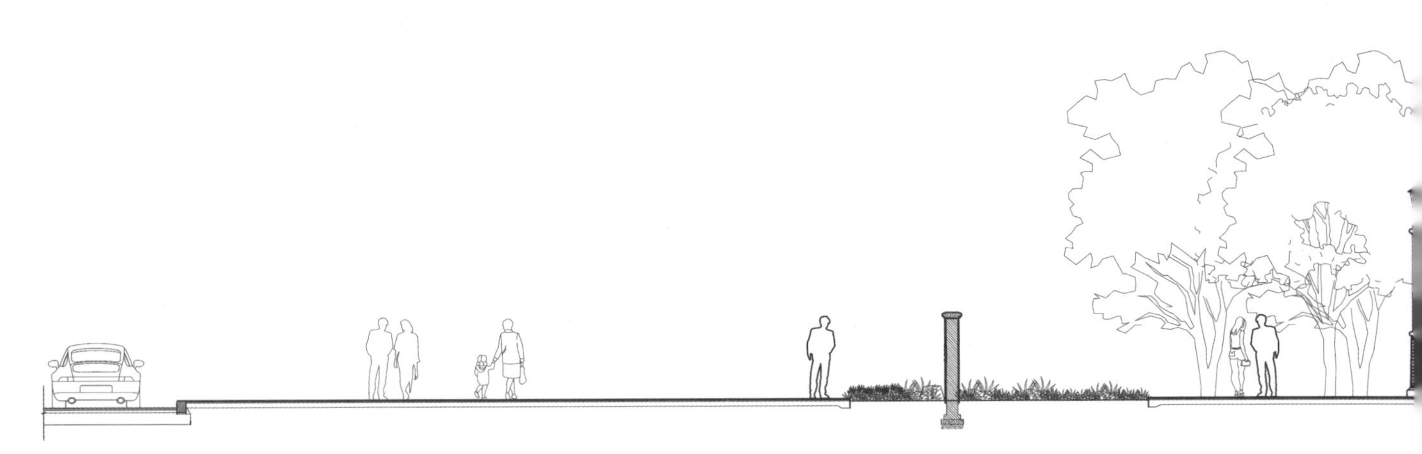

■ 商业广场纵剖立面图

■ 商业广场正立面图

■ 高尔夫景观区剖立面详图

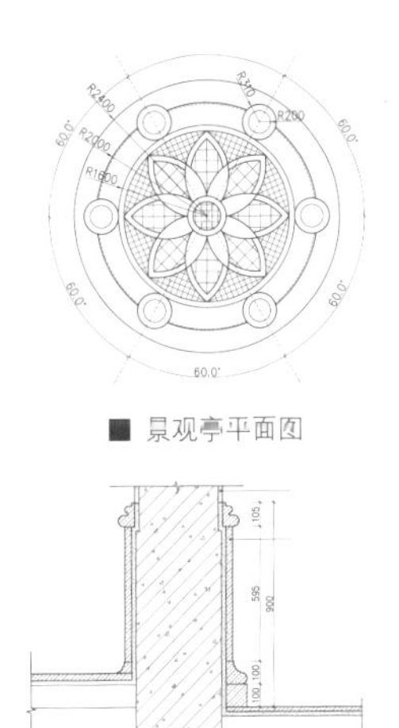

■ 景观亭平面图

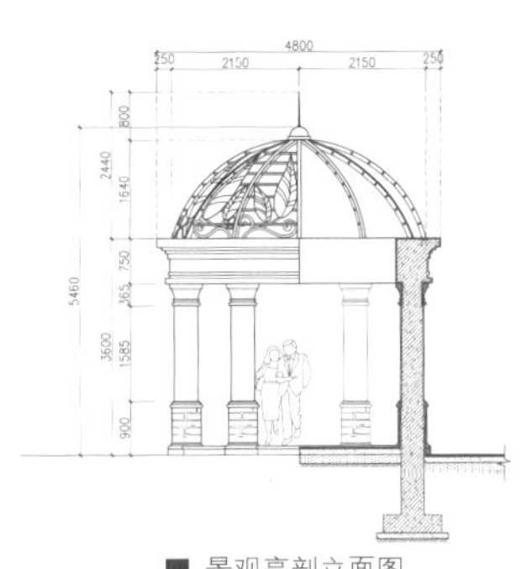

■ 景观亭剖立面图

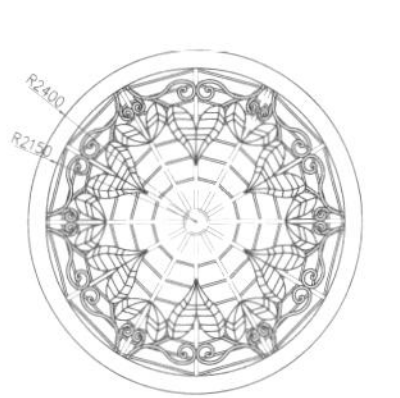

■ 景观亭平面图

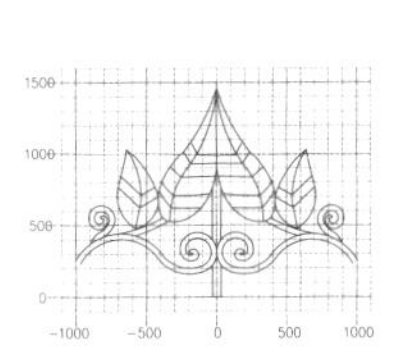

■ 景观亭花纹放样图

■ 景观亭平面图

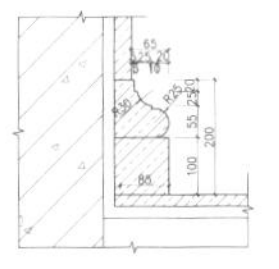

■ 景观亭平面图

■ 景观亭平面图

■ 景观亭平面图

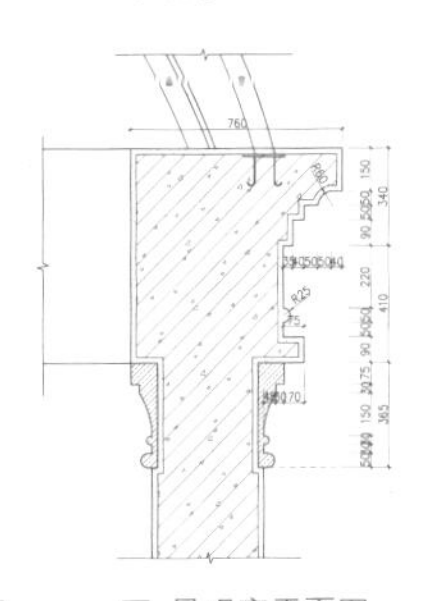

■ 景观亭平面图

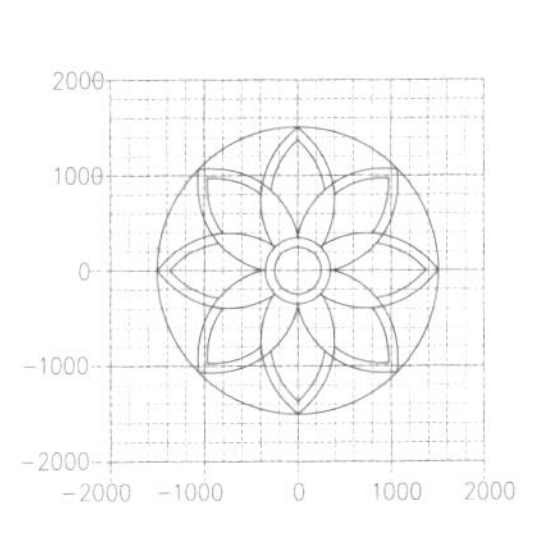

■ 景观亭铺装平面图

中国·南京滨江壹号

景观设计: 广州市太合景观设计有限公司　摄影师: 广州市太合景观设计有限公司　客户: 苏宁置业

项目简介
Information

该项目处于南京文化、体育、商业、经济的中心，且具有风景优美的独特的滨江带。西靠美术馆文化区，东北面是现代商业带与奥体中心大道，得天独厚的地理环境为项目设计成南京最高端的社区创造了条件。南京苏宁滨江公寓以南京最高端社区为目标，以“动感时代、舒适宁静的生活”为设计主题，以水为设计主元素，祥云、曲线的元素与建筑浑然一体，强调曲线的韵律与节奏感，体现时尚动感生活，黑色与白色为景观硬质的主色调，既与小区建筑的白色调相得益彰，又使得整个小区独具一格。

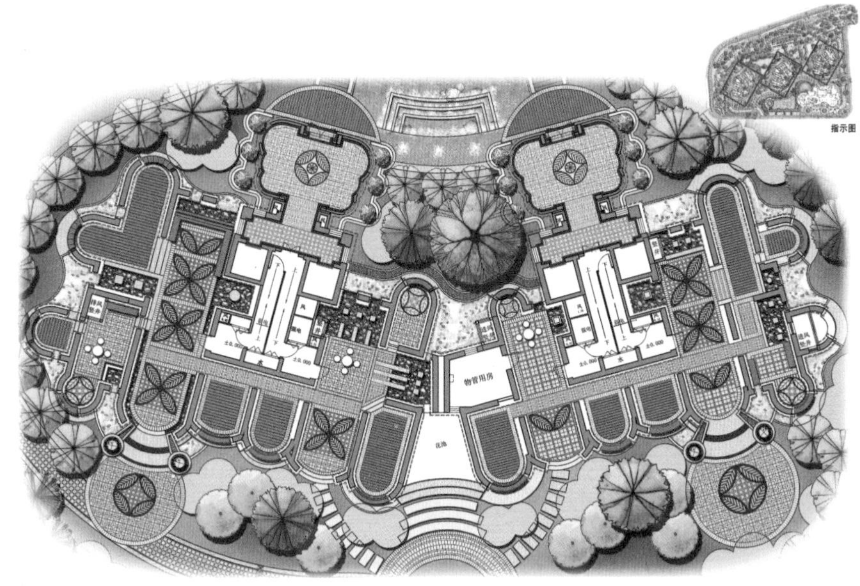
指示图
物管用房

■ 细部平面图一

1. 小区主入口
2. 入口岗亭
3. 地下车库出入口
4. 人防出入口
5. 嵌入式景观雕塑
6. 叠水景墙
7. 儿童泳池
8. 成人泳池
9. 休闲太阳伞
10. 主景树
11. 喷水雕塑
12. 木栈道
13. 水中按摩椅
14. 水边树池
15. SPA按摩池
16. 圆形柱廊浴帘
17. 矮景墙
18. 泳池下水区
19. 休闲躺椅
20. 休闲木平台
21. 特色种植池
22. 景观雕塑
23. 喷水池
24. 特色铺装
25. 树池座凳
26. 艺术小品
27. 条石座凳
28. 景观灯柱
29. 商业步行街
30. 冷却塔
31. 泄爆口
32. 次入口弧形LOGO景墙
33. 公寓入口特色水景
34. 亲水木平台
35. 坡地社区公园出入口
36. 特色花圃
37. 景石
38. 坡地社区公园
39. 停车位(20辆)
40. 林荫休闲平台
41. 湖面景观
42. 健身步道
43. 树阵
44. 卵石景观
45. 小桥流水
46. 围墙
47. 密林代替围墙
48. 健身区
49. 入口跌水LOGO牌
50. 弧形跌级
51. 主入口特色水景
52. LOGO牌
53. 儿童乐园
54. 弧形条石
55. 特色廊架
56. 叠石景观
57. 景观圆亭
58. 拱桥
59. 喷水雕塑与景观石桥
60. 景观叠水
61. 架空层出入口
62. 水中汀步
63. 人行道
64. 喷水花钵
小区主入口
小区次入口
河西大街

■ 平面图

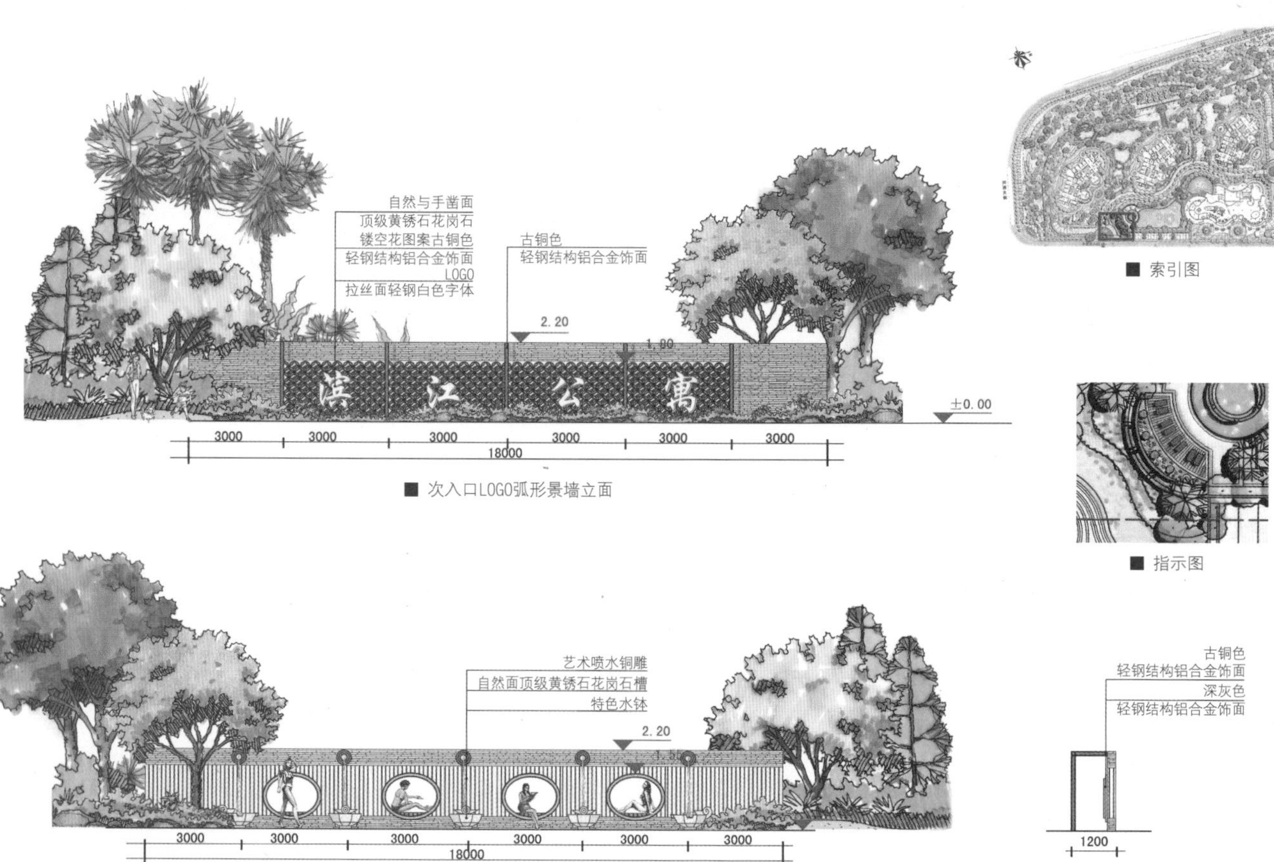
自然与手凿面
顶级黄锈石花岗石
镂空花图案古铜色
轻钢结构铝合金饰面
LOGO
拉丝面轻钢白色字体
古铜色
轻钢结构铝合金饰面
2.20
1.90
滨 江 公 寓
±0.00
3000
3000
3000
3000
3000
3000
18000
艺术喷水铜雕
自然面顶级黄锈石花岗石槽
特色水钵
2.20
3000
3000
3000
3000
3000
3000
18000
古铜色
轻钢结构铝合金饰面
深灰色
轻钢结构铝合金饰面
1200

■ 次入口LOGO弧形景墙立面

■ 索引图

■ 指示图

■ 泳池弧形景墙立面

■ LOGO与泳池弧形景墙侧立面

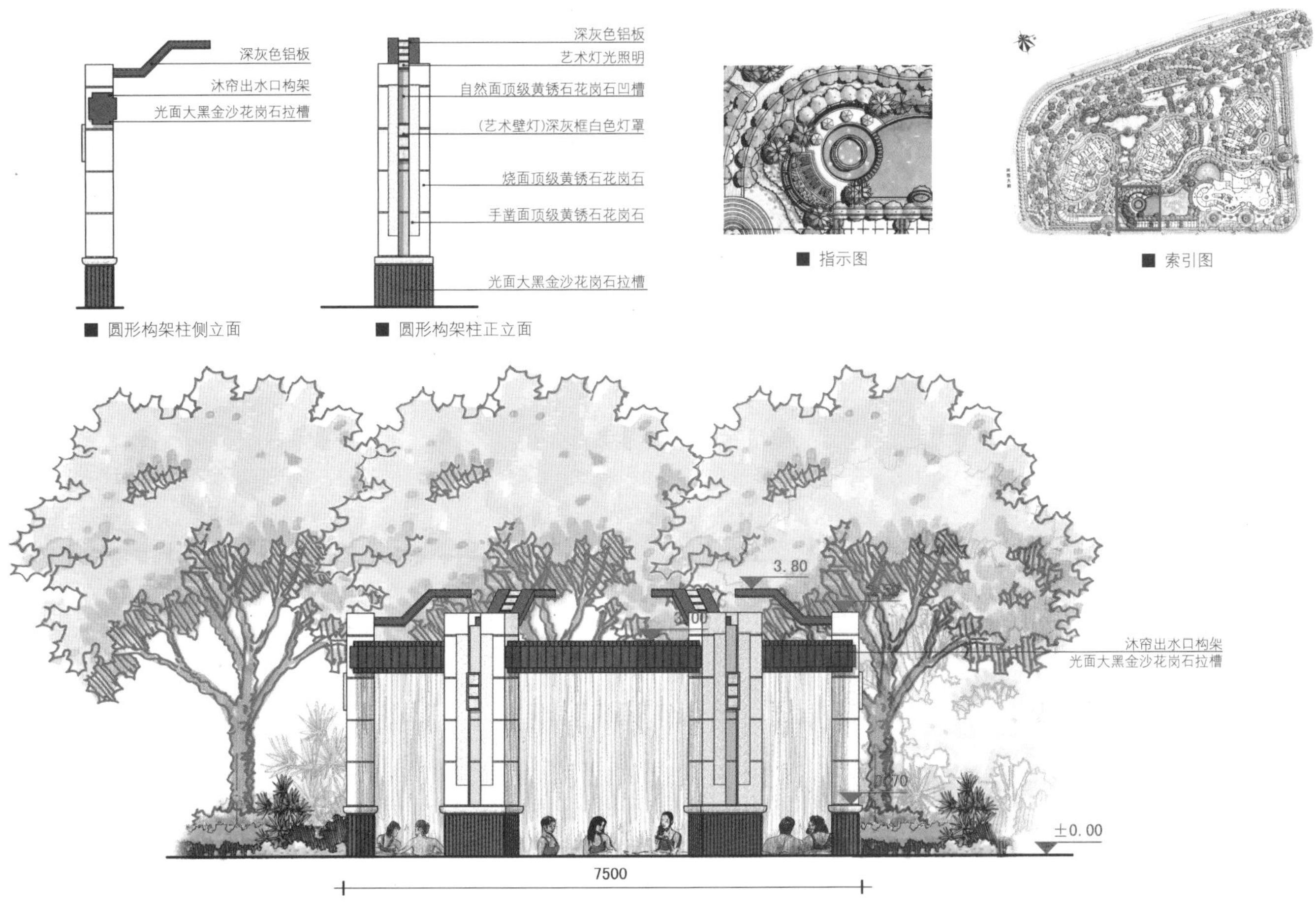

深灰色铝板
沐帘出水口构架
光面大黑金沙花岗石拉槽
深灰色铝板
艺术灯光照明
自然面顶级黄锈石花岗石凹槽
(艺术壁灯)深灰框白色灯罩
烧面顶级黄锈石花岗石
手凿面顶级黄锈石花岗石
光面大黑金沙花岗石拉槽
3.80
沐帘出水口构架
光面大黑金沙花岗石拉槽
±0.00
7500

■ 圆形构架柱侧立面

■ 圆形构架柱正立面

■ 指示图

■ 索引图

■ 泳池SPA按摩池圆形构架立面

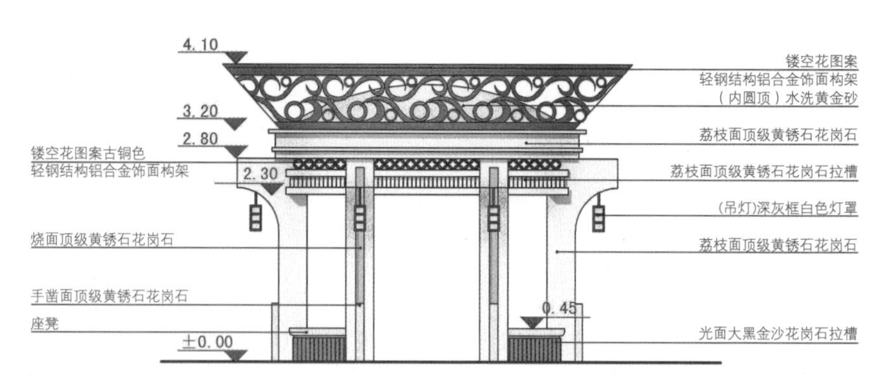

4.10
3.20
2.80
2.30
0.45
±0.00
镂空花图案
轻钢结构铝合金饰面构架
（内圆顶）水洗黄金砂
荔枝面顶级黄锈石花岗石
荔枝面顶级黄锈石花岗石拉槽
(吊灯)深灰框白色灯罩
荔枝面顶级黄锈石花岗石
光面大黑金沙花岗石拉槽
镂空花图案古铜色
轻钢结构铝合金饰面构架
烧面顶级黄锈石花岗石
手凿面顶级黄锈石花岗石
座凳

■ 水中园亭立面

■ 索引图

■ 水中亭指示图

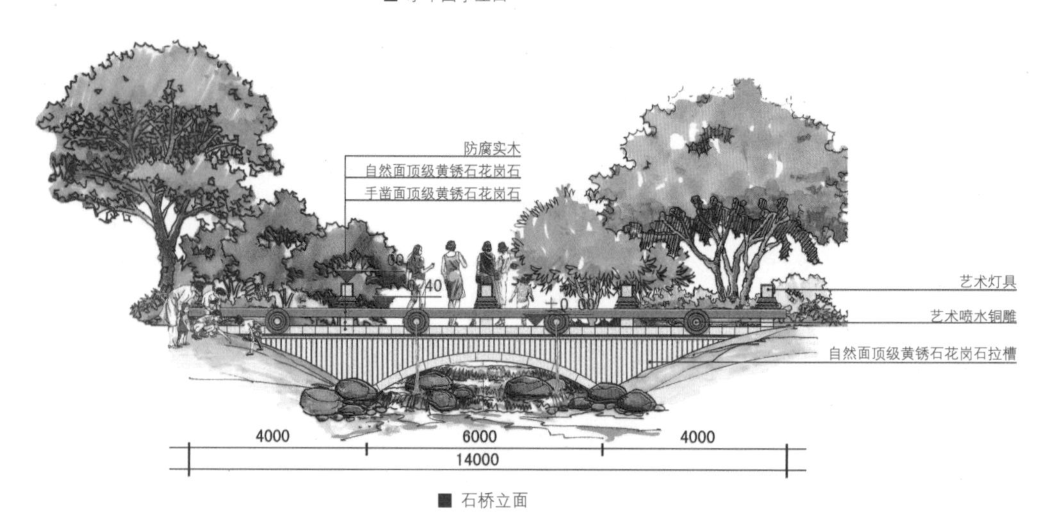

防腐实木
自然面顶级黄锈石花岗石
手凿面顶级黄锈石花岗石
艺术灯具
艺术喷水铜雕
自然面顶级黄锈石花岗石拉槽
4000
6000
4000
14000

■ 石桥立面

■ 石桥指示图

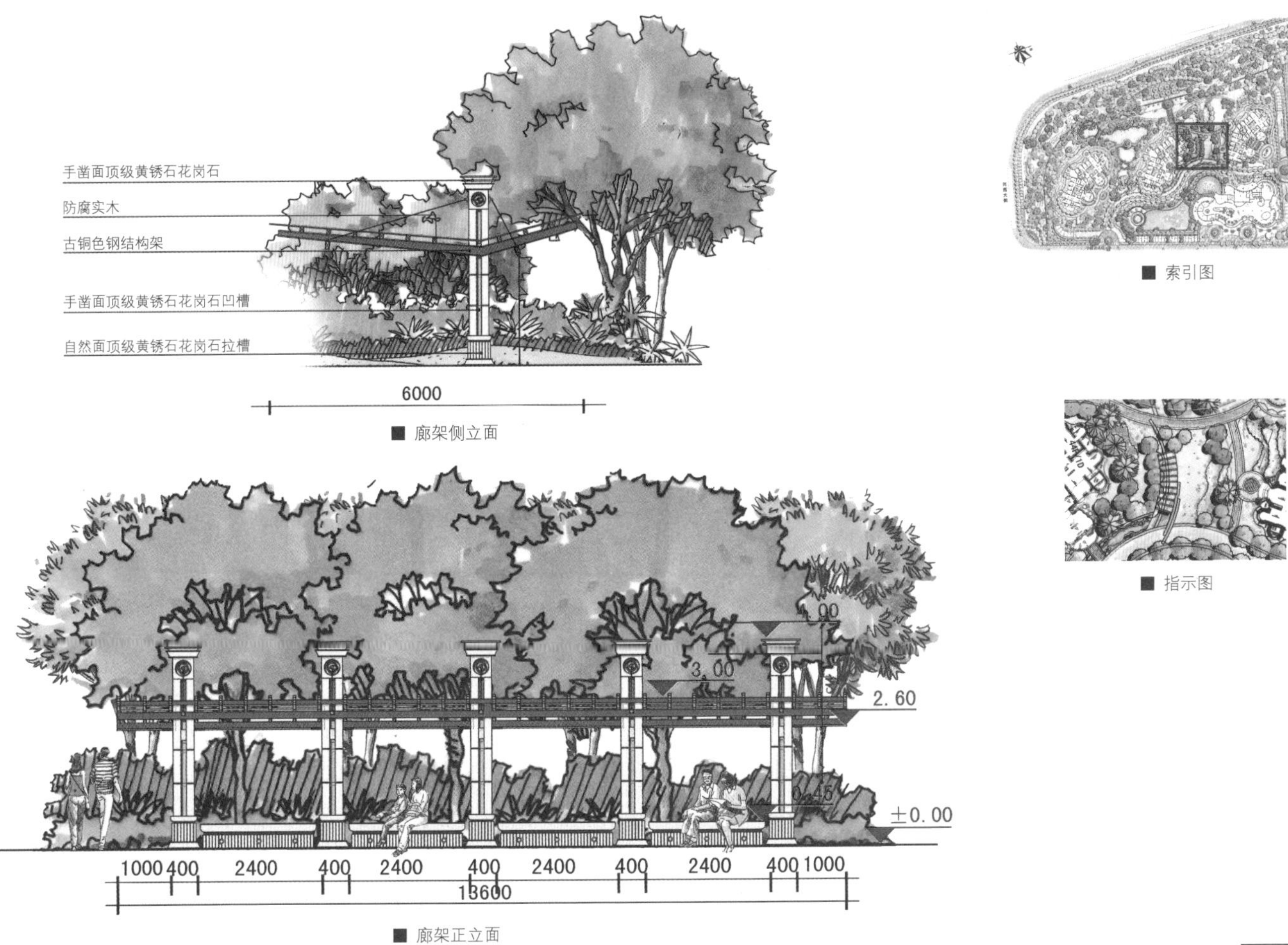

手凿面顶级黄锈石花岗石
防腐实木
古铜色钢结构架
手凿面顶级黄锈石花岗石凹槽
自然面顶级黄锈石花岗石拉槽
6000
3.00
2.60
±0.00
1000 400 2400 400 2400 400 2400 400 2400 400 1000
13600

■ 廊架侧立面

■ 廊架正立面

■ 索引图

■ 指示图

荔枝面黄锈石花岗石
手凿面黄锈石花岗石
拉丝面黄锈石花岗石
光面黑金沙花岗石
手凿面黄锈石花岗石
烧面黄锈石花岗石
荔枝面黄锈石花岗石
黄色雨花石竖向嵌铺
烧面黄锈石花岗石
荔枝面黄锈石花岗石汀步
荔枝面黄锈石花岗石条石
烧面黄锈石花岗石
自然平面黄锈石花岗石
光面黑金沙花岗石
荔枝面黄锈石花岗石
手凿面黄锈石花岗石
石景组合
荔枝面黄锈石花岗石
烧面黄锈石花岗石碎拼
荔枝面黄锈石花岗石
拉丝面黄锈石花岗石
古铜色拉丝面钢板特色
纹样(由专业公司设计)

■ 细部平面图二

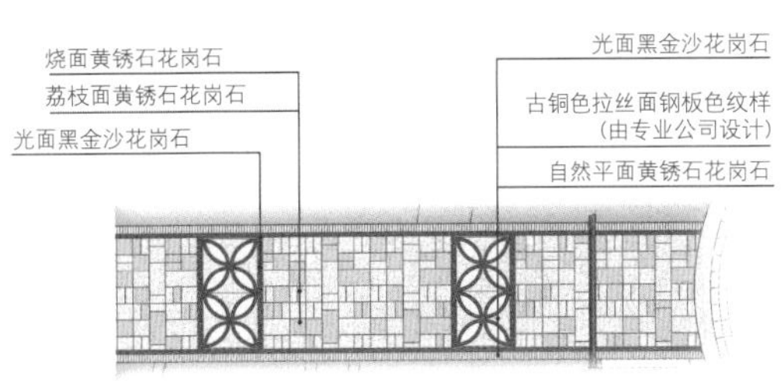
烧面黄锈石花岗石
荔枝面黄锈石花岗石
光面黑金沙花岗石
光面黑金沙花岗石
古铜色拉丝面钢板色纹样
(由专业公司设计)
自然平面黄锈石花岗石

■ 小区主干道(方案二)

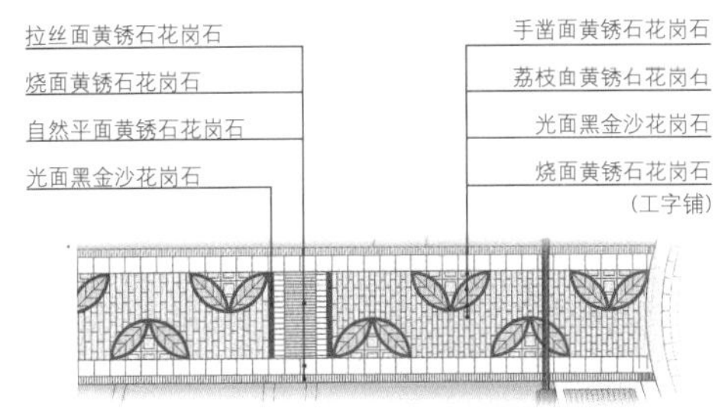
拉丝面黄锈石花岗石
烧面黄锈石花岗石
自然平面黄锈石花岗石
光面黑金沙花岗石
手凿面黄锈石花岗石
荔枝面黄锈石花岗石
光面黑金沙花岗石
烧面黄锈石花岗石
(工字铺)

■ 小区主干道(方案三)

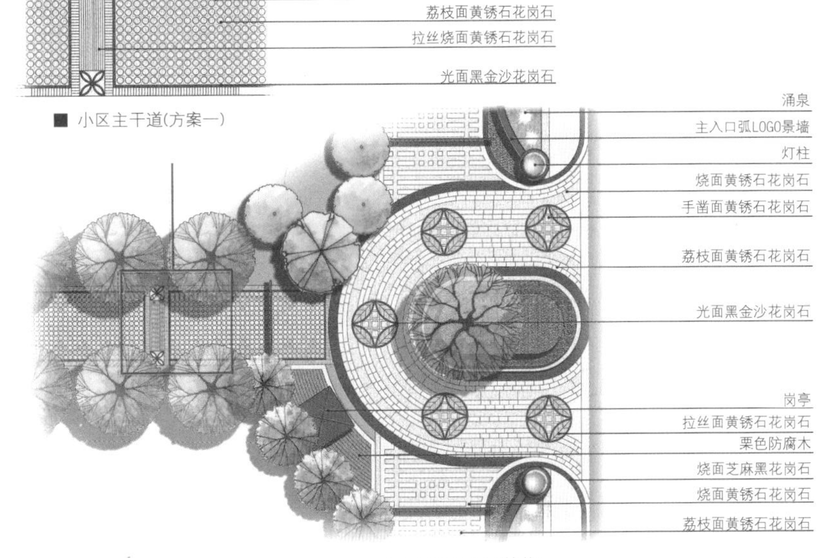
自然平面黄锈石花岗石
手凿面黄锈石花岗石
烧面黄锈石花岗石碎拼
荔枝面黄锈石花岗石
拉丝烧面黄锈石花岗石
光面黑金沙花岗石
涌泉
主入口弧LOGO景墙
灯柱
烧面黄锈石花岗石
手凿面黄锈石花岗石
荔枝面黄锈石花岗石
光面黑金沙花岗石
岗亭
拉丝面黄锈石花岗石
栗色防腐木
烧面芝麻黑花岗石
烧面黄锈石花岗石
荔枝面黄锈石花岗石

■ 小区主干道(方案一)

■ 小区主入口(铺装)

荔枝面黄锈石花岗石
光面黑金沙花岗石
古铜色拉丝面钢板特色纹样
(由专业公司设计)
广场树阵
荔枝面黄锈石花岗石
烧面黄锈石花岗石
高尔夫草坪
烧面黄锈石花岗石
荔枝面黄锈石花岗石
自然平面黄锈石花岗石
拉丝面黄锈石花岗石
烧面黄锈石花岗石
黄色雨花石竖向嵌铺
光面黑金沙花岗石
荔枝面黄锈石花岗石
间草台阶
景墙
草坪雕塑
荔枝面黄锈石花岗石条石
主景大树
草坪置石

■ 细部平面图三

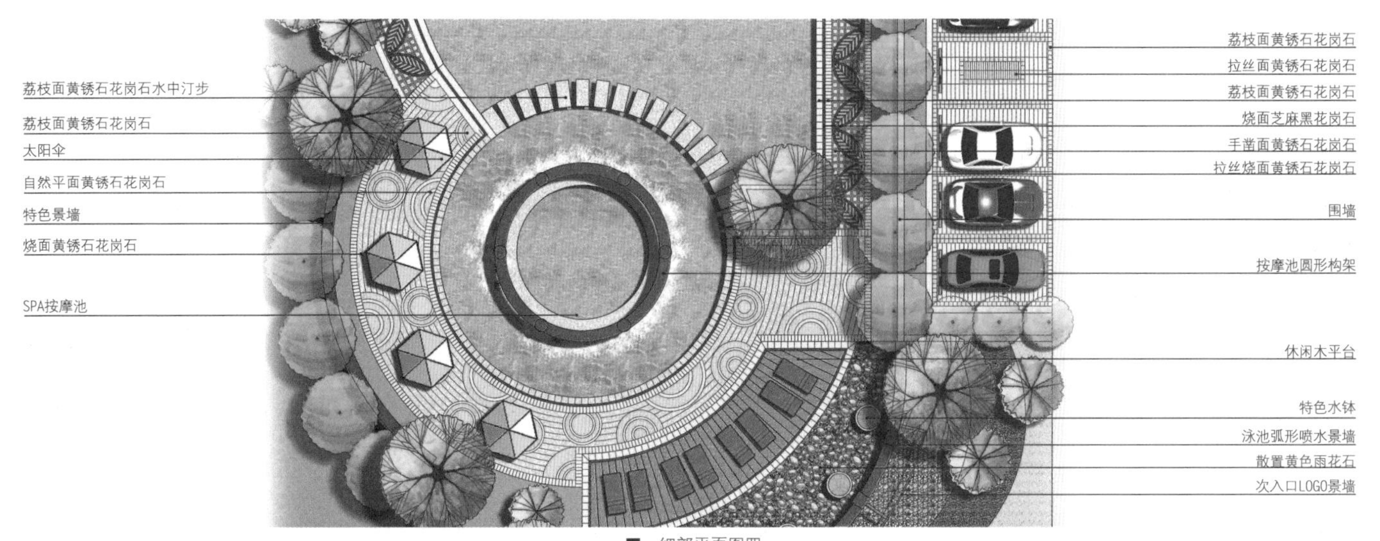
荔枝面黄锈石花岗石水中汀步
荔枝面黄锈石花岗石
太阳伞
自然平面黄锈石花岗石
特色景墙
烧面黄锈石花岗石
SPA按摩池
荔枝面黄锈石花岗石
拉丝面黄锈石花岗石
荔枝面黄锈石花岗石
烧面芝麻黑花岗石
手凿面黄锈石花岗石
拉丝烧面黄锈石花岗石
围墙
按摩池圆形构架
休闲木平台
特色水钵
泳池弧形喷水景墙
散置黄色雨花石
次入口LOGO景墙

■ 细部平面图四

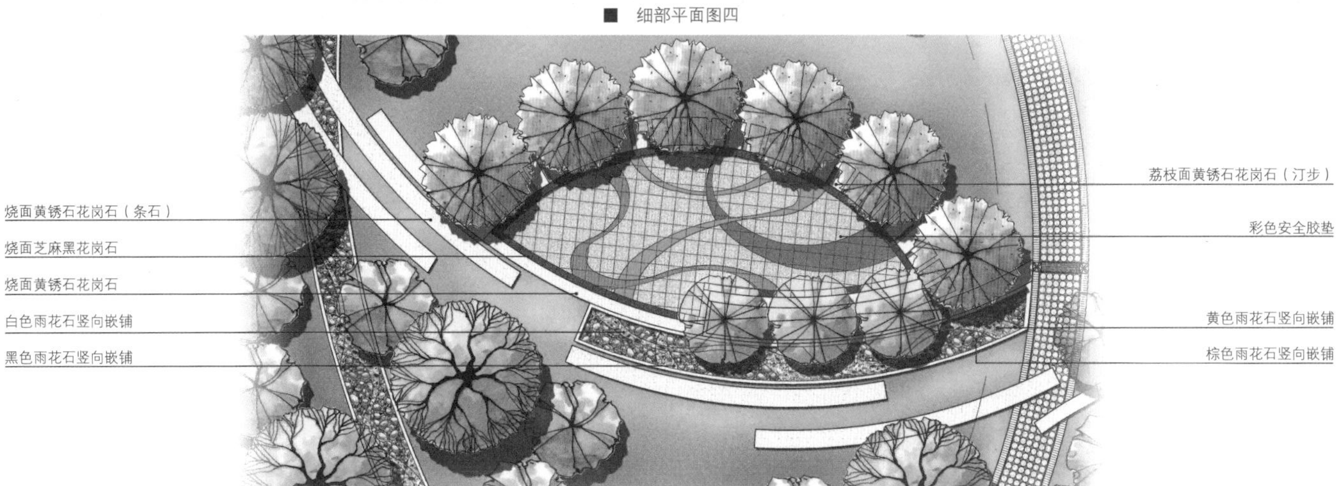
烧面黄锈石花岗石（条石）
烧面芝麻黑花岗石
烧面黄锈石花岗石
白色雨花石竖向嵌铺
黑色雨花石竖向嵌铺
荔枝面黄锈石花岗石（汀步）
彩色安全胶垫
黄色雨花石竖向嵌铺
棕色雨花石竖向嵌铺

■ 细部平面图五

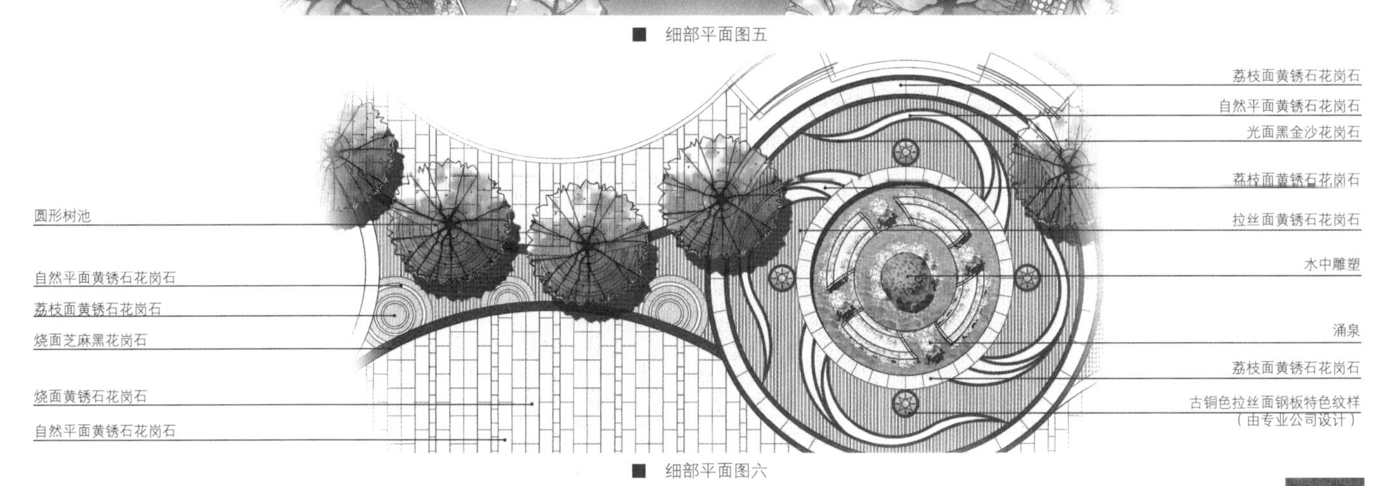
圆形树池
自然平面黄锈石花岗石
荔枝面黄锈石花岗石
烧面芝麻黑花岗石
烧面黄锈石花岗石
自然平面黄锈石花岗石
荔枝面黄锈石花岗石
自然平面黄锈石花岗石
光面黑金沙花岗石
荔枝面黄锈石花岗石
拉丝面黄锈石花岗石
水中雕塑
涌泉
荔枝面黄锈石花岗石
古铜色拉丝面钢板特色纹样
（由专业公司设计）

■ 细部平面图六

1. 入口平台
2. 入口大堂
3. 特色铺装
4. 住户单元出入口
5. 景观过道
6. 休闲坐凳
7. 艺术陶罐
8. 休闲木平台空间
9. 艺术雕塑
10. 特色休闲桌椅
11. 阶梯
12. 架空层出入口
13. 特色景观灯
14. 汀步
15. 飘台
16. 特色种植池

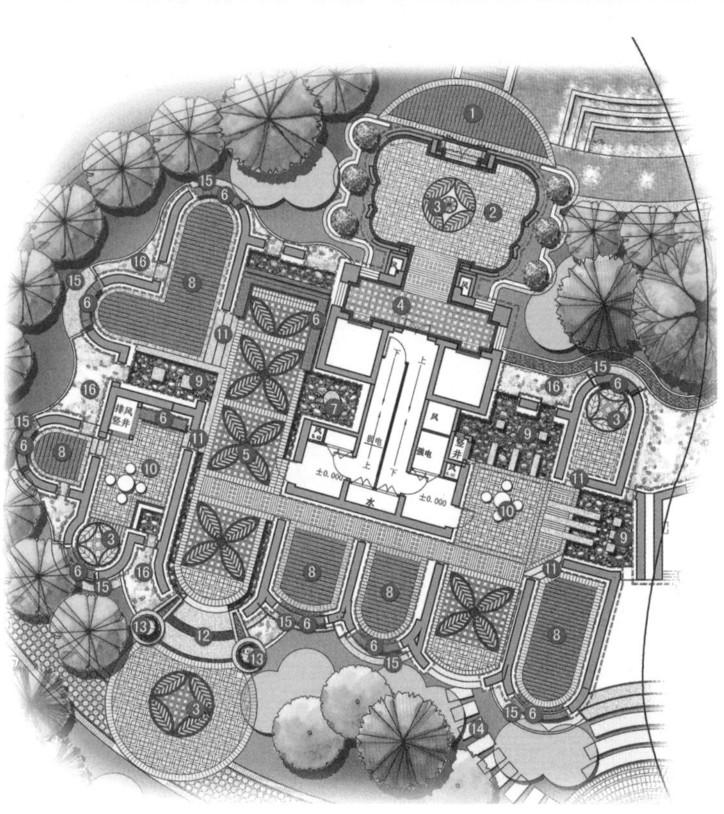

■ 细部平面图七

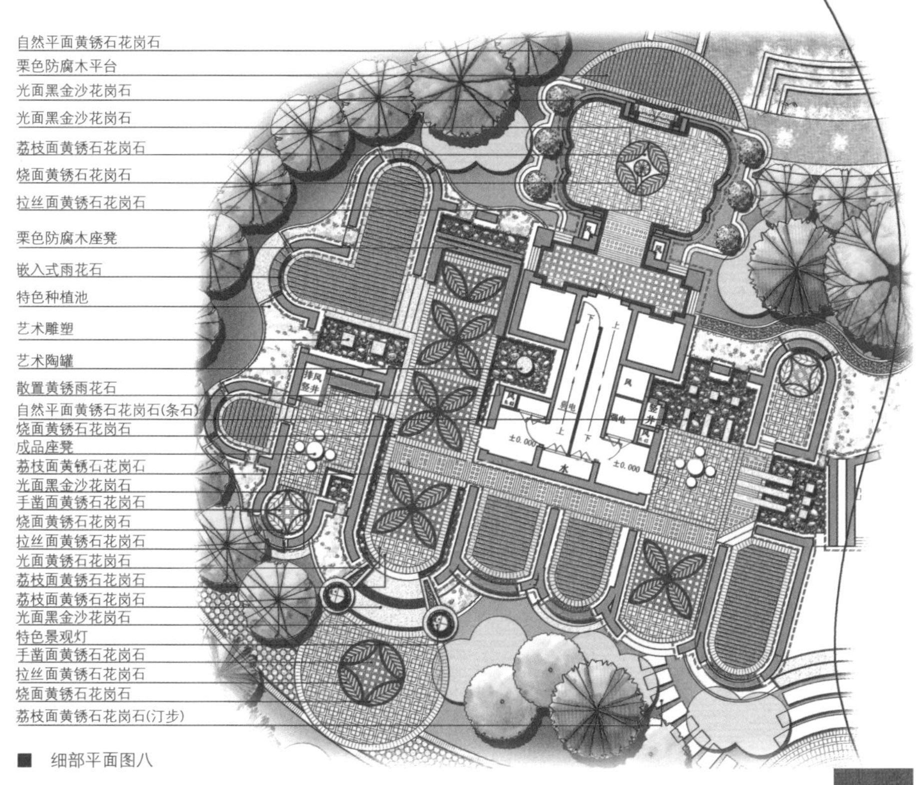
自然平面黄锈石花岗石
栗色防腐木平台
光面黑金沙花岗石
光面黑金沙花岗石
荔枝面黄锈石花岗石
烧面黄锈石花岗石
拉丝面黄锈石花岗石
栗色防腐木座凳
嵌入式雨花石
特色种植池
艺术雕塑
艺术陶罐
散置黄锈雨花石
自然平面黄锈石花岗石(条石)
烧面黄锈石花岗石
成品座凳
荔枝面黄锈石花岗石
光面黑金沙花岗石
手凿面黄锈石花岗石
烧面黄锈石花岗石
拉丝面黄锈石花岗石
光面黄锈石花岗石
荔枝面黄锈石花岗石
荔枝面黄锈石花岗石
光面黑金沙花岗石
特色景观灯
手凿面黄锈石花岗石
拉丝面黄锈石花岗石
烧面黄锈石花岗石
荔枝面黄锈石花岗石(汀步)

■ 细部平面图八

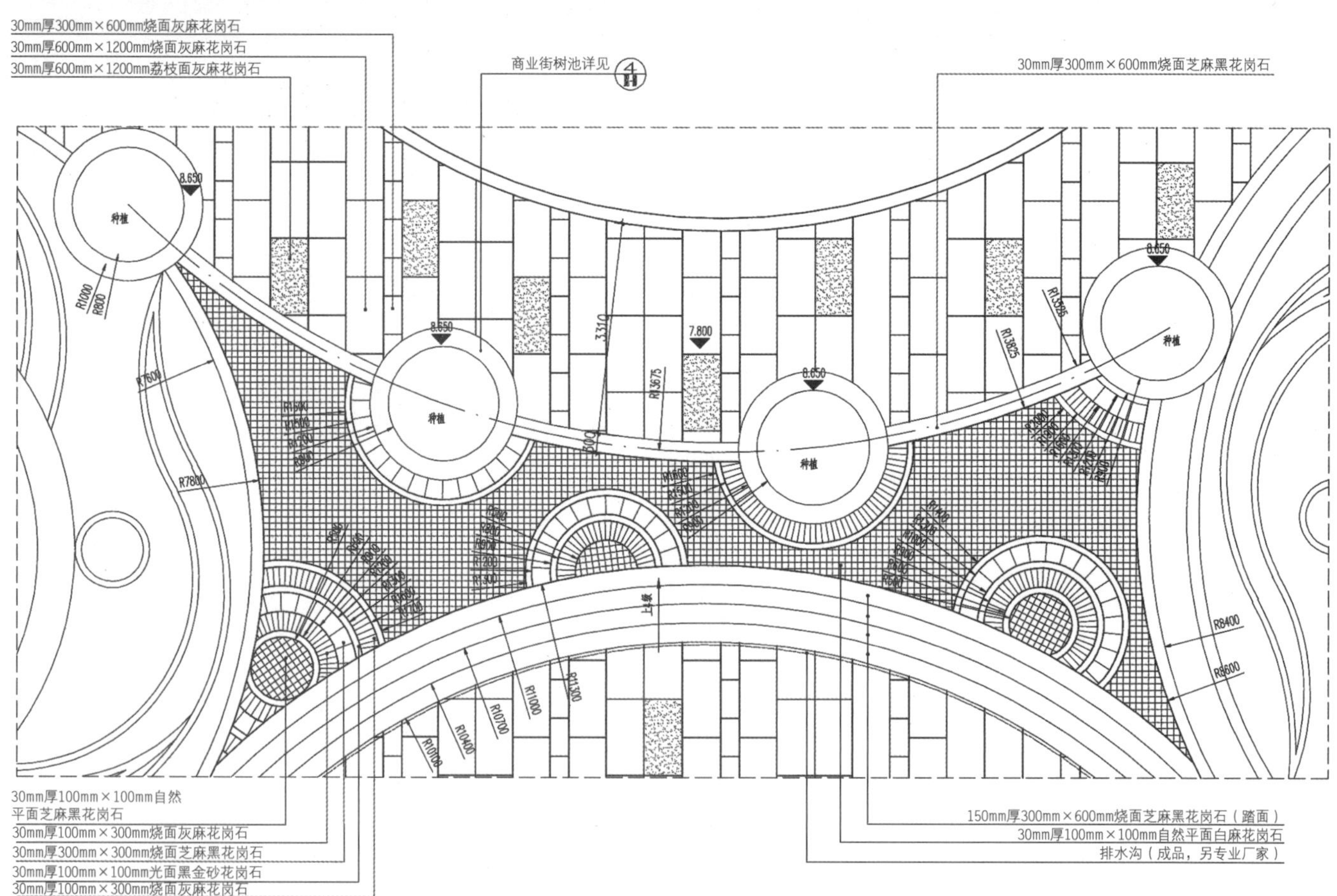
30mm厚300mm×600mm烧面灰麻花岗石
30mm厚600mm×1200mm烧面灰麻花岗石
30mm厚600mm×1200mm荔枝面灰麻花岗石
商业街树池详见
30mm厚300mm×600mm烧面芝麻黑花岗石
30mm厚100mm×100mm自然
平面芝麻黑花岗石
30mm厚100mm×300mm烧面灰麻花岗石
30mm厚300mm×300mm烧面芝麻黑花岗石
30mm厚100mm×100mm光面黑金砂花岗石
30mm厚100mm×300mm烧面灰麻花岗石
150mm厚300mm×600mm烧面芝麻黑花岗石（踏面）
30mm厚100mm×100mm自然平面白麻花岗石
排水沟（成品，另专业厂家）

■ 商业街节点一平面图

苏宁滨江壹号
85568866

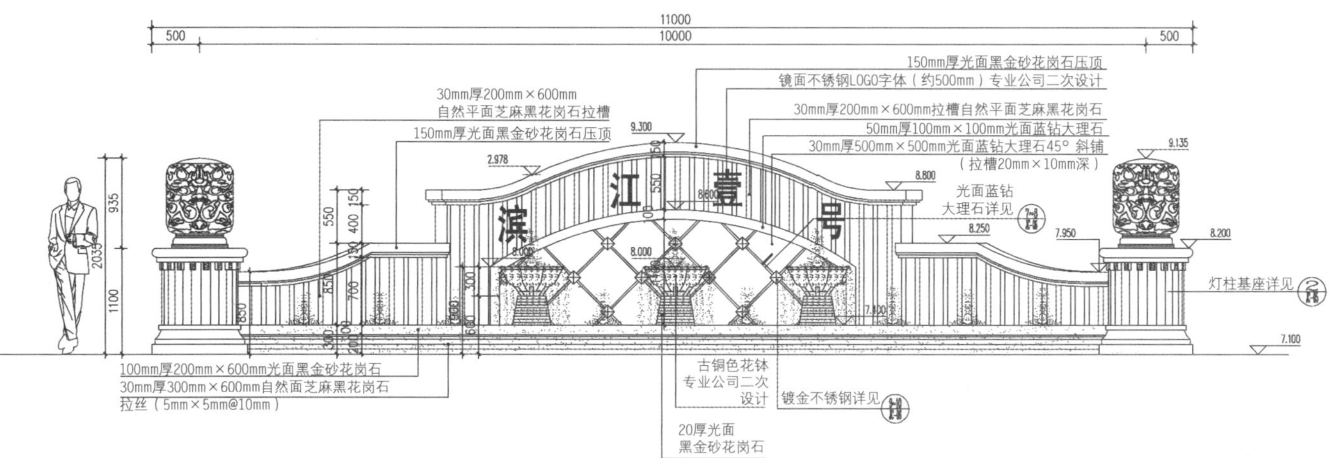
11000
500
10000
500
150mm厚光面黑金砂花岗石压顶
镜面不锈钢LOGO字体（约500mm）专业公司二次设计
30mm厚200mm×600mm
自然平面芝麻黑花岗石拉槽
30mm厚200mm×600mm拉槽自然平面芝麻黑花岗石
50mm厚100mm×100mm光面蓝钻大理石
150mm厚光面黑金砂花岗石压顶
30mm厚500mm×500mm光面蓝钻大理石45° 斜铺
（拉槽20mm×10mm深）
光面蓝钻
大理石详见
灯柱基座详见
滨 江 壹 号
9.300
8.800
9.135
8.250
7.950
8.200
8.000
7.100
100mm厚200mm×600mm光面黑金砂花岗石
30mm厚300mm×600mm自然面芝麻黑花岗石
拉丝（5mm×5mm@10mm）
古铜色花钵
专业公司二次
设计
镀金不锈钢详见
20厚光面
黑金砂花岗石

■ 主入口景观水池立面图

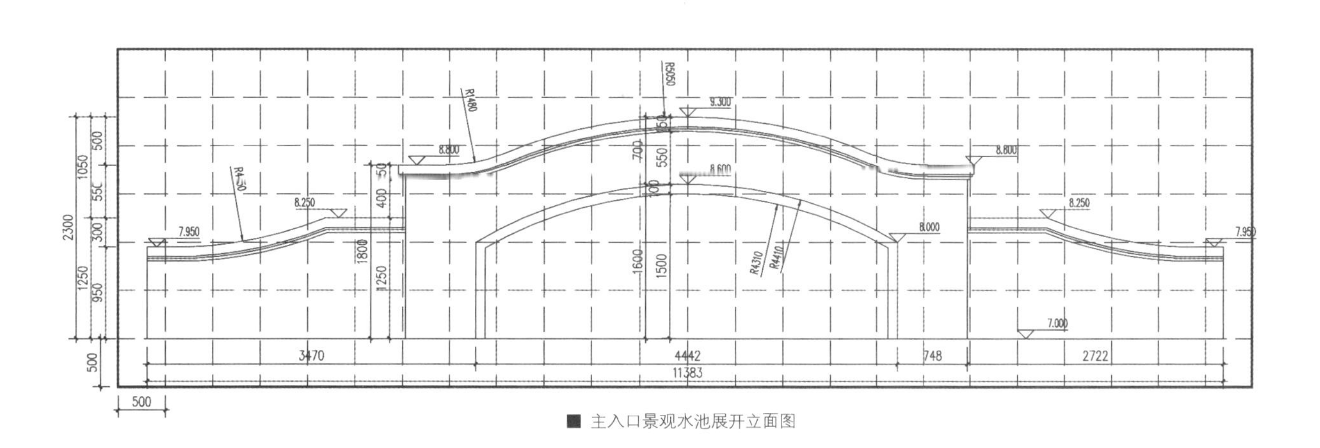
9.300
8.800
8.600
8.250
7.950
8.000
7.000
3470
4442
748
2722
11383
500
2300
R4310
R4410

■ 主入口景观水池展开立面图

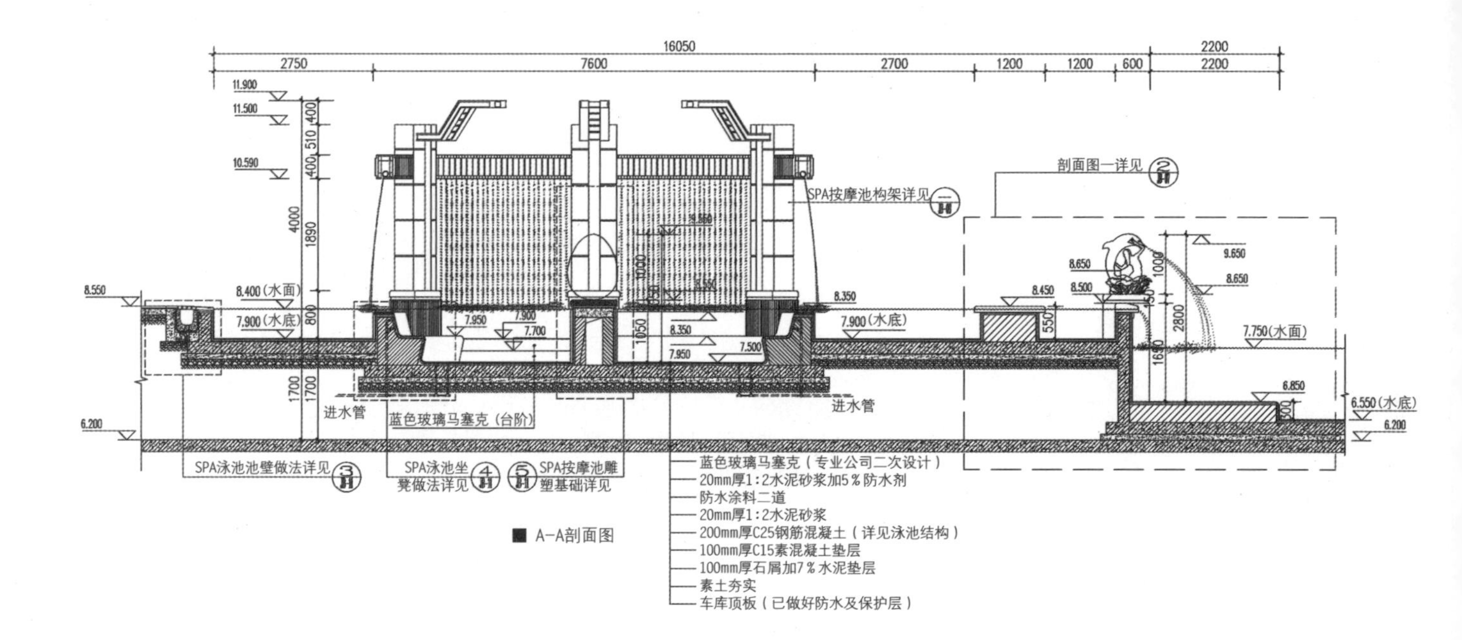
16050
2200
2750
7600
2700
1200
1200
600
2200
11.900
11.500
10.590
400
510
400
4000
1890
800
1700
1700
8.550
8.400（水面）
7.900（水底）
6.200
SPA按摩池构架详见
剖面图一详见
7.950
7.900
7.700
8.350
7.950
7.500
1050
1000
8.350
7.900（水底）
8.450
550
8.650
8.500
9.650
8.650
1000
2800
1600
7.750（水面）
6.850
6.550（水底）
6.200
进水管
蓝色玻璃马塞克（台阶）
进水管
SPA泳池池壁做法详见
SPA泳池坐凳做法详见
SPA按摩池雕塑基础详见
蓝色玻璃马塞克（专业公司二次设计）
20mm厚1:2水泥砂浆加5％防水剂
防水涂料二道
20mm厚1:2水泥砂浆
200mm厚C25钢筋混凝土（详见泳池结构）
100mm厚C15素混凝土垫层
100mm厚石屑加7％水泥垫层
素土夯实
车库顶板（已做好防水及保护层）

■ A-A剖面图

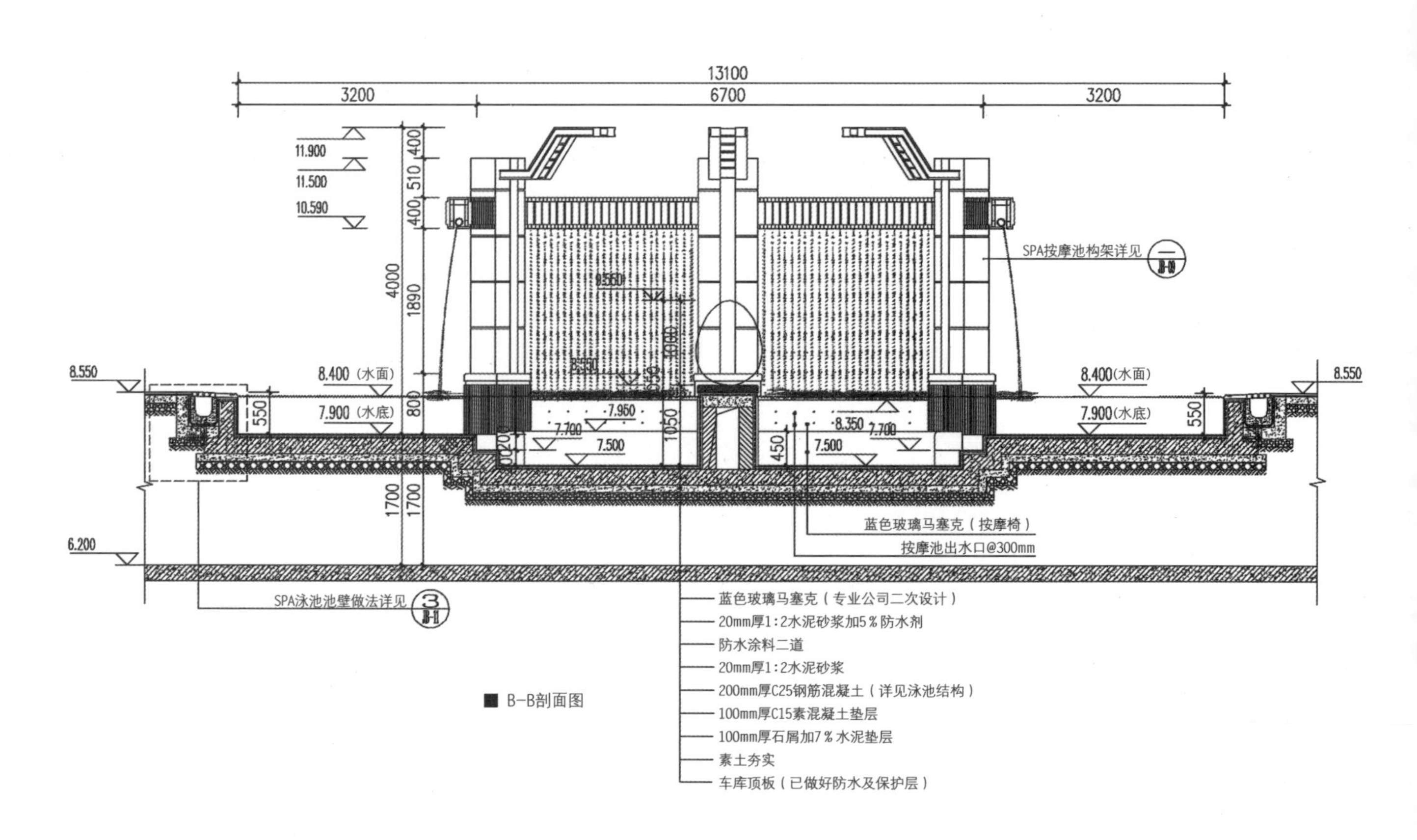
13100
3200
6700
3200
11.900
11.500
10.590
400
510
400
4000
1890
800
1700
1700
8.550
8.400（水面）
7.900（水底）
550
6.200
SPA按摩池构架详见
7.950
7.700
7.500
1050
450
8.350
7.700
7.500
8.400(水面)
7.900(水底)
550
8.550
蓝色玻璃马塞克（按摩椅）
按摩池出水口@300mm
SPA泳池池壁做法详见
蓝色玻璃马塞克（专业公司二次设计）
20mm厚1:2水泥砂浆加5％防水剂
防水涂料二道
20mm厚1:2水泥砂浆
200mm厚C25钢筋混凝土（详见泳池结构）
100mm厚C15素混凝土垫层
100mm厚石屑加7％水泥垫层
素土夯实
车库顶板（已做好防水及保护层）

■ B-B剖面图

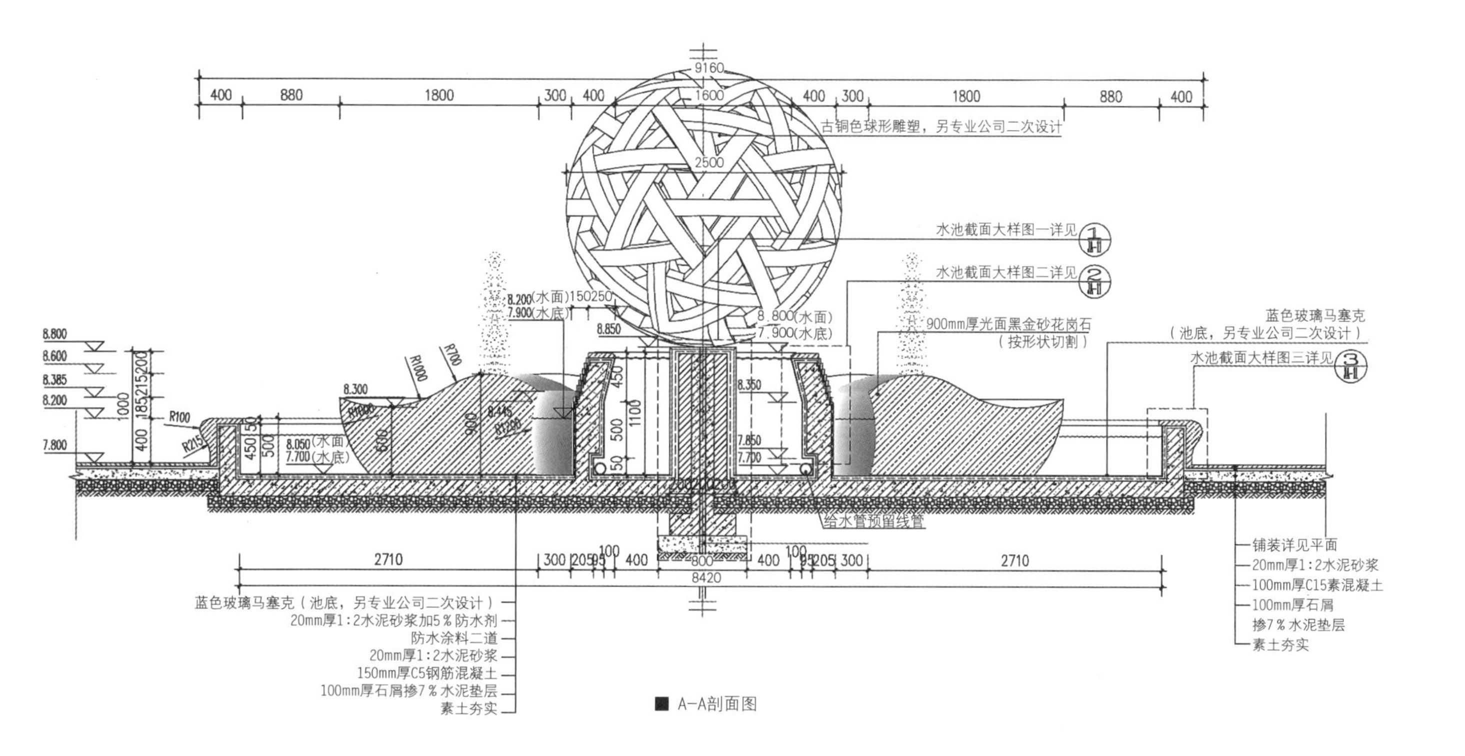
9160
400
880
1800
300
400
1600
400
300
1800
880
400
古铜色球形雕塑，另专业公司二次设计
2500
水池截面大样图一详见
水池截面大样图二详见
8.200(水面)
7.900(水底)
150250
8.800(水面)
7.900(水底)
8.850
900mm厚光面黑金砂花岗石
（按形状切割）
蓝色玻璃马塞克
（池底，另专业公司二次设计）
水池截面大样图三详见
8.800
8.600
8.385
8.200
7.800
R700
R1000
8.300
R100
R215
8.050(水面)
7.700(水底)
8.445
R1200
8.350
7.850
7.700
1100
200200200
给水管预留线管
2710
300
205
95
100
400
800
400
100
95
205
300
2710
8420
蓝色玻璃马塞克（池底，另专业公司二次设计）
20mm厚1:2水泥砂浆加5％防水剂
防水涂料二道
20mm厚1:2水泥砂浆
150mm厚C5钢筋混凝土
100mm厚石屑掺7％水泥垫层
素土夯实
铺装详见平面
20mm厚1:2水泥砂浆
100mm厚C15素混凝土
100mm厚石屑
掺7％水泥垫层
素土夯实

■ A-A剖面图

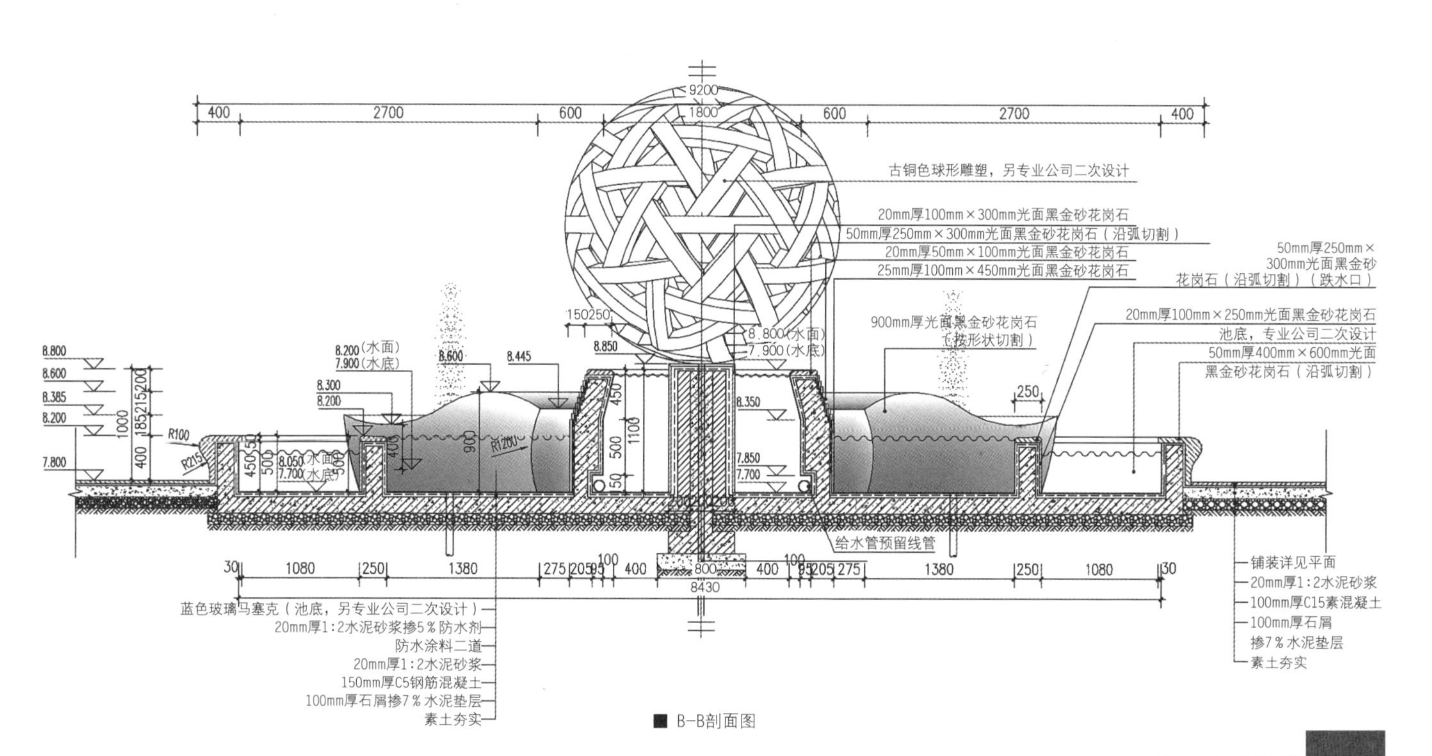
9200
400
2700
600
1800
600
2700
400
古铜色球形雕塑，另专业公司二次设计
20mm厚100mm×300mm光面黑金砂花岗石
50mm厚250mm×300mm光面黑金砂花岗石（沿弧切割）
20mm厚50mm×100mm光面黑金砂花岗石
25mm厚100mm×450mm光面黑金砂花岗石
50mm厚250mm×
300mm光面黑金砂
花岗石（沿弧切割）（跌水口）
900mm厚光面黑金砂花岗石
（按形状切割）
20mm厚100mm×250mm光面黑金砂花岗石
池底，专业公司二次设计
50mm厚400mm×600mm光面
黑金砂花岗石（沿弧切割）
150250
8.800(水面)
7.900(水底)
8.850
8.200(水面)
7.900(水底)
8.600
8.445
8.300
8.200
8.800
8.600
8.385
8.200
7.800
R100
R215
8.050(水面)
7.700(水底)
R1200
8.350
7.850
7.700
250
200200200
给水管预留线管
30
1080
250
1380
275
205
95
100
400
800
400
100
95
205
275
1380
250
1080
30
8430
蓝色玻璃马塞克（池底，另专业公司二次设计）
20mm厚1:2水泥砂浆掺5％防水剂
防水涂料二道
20mm厚1:2水泥砂浆
150mm厚C5钢筋混凝土
100mm厚石屑掺7％水泥垫层
素土夯实
铺装详见平面
20mm厚1:2水泥砂浆
100mm厚C15素混凝土
100mm厚石屑
掺7％水泥垫层
素土夯实

■ B-B剖面图

盛世瑞

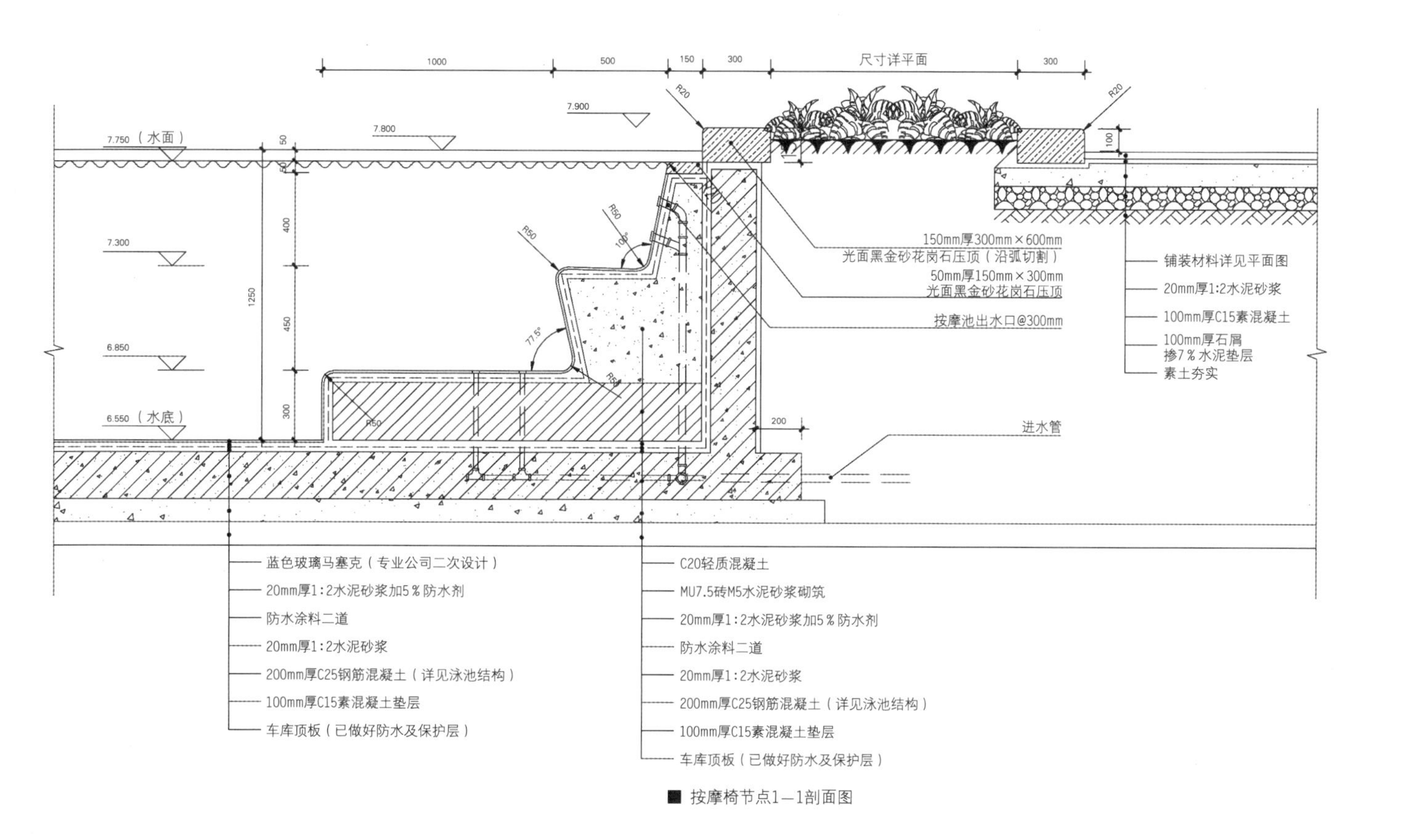

1000
500
150
300
尺寸详平面
300
R20
R20
7.900
7.800
7.750（水面）
7.300
6.850
6.550（水底）
50
400
1250
450
300
100
R50
R50
100°
77.5°
R50
200
150mm厚300mm×600mm
光面黑金砂花岗石压顶（沿弧切割）
50mm厚150mm×300mm
光面黑金砂花岗石压顶
按摩池出水口@300mm
铺装材料详见平面图
20mm厚1:2水泥砂浆
100mm厚C15素混凝土
100mm厚石屑
掺7％水泥垫层
素土夯实
进水管
蓝色玻璃马塞克（专业公司二次设计）
20mm厚1:2水泥砂浆加5％防水剂
防水涂料二道
20mm厚1:2水泥砂浆
200mm厚C25钢筋混凝土（详见泳池结构）
100mm厚C15素混凝土垫层
车库顶板（已做好防水及保护层）
C20轻质混凝土
MU7.5砖M5水泥砂浆砌筑
20mm厚1:2水泥砂浆加5％防水剂
防水涂料二道
20mm厚1:2水泥砂浆
200mm厚C25钢筋混凝土（详见泳池结构）
100mm厚C15素混凝土垫层
车库顶板（已做好防水及保护层）

■ 按摩椅节点1—1剖面图

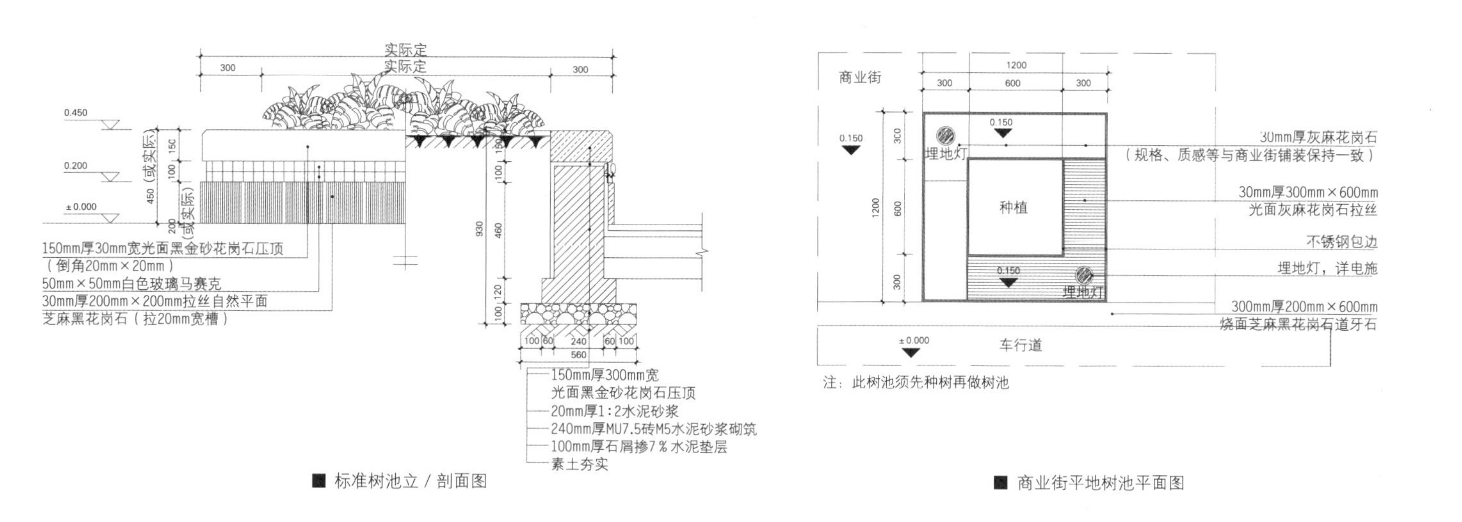

实际定
实际定
300
300
0.450
0.200
±0.000
150
100
450
200
(或实际)
(或实际)
930
460
120
100
100
100 60 240 60 100
560
150mm厚30mm宽光面黑金砂花岗石压顶
（倒角20mm×20mm）
50mm×50mm白色玻璃马赛克
30mm厚200mm×200mm拉丝自然平面
芝麻黑花岗石（拉20mm宽槽）
150mm厚300mm宽
光面黑金砂花岗石压顶
20mm厚1:2水泥砂浆
240mm厚MU7.5砖M5水泥砂浆砌筑
100mm厚石屑掺7％水泥垫层
素土夯实
商业街
1200
300
600
300
0.150
0.150
0.150
埋地灯
种植
埋地灯
±0.000
车行道
30mm厚灰麻花岗石
（规格、质感等与商业街铺装保持一致）
30mm厚300mm×600mm
光面灰麻花岗石拉丝
不锈钢包边
埋地灯，详电施
300mm厚200mm×600mm
烧面芝麻黑花岗石道牙石
注：此树池须先种树再做树池

■ 标准树池立／剖面图

■ 商业街平地树池平面图

图书在版编目(CIP)数据

住宅小区景观案例精选及细部图集／度本图书编译.
—北京：中国建筑工业出版社，2013.9
ISBN 978-7-112-17107-1

Ⅰ.①住… Ⅱ.①度… Ⅲ.①居住区-景观设计-图集
Ⅳ.①TU984.12-64

中国版本图书馆CIP数据核字（2014）第159072号

责任编辑：唐 旭 李成成
责任校对：李美娜 张 颖

住宅小区景观案例精选及细部图集
度本图书 编译

*

中国建筑工业出版社出版、发行（北京西郊百万庄）
各地新华书店、建筑书店经销
北京方舟正佳图文设计有限公司制版
北京方嘉彩色印刷有限责任公司印刷

*

开本：787×1092毫米 1/20 印张：$8^3/_5$ 字数：206千字
2015年1月第一版 2015年1月第一次印刷
定价：58.00元
ISBN 978-7-112-17107-1
(25882)